U0380461

江苏省"十四五"时期重点出版物出版专项规划项目"建筑遗产保护技术丛书"
国家自然科学基金面上项目(52078111)
江苏省重点研发课题项目(BE2022833)
江苏省文物局科研课题项目(2021SK16)

建筑遗产保护技术

淳　庆　著

东南大学出版社
·南京·

内 容 提 要

本书介绍了我国主要类型建筑遗产的科学保护技术,通过典型案例分析,系统阐述了建筑遗产科学保护的规范流程。全书内容包括以下9个章节:(1)建筑遗产保护技术的基本知识;(2)建筑遗产的检测评估技术及案例;(3)木构建筑遗产的保护技术及案例;(4)砌体结构建筑遗产的保护技术及案例;(5)混凝土结构建筑遗产的保护技术及案例;(6)地下砖构建筑遗产的保护技术及案例;(7)砖石古塔建筑遗产的保护技术及案例;(8)石拱桥建筑遗产的保护技术及案例;(9)建筑遗产的平移托换技术及案例。

本书针对我国典型建筑遗产类型,分析了这些建筑遗产的常见病害和成因,提出了针对典型建筑遗产类型的科学保护技术。内容深入浅出,避免了过多的理论内容和烦琐过程,理论与工程实践结合,注重启发性和创造性思维的训练和培养。通过阅读本书,读者可掌握建筑遗产保护的基本知识、基本流程和科学技术方法,进一步推动建筑遗产保护科学高效发展,提高建筑遗产保护水平。本书可作普通高等学校建筑类、土木类等专业高年级本科生相关课程的教材及研究生的教学参考书,同时也可为从事建筑遗产保护方向教学、科研、设计和施工等方面工作的人员提供参考。

图书在版编目(CIP)数据

建筑遗产保护技术 / 淳庆著. —南京:东南大学
出版社,2022.10
   ISBN 978-7-5766-0269-2

   Ⅰ.①建… Ⅱ.①淳… Ⅲ.①建筑-文化遗产-保护
-研究-中国 Ⅳ.①TU-87

   中国版本图书馆 CIP 数据核字(2022)第 189991 号

建筑遗产保护技术

Jianzhu Yichan Baohu Jishu

著　　者	淳　庆
责任编辑	戴　丽
责任校对	张万莹
封面设计	毕　真
责任印制	周荣虎
出版发行	东南大学出版社
社　　址	南京市四牌楼 2 号(邮编:210096　电话:025-83793330)
网　　址	http://www.seupress.com
电子邮箱	press@seupress.com
经　　销	全国各地新华书店
印　　刷	南京玉河印刷厂
开　　本	889mm×1194mm　　1/16
印　　张	18.25
字　　数	460 千字
版　　次	2022 年 10 月第 1 版
印　　次	2022 年 10 月第 1 次印刷
书　　号	ISBN 978-7-5766-0269-2
定　　价	79.00 元

本社图书若有印装质量问题,请直接与营销部联系,电话:025-83791830。

目　　录

第一章　建筑遗产保护技术的基本知识

1.1　概述

中国地大物博、历史悠久、人口众多，拥有众多的文物古迹。文物古迹从不同侧面反映着各个历史时期人类的生产、生活和环境状况，作为一种以物质形式存在的文化遗产，它是一个国家、民族历史文化的主要载体。文物古迹的类型包括地面与地下的古文化遗址、古墓葬、古建筑、石窟寺、石刻、近现代史迹及纪念建筑、由国家公布应予保护的历史文化街区（村镇）及其中原有的附属文物等。我国的文物古迹具有明显的多样性，即民族性、地域性和时代性。截至 2011 年 12 月 29 日，我国登记的不可移动文物总量达到近 77 万处，其中建筑遗产占多数。

建筑是人类文明的重要物质载体，也是一个国家社会财富的主要组成部分。建筑建成并投入使用后便被称为既有建筑，因此既有建筑这一概念涵盖了所有已存在的建筑。在这些建筑中，具有不同程度人文、历史、审美等价值的建筑通常被筛选出来并被赋予建筑遗产或文物建筑等其他相关名称。

国际文件和公约中提及的建筑遗产概念：建筑遗产是具有重要历史、考古、艺术、科学、社会或技术价值的纪念物、建筑群以及遗址，是人类物质文明和精神文明的重要体现。建筑遗产概念的演进轨迹大致上经历了历史性纪念物修复（雅典，《关于历史性纪念物修复的雅典宪章》，1931），古建筑保护（雅典，《雅典宪章》，1933），历史古迹以及能见的某种文明或历史事件的城乡历史环境（威尼斯，《威尼斯宪章》，1964），具有审美及科学价值的自然区域、文物、建筑群及古文化遗址（巴黎，《保护世界文化和自然遗产公约》，1972），史前遗址、历史城镇、老城区、老村庄、老村落及相似的古迹群（内罗毕，《内罗毕建议》，1976），城市和建筑遗产（北京，《北京宪章》，1999），工业建筑和构筑物，其生产的过程与使用的生产工具，以及所在的城镇和景观（下塔吉尔，《关于工业遗产保护的下塔吉尔宪章》，2003）等。国际建筑遗产概念演进呈现出的特征是：等级规格从高到低——从保护文物古迹发展到保护普通的历史建筑；尺度范围从小到大——从保护建筑单体扩展到保护城市历史地段、历史建筑群、城镇及乡村遗产；类型品种从单一到多元——从保护王室、宗教和政治的纪念物发展到保护普通人的场所与空间；保存状态从有形到无形——从保护有形物质类遗产发展到保护无形的非物质文化遗产；年代范围从古代到近现代——从以前重点保护古代建筑遗产到现在同时重点保护古代和近现代建筑遗产；管理从宏观到微观——从中央行政机构管理发展到社区、社团及公众参与管理；保护方式从静态到动态——从单纯保护到综合保护和再利用的有机结合。在各国实际的概念掌握和实践应用中，建筑遗产的概念因其地域、文化、历史、技术等方面的特点而呈现出一定的多元差异。

普遍存在于各地的建筑遗产共同承载着人类社会的物质文明和精神文明，是世界文化多样性的真实体现。中国建筑遗产在世界文明发展历史中独树一帜，具有普世意义与重要价值,对世界特别是东亚地区产生了直接而深远的影响。不仅如此,中国建筑遗产所蕴含的中华民族特有的精神价值、思维方式、想象力和创造力,是维护国家文化身份和主权的重要依据。加强建筑遗产的保护和研究工作,不仅是国家和民族发展的需要,也是国际社会文明对话和人类社会可持续发展的必然要求。

在我国,建筑遗产不仅包括法定的文物保护单位和历史建筑,还包括一些近现代具有较高历史文化价值、值得进行保护和利用的既有建筑。文物保护单位是指定性遗产保护制度的产物,其概念伴随 20 世纪 50 年代《文物保护法》的颁布而确定,为法定建筑遗产,产生之初类似于西方遗产保护体系中的"历史性建筑",其选择标准是建筑的尺度、规模(越大越好)和年代(越早越好),分为全国重点文物保护单位,省级文物保护单位和市、市(县)级文物保护单位三级。而历史建筑概念的形成来源于建筑遗产保护范畴的扩充,伴随着历史城镇和历史地区的整体保护观念的发展而发展。1976 年内罗毕会议通过的《关于历史地区的保护及其当代作用的建议》建议将古城纳入现代城市的规划发展,避免仅仅作为博物馆存在,强调对历史资产合理利用的综合方式。基于这一理论观念,西方很多国家提出了相应的地方遗产登录制度。中国自 1982 年公布首批 24 个历史文化名城以来,也逐渐开始了基于城市保护观念的遗产保护探索和实践,因而诸如"历史建筑""风貌建筑""传统建筑"等泛指大量存在的构成历史城市风貌格局的既有建筑被作为城镇建筑遗产保护的重要组成部分。2008 年国务院公布的《历史文化名城、名镇、名村保护条例》中明确了历史建筑的法定概念:经城市、县人民政府确定公布的具有一定保护价值,能够反映历史风貌和地方特色,未公布为文物保护单位,也未登记为不可移动文物的建筑物、构筑物。目前,我国已有 141 座国家级历史文化名城和 200 多座地方历史文化名城,另外还有数量众多的名镇名村和历史文化街区。而建筑遗产正是构成这些名城、名镇和历史街区的主要物质载体。

我国目前拥有数量众多的各类型建筑遗产,分布于全国各地。从结构学的角度来看,建筑遗产的类型包括木结构建筑遗产、砌体结构建筑遗产、夯土结构建筑遗产、钢筋混凝土结构建筑遗产、钢结构建筑遗产等。以全国重点文物保护单位为例,1961 年公布的第一批全国重点文物保护单位共有 180 处,1982 年公布的第二批全国重点文物保护单位共有 62 处,1988 年公布的第三批全国重点文物保护单位共有 258 处,1996 年公布的第四批全国重点文物保护单位共有 250 处,2001 年公布的第五批全国重点文物保护单位共有 518 处,2006 年公布的第六批全国重点文物保护单位共有 1 080 处,2013 年公布的第七批全国重点文物保护单位共有 1 943 处,2019 年公布的第八批全国重点文物保护单位共有 762 处。以江苏省文物保护单位为例,1956 年公布的第一批江苏省文物保护单位共有 152 处,1957 年公布的第二批江苏省文物保护单位共有 190 处,1982 年公布的第三批江苏省文物保护单位共有 135 处,1995 年公布的第四批江苏省文物保护单位共有 115 处,2002 年公布的第五批江苏省文物保护单位共有 163 处,2006 年公布的第六批江苏省文物保护单位共有 104 处,2011 年公布的第七批江苏省文物保护单位共有 188 处,2019 年公布的第八批江苏省文物保护单位共有 122 处。以南京市文物保护单位为例,1982 年公布的第一批南京市文物保护单位共有 142 处,1992 年公布的第二批南京市文物保护单位共有 138 处,2006 年公布的第三批南京市文物保护单位共有 159 处,2012 年公布的第四批南京市文物保护单位共有 120 处。此外,全国各地还有大量未被列入各级文物保护单位名录里的建筑遗产。截至 2022 年,我国共有世界遗产 56 项,其中建筑遗产项占据超半。图 1.1 和图 1.2 分别为世界文化遗产北京明清皇宫和皖南古村落。

图 1.1　世界文化遗产北京明清皇宫　　　　图 1.2　世界文化遗产皖南古村落

建筑遗产具有重要的历史价值、艺术价值和科学价值,是国家历史文化的瑰宝。但由于长期的风雨侵蚀、人为和自然灾害的破坏,其材料和结构性能不可避免地被削弱和损伤,大量建筑遗产已出现不同程度的损伤,如图 1.3～图 1.10 所示,这些损伤已影响到建筑遗产本体的结构安全和使用者的人身安全,因此,对其进行维修保护的需求日益迫切。

目前,对于建筑遗产保护技术的研究主要有以下四个方面的需求:

(1) 使用安全层面的需求:建筑遗产经历长期的风雨侵蚀、人为改造或战争破坏等,基本都存在不同程度的安全隐患,而这类建筑大多正在使用,一旦出现损伤,极易造成使用人员的伤亡。

(2) 技术层面的需求:建筑遗产的建构特征、材料特性及设计方法一般都不同于现代建筑,技术人员迫切需要相应的安全评估方法和合理保护方法,以避免按照现代建筑的评估方法和加固方法对其进行“过度干预”或破坏其历史文化、艺术和科学价值。

(3) 社会层面的需求:大量具有重要历史文化、艺术和科学价值的建筑遗产迫切需要更好的保护,为后人留下宝贵的文化财富。

图 1.3　传统木构拼合柱外散　　　　　　图 1.4　木柱腐朽

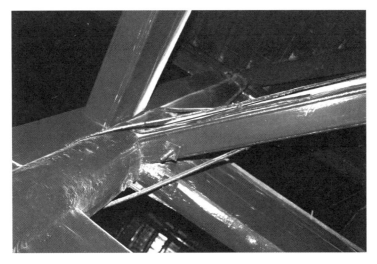

图1.5　榫卯脱榫　　　　　　　　　　　　　　图1.6　构件变形

图1.7　都江堰二王庙震害　　　　　　　　　　图1.8　李白故居震害

图1.9　混凝土开裂和剥落

　　（4）使用管理层面的需求：大量建筑遗产存在不同程度的损伤，应尽快制定相应的检测及安全评估方法、合理的保护技术，避免管理者或使用者盲目以"安全"为理由地拆除或重建。

图 1.10　钢筋锈蚀露筋和屋面渗水

此外，国际文物保护宪章及公约（International Charters for the Conservation and Restoration）中也规定了建筑遗产保护的结构分析和结构修复的必要性和相关原则，详见国际古迹遗址理事会（ICOMOS）的 Charter-Principles for the Analysis，Conservation and Structural Restoration of Architectural Heritage，其工作流程如图 1.11 所示。

1.2　存在的问题

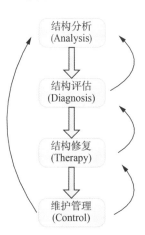

图 1.11　ICOMOS 规定的建筑遗产结构修复流程

近年来，伴随着城市化、新型城镇化进程加快，产业结构重点由第二产业向第三产业转变以及由此带来的城镇用地结构调整，中国城镇进入一个以更新再开发为主的发展阶段，如何对待这些遗留下来的建筑遗产，已成为城镇发展建设中迫切需要解决的重大问题。一方面，建筑遗产使用至今，大多作为公共建筑在使用，一般均已超过其合理使用的年限，基本都存在不同程度的耐久性问题或结构安全问题，严重影响到人民群众的安全，且大多建筑遗产在建筑材料、建筑构造和建筑结构方面均不同于现代建筑结构，因此，迫切需要对这些建筑遗产进行保护技术的研究。另一方面，在可持续发展战略逐步深入的背景下，人们逐渐认识到传统的一味大拆大建、一次性推倒重建式的城镇再开发建设方式不仅造成了资源的重复浪费和对生态环境的不良影响，而且新建建筑没有给城镇带来社会文化与环境品质的明显丰富与发展，反而造成城镇特色和文化内涵的迷失。因此，建筑遗产的保护性再利用的观念逐渐被国民所接受。人们开始重新审视并挖掘一直被忽视的建筑遗产及其背后所蕴藏的人文与经济价值，越来越关注对建筑遗产的保护性再利用。

目前我国在建筑遗产的保护和再利用方面主要有以下几类方式：凝冻式保存、修旧如故、保护前提下的适度利用、保持原有形态格局和风格等。而建筑遗产的保护修缮又有日常保养、防护加固、现状整修及重点修复四类技术方法。总体来说，目前我国建筑遗产的保护和再利用仍存在一些亟待解决的重要科学问题。

（1）缺乏对建筑遗产进行结构安全评估的科学方法。现有的建筑结构安全评估方法基本针对现代建筑，目前工程界对于建筑遗产的结构安全评估比较随意化和主观化，缺乏科学化和规范化的评估方法。

（2）缺乏对建筑遗产的适应性保护技术。目前,我国建筑遗产适应性保护和利用的研究多发生在单个工程案例层面,关于建筑遗产保护的现行规范和标准甚少,内容较为笼统,缺乏针对不同结构体系且较为系统具体的理论和方法的指导。

因此,综合考虑建筑遗产的历史性、艺术性、科学性,对建筑遗产的适应性保护技术进行研究,科学保护我国建筑遗产,提升建筑遗产的安全性和耐久性,确保建筑遗产和使用人员的安全,已是当务之急。

1.3 研究意义

本书重点关注建筑遗产的适应性保护技术等问题。本书的研究具有以下重要意义:

（1）建立较为科学的典型建筑遗产结构安全评估技术,能够合理地对典型建筑遗产的结构安全性进行评价。

（2）针对我国典型建筑遗产类型,分析这些建筑遗产的常见病害和成因,建立我国典型建筑遗产适应性保护技术。

总体而言,建筑遗产的保护和再利用已经成为世界建筑学科发展中的重大前沿课题,中国近年来常规的建筑遗产保护和再利用工作主要基于项目业主及决策者、专家和专业技术人员的知识水平和主观认识水平,在城市建设和建筑遗产保护实践中存在明显的个案差异性和结果不可控性,甚至出现在保护前提下的建设性破坏。本书探索了一系列的建筑遗产保护方法和技术,相较于以往,这些方法和技术避免了过多的理论内容和烦琐过程,容易为学生、科研人员和工程技术人员所接受,可以有效地指导我国典型建筑遗产保护工程的检测、设计和施工。本书旨在推动建筑遗产保护理论转化为实用的工程技术,从而使建筑遗产的保护决策更加科学化、实用化、简单化,提高建筑遗产保护的科技水平。

复习思考题

1-1 请简述建筑遗产的概念及其主要类别。

1-2 对于建筑遗产保护技术的研究主要有哪几方面的需求?

1-3 我国建筑遗产的保护和再利用主要有哪些方式?

1-4 我国建筑遗产的保护修缮有哪几类技术方法?

1-5 国际古迹遗址理事会(ICOMOS)规定的建筑遗产结构修复流程是什么?

第二章 建筑遗产的检测评估技术及案例

2.1 概述

在长期的外部环境及使用条件下,建筑遗产的结构材料每时每刻都受到外部介质的侵蚀,其性能不断被削弱,材料状况不断恶化。外部环境对结构材料的侵蚀主要有化学作用、物理作用和生物作用三种。经年累月,建筑遗产的结构性能逐渐下降,当达到一定程度以后,就必须对其进行加固修缮。我国现行的建筑规范明确规定建筑物在加固修缮前需要进行相应的检测和鉴定,例如:

《建筑结构检测技术标准》(GB/T 50344—2019)第3.1.4条:既有建筑需要进行下列评定或鉴定时,应进行既有结构性能的检测:(1)建筑结构可靠性评定;(2)建筑的安全性和抗震鉴定;(3)建筑大修前的评定;(4)建筑改变用途、改造、加层或扩建前的评定;(5)建筑结构达到设计使用年限要继续使用的评定;(6)受到自然灾害、环境侵蚀等影响建筑的评定;(7)发现紧急情况或有特殊问题的评定。

《混凝土结构加固设计规范》(GB 50367—2013)第1.0.3条:混凝土结构加固前,应根据建筑物的种类,分别按现行国家标准《工业建筑可靠性鉴定标准》(GB 50144)或《民用建筑可靠性鉴定标准》(GB 50292)进行可靠性鉴定。当与抗震加固结合进行时,尚应按现行国家标准《建筑抗震鉴定标准》(GB 50023)或《工业构筑物抗震鉴定标准》(GBJ 117)进行抗震能力鉴定。

《钢结构加固技术规范》(CECS 77:96)第1.0.3条:钢结构加固前,应按照《工业厂房可靠性鉴定标准》和《民用建筑可靠性鉴定标准》等进行可靠性鉴定。

《古建筑木结构维护与加固技术标准》(GB/T 50165—2020)第6.1.1条:对下列情况,古建筑木结构应进行安全性鉴定:年久失修;所处环境显著改变;遭受灾害或事故;发现地基基础有不均匀沉降或结构、构件出现新的腐蚀、损伤、变形;其他需要掌握该建筑安全性水平时。

《古建筑砖石结构维修与加固技术规范》(GB/T 39056—2020)第6.1.2条:在下列情况下,应进行安全性评估——维修与加固工程前;存在较严重的损伤、裂缝、变形时;遭受严重灾害或事故后;建筑使用功能发生变化时;保存环境改变可能产生安全问题时。

《建筑抗震加固技术规程》(JGJ 116—2009)第1.0.3条:现有建筑抗震加固前,应依据其设防烈度、抗震设防类别、后续使用年限和结构类型,按现行国家标准《建筑抗震鉴定标准》(GB 50023)的相应规定进行抗震鉴定。

《既有建筑地基基础加固技术规范》(JGJ 123—2012)第3.0.2条:既有建筑地基基础加固前,应对既有建筑地基基础及上部结构进行鉴定。

2.2　检测的目的和原因

检测包括检查和测试,前者一般是指利用目测了解结构或构件的外观情况,主要是进行定性判别;后者是指通过仪器测量了解结构构件的物理、力学、化学性能和几何特性。结构的检测是结构可靠性鉴定的重要环节,检测结果是进行可靠性评定的重要指标之一,也是进行结构复核的重要依据之一。

检测的原因主要有以下几方面。(1)结构性能的计算结果与实测值一般有较大的差异,这是由于材料性能的离散性,施工工艺的不同,计算模型的近似性和实际结构的复杂性造成的。(2)目前还有一些项目只能通过检测来了解,这些是无法计算的,例如温度、钢筋锈蚀、地基变形等原因引起的混凝土构件裂缝以及砖墙裂缝等。(3)材料的老化。还有一些需要通过测试了解材料的性能变化。材料的性能会在恶劣的环境下退化:木材会在不良的工作条件下腐朽、虫蛀,砖石会出现风化,钢筋在潮湿的工作条件下会发生锈蚀,混凝土在有害环境下也会腐蚀。(4)当房屋的施工质量存在问题时就需要通过检测了解实际质量状况,如混凝土的内部缺陷、钢筋的位置和数量、结构构件的几何尺寸、材料强度等。(5)当结构出现超载现象时就需要通过现场调查和测量确定实际的作用大小。此时是由于使用功能的改变,结构的作用与设计时相比发生了较大的变化。(6)资料不完整。在进行可靠性鉴定的过程中常常遇到原设计资料散失或不全的情况,特别是一些使用年限久远的建筑物或者是历史性建筑物。另外,可能缺少建筑物在使用期间的各次大修和局部改造记录。(7)遭受灾害。建筑物在遭受火灾、风暴、洪水、爆炸、冲撞等灾害后需要通过现场检测了解受灾程度。

2.3　检测的内容和方法

检测的内容可以分为两大类:结构的作用和对结构抗力的影响因素。检测内容根据属性可以分为:几何量(如地基沉降、结构变形、几何尺寸、混凝土保护层厚度、钢筋位置和数量、裂缝宽度等)、物理力学性能(如材料强度、设备重量、结构自振周期等)和化学性能(混凝土碳化、钢筋锈蚀和化学成分、有害介质等)。

检测方法根据检测对结构的损伤影响大小可以分为无损检测法、微损检测法和荷载试验三种。常用的无损检测法有测定混凝土强度的回弹法(图2.1)、测定砖抗压强度的回弹法、测定砂浆抗压强度的回弹法(图2.2)、测定钢材抗拉强度的里氏硬度法(图2.3)、测定材料内部缺陷的超声脉冲法(图2.4)、测定钢筋位置和直径的电磁波法(图2.5)、测定结构温度分布的红外热成像法(图2.6)、测定楼板厚度的测厚仪(图2.7)等。微损检测法有测定混凝土抗压强度的取芯法(图2.8)、测定砂浆抗剪强度的单砖双剪法、测定木材含水率的电子湿度计(图2.9)、测定木材内部腐朽程度的阻力仪等。荷载试验多用于对整体结构或构件的承载力、变形等力学性能进行测定,可分为原位试验法[如测量砖砌体抗压强度的原位压力法(图2.10)及测量楼板承载能力的堆载试验法(图2.11)]和解体试验法。

裂缝的检测包括裂缝分布、裂缝的走向、裂缝的长度和宽度;裂宽检测主要用读数放大镜(图2.12)、裂缝对比卡及塞尺等工具;裂缝长度可用钢尺测量;裂缝深度可以用极薄的钢片插入裂缝粗略地量测,也可沿裂缝方向取芯或用超声仪检测;判断裂缝是否发展可以用粘贴石膏法,也可以在裂缝的两侧粘贴几对手持式应变仪的头子,用手持式应变仪量测变形是否发展。

结构变形检测包括水平构件的挠度、竖向构件的侧移、地基沉降和倾斜等。常用仪器主要有水准仪、经纬仪（图 2.13）、锤球、钢卷尺、棉线等常规仪器，以及激光测距仪（图 2.14）、红外线测距仪、全站仪、GPS、激光三维扫描仪（图 2.15）等。

结构材料性能检测包括物理性能（如木材含水率、材料密度、砖和石材的吸水性和空隙率等），力学性能（如材料强度、弹性模量、钢材的冷弯性能等），化学性能（如灰浆化学成分、水泥安定性、钢材化学成分等），施工缺陷等。

结构材料的耐久性检测包括检测混凝土的碳化深度、保护层厚度、钢筋锈蚀、混凝土腐蚀深度、腐蚀性介质侵入深度、环境中有害介质的含量等，检测钢材的锈蚀程度等，检测砌体的风化（粉化）、空鼓等，检测木材的表层腐朽、心腐、虫蛀等。

图 2.1　混凝土回弹仪　　图 2.2　砂浆回弹仪　　　　图 2.3　里氏硬度计

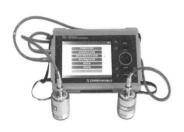　　

图 2.4　超声波检测仪　　图 2.5　混凝土厚度钢筋测试仪　　图 2.6　红外热成像仪

图 2.7　楼板测厚仪　　　图 2.8　混凝土取芯机　　图 2.9　电子湿度计

图 2.10　原位压力机　　　图 2.11　现场堆载试验　　　图 2.12　裂缝测宽仪

图 2.13　经纬仪　　　图 2.14　激光测距仪　　　图 2.15　激光三维扫描仪

2.4　木结构检测技术

　　木结构的检测可分为木材性能、木材缺陷、尺寸与偏差、连接与构造、变形与损伤和防护措施等项工作。

　　木材性能的检测可分为木材的力学性能、含水率、密度和干缩率等项目。当木材的材质或外观与同类木材有显著差异时或树种和产地判别不清时,可取样检测木材的力学性能,确定木材的强度等级。木结构工程质量检测涉及木材力学性能的有抗弯强度、抗弯弹性模量、顺纹抗拉强度、顺纹抗剪强度、顺纹抗压强度等检测项目。

　　木材缺陷检测对于圆木和方木结构可分为木节、斜纹、扭纹、裂缝和髓心等项目;对胶合木结构,尚有翘曲、顺弯、扭曲和脱胶等项目;对于轻型木结构尚有扭曲、横弯和顺弯等项目。

　　木结构构件尺寸与偏差检测包括桁架、梁(含檩条)及柱的制作尺寸,屋面木基层的尺寸,桁架、梁、柱等的安装的偏差等。

　　木结构的连接检测可分为胶合、齿连接、螺栓连接、钉连接和榫卯连接等项目。

　　木结构构件损伤的检测可分为木材腐朽、虫蛀、裂缝、灾害影响和金属件的锈蚀等项目,木结构的变形可分为节点位移、连接松弛变形、构件挠度、侧向弯曲矢高、屋架出平面变形、屋架支撑系统的稳定状态和木楼面系统的振动等。

2.5 砌体结构检测技术

砌体结构的检测包括：物理力学性能检查（对砖、砌块、石料、砂浆的强度及其风化与冻融损坏的情况进行检查，对墙基、柱脚以及经常处于潮湿、腐蚀条件下的外露砌体检查）、裂缝检查（对墙、柱受力较大的部位进行检查，对已产生裂缝的部位，应仔细测定其裂缝宽度、长度及其分布状况）、损伤检查（对于承重墙、柱及过梁上部砌体的损伤进行检测）、变形检查（承重墙、高大墙体及柱的凸凹变形和倾斜变位等）、连接部位的检查（墙体的纵横连接、垫块的设置及连接件的滑移、松动、损坏）、圈梁检查（圈梁的布置、拉接情况及其构造要求，原材料的材质情况）、墙体稳定性检查（墙体支承约束情况和高厚比）、施工质量检查（砌筑质量、砂浆的饱满程度、砂浆与砌块的黏结性能、墙面平整度等）。

砌体结构的现场检测方法按对墙体损伤程度可分为无损检测方法和微损检测方法。按测试内容可分为下列几类。（1）检测砌体抗压强度：原位轴压法（微损）、扁顶法（微损）；（2）检测砌体工作应力、弹性模量：扁顶法（微损）；（3）检测砌体抗剪强度：原位单剪法（微损）、原位单砖双剪法（微损）；（4）检测砌筑砂浆强度：推出法（微损）、筒压法（微损）、砂浆片剪切法（微损）、回弹法（无损）、点荷法（无损）、射钉法（无损）。

2.6 混凝土结构检测技术

混凝土结构的检测可分为原材料性能、混凝土强度、混凝土构件外观质量与缺陷、尺寸与偏差、变形与损伤和钢筋配置等项目，必要时，可进行结构构件性能的实荷检验或结构的动力测试。

（1）混凝土结构常规检测内容

包括原始资料的调查、结构或构件裂缝的测定、结构或构件施工偏差的测定、结构或构件变形或位移的检测、结构和构件上荷载作用情况的调查和测定等。

（2）混凝土强度的检测

混凝土的强度是决定混凝土结构和构件受力性能的关键因素，也是评定这类结构和构件性能的主要参数。其检测手段归纳起来有无损检测、微损检测、破损检测、综合检测等。无损检测方法有回弹仪法、表面落锤法、超声波法、共振法以及目视观测法；微损检测方法有取芯法和局部破坏法；破损检测手段包括荷载破坏试验、振动破坏试验及解体法；综合检测法分超声波法和回弹仪的组合检测，取芯法和回弹仪法与超声波法的组合检测，以及无损的回弹仪法和超声波法与破损法的组合检测。

（3）混凝土耐久性的检测

混凝土结构的耐久性检测主要包括：氯离子含量及侵入深度的测定、混凝土碳化深度的测定及混凝土腐蚀层深度和钢筋保护层厚度的测定等。混凝土的碳化深度是评估既有混凝土结构的剩余寿命的重要指标之一。混凝土的碳化深度是通过在凿开的混凝土断面上喷洒均匀、湿润的酚酞试液检测的。如果酚酞试液变为紫红色，则混凝土未被碳化；如果酚酞试液不变色，则说明混凝土已经被碳化，测出不变色混凝土的厚度即为碳化深度。

（4）混凝土中钢筋质量的检测

钢筋混凝土结构中的钢筋埋在混凝土中，不容易直接检查。检测钢筋锈蚀的方法有破样直接检查法和电化学综合评定法，国外还应用红外技术和电磁测定仪等。破样直接检查时,可结合检测混凝土强度的取芯法同时进行。

2.7 钢结构检测技术

钢结构的检测可分为钢结构材料性能、连接、构件的尺寸与偏差、变形与损伤、构造以及涂装等项工作,必要时,可进行结构或构件性能的实荷检验或结构的动力测试。

钢材的力学性能检测可分为屈服点、抗拉强度、伸长率、冷弯和冲击等项目。建筑遗产中钢材的抗拉强度可以采用便于现场操作的里氏硬度计进行检测。

钢结构的连接质量与性能的检测可分为铆钉连接、焊接连接、焊钉连接、螺栓连接、高强螺栓连接等项目。

钢材外观质量的检测通常为检查其均匀性,看是否有夹层、裂纹、非金属夹杂和明显偏析等。当对钢材的质量有怀疑时,应对钢材原材料进行力学性能检验或化学成分分析。

对钢结构损伤的检测可分为裂纹、局部变形、锈蚀等项目。钢材裂纹可采用目视观察的方法和渗透法检测;杆件的弯曲变形和板件凹凸等变形情况可用观察和尺量的方法检测,量测出变形的程度;螺栓和铆钉的松动或断裂可采用观察或锤击的方法检测。

2.8 地基基础检测技术

地基基础的检测可分为地基检测和基础检测。

地基检测包括地基土层的分布及其均匀性,软弱下卧层、特殊土及沟、塘、古河道、墓穴、孤石、防空洞等的检测,地基土的物理力学性能与地下水的水位及其腐蚀性的检测,砂土及粉土的液化性质、软土的震陷性质以及场地稳定性的检测等。地基的检测方法可以分为三类:(1)钻探、坑探、槽探或地球物理勘探等方法;(2)原状土室内物理力学性能试验;(3)原位试验。

基础检测包括基础类型、材料、尺寸及埋置深度,基础开裂、腐蚀或损坏程度,基础材料的强度等级,基础的倾斜、弯曲、扭曲等情况,桩基础的入土深度、持力层情况和桩身质量等。

2.9 鉴定的分类

鉴定分为结构可靠性鉴定和抗震鉴定。我国现行的《民用建筑可靠性鉴定标准》和《工业建筑可靠性鉴定标准》都指明既有建筑在改造前,要专门进行结构可靠性鉴定,对于地震区的建筑物,还应遵守国家现行有关抗震鉴定标准的要求和规定,结构可靠性鉴定与抗震鉴定结合进行,鉴定后的处理方案也应与抗震加固方案同时提出。

我国现行的鉴定标准有两套系统:《民用建筑可靠性鉴定标准》(GB 50292—2015)和《工业建筑可靠性鉴定标准》(GB 50144—2019);《建筑抗震鉴定标准》(GB 50023—2009)和《构筑物抗震鉴定标准》(GB 50117—2014)。其中,《民用建筑可靠性鉴定标准》只着重对结构或构件的承载能力和正常使用性能进行鉴定,并未考虑地震情况下的安全性。我国地震区幅员辽阔,在地震区既有建筑的可靠性鉴定应与抗震鉴定结合进行。

1) 结构可靠性鉴定

按照结构功能的两种极限状态,结构可靠性鉴定可以分为两种鉴定内容,即安全性鉴定(或称承载力鉴定)和使用性鉴定(或称正常使用鉴定)。根据不同的鉴定目的和要求,安全性鉴定与使用性鉴定可分别进行,或选择其一进行,或合并成为可靠性鉴定。

已有建筑物的可靠性鉴定方法正在从传统经验法和实用鉴定法向概率法过渡。目前采用的仍然是传统经验法和实用鉴定法,概率鉴定法尚未达到应用阶段。

(1) 传统经验法

传统经验法主要是凭经验进行评估取值,然后按相关设计规范进行验算。采用传统经验法是由于现场不具备检测仪器设备,对建筑结构的材料强度及其损伤情况,按目测调查,或结合设计资料和建筑年代的普遍水平来进行经验估值;通过与设计规范做对比,从承载力、结构布置及构造措施等方面对建筑物的可靠性做出评定。传统经验法的优点是快捷、经济,该方法比较适合于对构造简单的旧房的普查和定期检查。但是由于检测仪器设备的缺乏和没有采用现代检测手段,鉴定人员的主观随意性较大,鉴定质量由鉴定人员的专业素质和经验水平决定,鉴定结论容易出现争议。

(2) 实用鉴定法

实用鉴定法是运用现代检测技术手段,对结构材料的强度、老化、裂缝、变形、锈蚀等进行实测确定。对于按新、旧规范设计的房屋,均按现行规范进行验算校核。实用鉴定法将鉴定对象从构件到鉴定单元划分成三个层次,每个层次划分为三至四个等级。评定顺序是从构件开始,通过调查、检测、验算确定等级,然后按该层次的等级构成评定上一层次的等级,最后评定鉴定单元的可靠性等级。

(3) 可靠度鉴定法

实用鉴定法虽然较传统经验法有较大的突破,评价的结论比传统经验法更接近实际,但是已有建筑物的作用力、结构抗力等影响建筑物的诸因素,实际上都是随机变量甚至是随机过程,采用现有规程进行应力计算、结构分析均属于定值法的范围,用定值法的固定值来估计已有建筑物的随机变量的不定性的影响,显然是不合理的。近几年,随着概率论和数理统计的应用,采用非定值理论的研究已经有所进展,对已有建筑物可靠性的评价和鉴定已形成一种新的方法——可靠度鉴定法。

已有建筑物可靠性是指建筑物在正常使用条件下和预定的使用期限内满足建筑物规定的功能要求。可靠性的评价是由已有建筑物的可靠度来衡量的,可靠度是建筑物在正常使用条件下和预定的使用期限内完成的规定概率。民用建筑可靠性鉴定应按图 2.16 规定的程序进行,工业厂房应按图 2.17 规定的程序进行可靠性鉴定评级。

2) 结构抗震鉴定

地震严重影响人们的生活和生产,给人类带来重大损失。人类的建筑史就是人类不断与地震等灾害进行抗争,使自己居住环境变得更加安全、舒适的一个过程。建筑物的抗震就是实现安全目标的重要措施和手段,但总有一些建筑因种种原因在设计、施工时未采取抗震措施,这就需要对这些建筑物进行抗震鉴定与加固。

抗震鉴定的目标为:经鉴定符合标准要求的建筑,在遭遇到相当于抗震设防烈度的地震影响时,一般不致倒塌伤人或砸坏重要生产设备,经修理后仍可继续使用。需要注意的是,该要求比抗震设计规范的目标偏低。抗震设计规范的目标为:当遭受低于本地区抗震设防烈度的多遇地震影响时,一般不受损坏或无须维修可继续使用;当遭受相当于本地区抗震设防烈度的地震影响时,可能损坏,经一般维修或无须维修仍可继续使用;当遭受高于本地区抗震设防烈度的罕遇地震影响时,不致倒塌或发生危及生命的严重破坏。抗震鉴定的范围为:抗震设防烈度为 6～9 度地区的现有建筑。

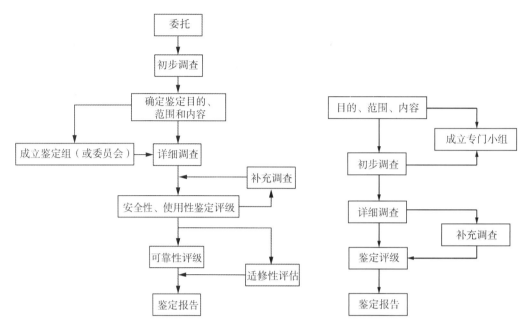

图 2.16 民用建筑可靠性鉴定程序　　　　图 2.17 工业厂房可靠性鉴定程序

抗震鉴定方法可分为两级,这是筛选法的具体应用,分述如下:

第一级鉴定以宏观控制和构造鉴定为主进行综合评价。第一级鉴定的内容较少,方法简便,容易掌握又确保安全,当符合第一级鉴定的各项要求时,建筑可评为满足抗震鉴定。当有些项目不符合第一级鉴定要求时,可在第二级鉴定中进一步判断。

第二级鉴定以抗震验算为主结合构造影响进行综合评价,它是在第一级鉴定的基础上进行的。当结构的承载力较高时,可适当放宽某些构造要求;或者,当抗震构造良好时,承载力的要求可酌情降低。

抗震鉴定方法将抗震构造要求和抗震承载力验算要求更紧密地联合在一起,体现了结构抗震能力是承载能力和变形能力两个因素的有机结合。两级鉴定的方法是用先简后繁、先易后难的办法来解决建筑物中繁杂的抗震问题。

2.10　案例 1　木构遗产检测鉴定:无锡梅园诵豳堂结构安全性评估

1. 工程概况

诵豳堂位于无锡市梁溪西路卞家湾 13 号梅园横山风景区内,为"荣氏梅园"的主体建筑,单层传统木构建筑。该建筑建于 1916 年,由我国近代著名的民族工商业家荣宗敬、荣德生投资兴建,主体建筑面阔九间,中间三间为正厅,因正厅采用楠木为梁,俗称"楠木厅"。诵豳堂长约 28.8 m,宽约 10.2 m,建筑面积约 294 m²。1995 年无锡市政府将其列为市级文物保护单位。2002 年,江苏省政府将其列为省级文物保护单位。2006 年,该建筑被列为第六批全国重点文物保护单位。诵豳堂造型优美,为中国封建园林建筑向近代园林建筑过渡转变的杰出代表之一。图 2.18 为该建筑的室内外现状,图 2.19 为该建筑结构平面图。为了解该建筑的安全现状、提供加固修缮的技术依据,无锡市梅园公园管理处委托南京东南建设工程安全鉴定有限公司对诵豳堂建筑进行了结构安全性评价。

图 2.18　诵幽堂现状

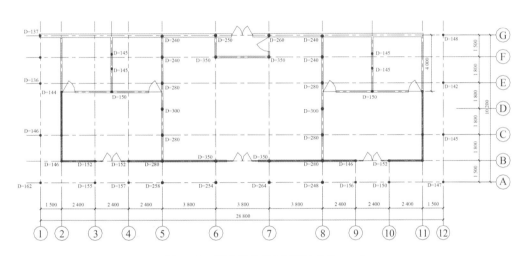

图 2.19　诵幽堂结构平面图(单位:mm)

2. 结构一般情况调查

(1)地基与基础

该建筑使用至今未发现明显不均匀沉降迹象,基本无倾斜,上部结构也未发现地基不均匀沉降引起的斜向裂缝等现象。

(2)主体结构

① 墙体

该建筑墙体为围护墙,外墙厚约为 240 mm,内墙厚约为 120 mm。内外墙均为石灰抹面,北侧砖墙外侧附着一层毛石和水泥砂浆砌筑墙体。墙体材料为青砖和石灰砂浆。青砖及石灰砂浆均有一定程度的风化现象,强度较低。

现场检查发现,该建筑墙体存在一定程度的损伤,主要表现为局部墙体出现明显开裂现象,如图 2.20 所示。

② 木构架(承重木柱和木梁)

该建筑属传统抬梁式木构体系,木构节点之间连接采用榫卯连接,整体性尚好。

现场发现多根木柱存在明显开裂和腐朽现象。(5)/(F)柱存在竖向裂缝,裂缝最大宽度为 0.34 cm,深约 7.00 cm;(5)/(D)柱存在多条斜向裂缝,裂缝最大宽度为 0.50 cm,深约 9.44 cm;(5)/(B)柱存在竖向裂缝,裂缝最大宽度为 0.90 cm,深约 7.30 cm;(5)/(C)柱上

图 2.20　围护墙开裂

部存在竖向裂缝,裂缝最大宽度为 0.75 cm,深约 6.90 cm;(6)/(F)柱存在斜向裂缝,下宽上窄,裂缝最大宽度为 1.34 cm,深约 12.45 cm;(7)/(F)柱存在竖向裂缝,裂缝最大宽度为 0.30 cm,深约 3.60 cm;(8)/(B)柱存在竖向裂缝,裂缝宽度 0.41 cm,深约 7.80 cm;(7)/(B)柱根部严重腐朽,敲击有"咚咚"的空鼓声;(1)/(C)柱和(1)/(E)柱根部存在腐朽现象;此外,(8)/(C)柱、(8)/(D)柱、(8)/(E)柱下部 3 m 部分为钢筋混凝土柱,上部为木柱,(8)/(F)柱下部 2.75 m 部分为钢筋混凝土柱,上部为木柱。图 2.21 所示为木柱干缩开裂。

图 2.21　木柱干缩开裂

　　承重木梁的总体现状感观良好,正厅木梁构件较为粗大,厢房木梁构件较为纤细。除两侧厢房梁上木柱有不同程度干缩开裂现象外,其余木梁构件没有明显开裂现象,但多处梁与柱连接处榫头出现拔榫现象,榫头拔出长度不等,总体上呈南侧檐口抱头梁向南拔榫,而室内五架梁北侧也向南拔榫的现象。(5)/(A-B)抱头梁在 B 端往南侧拔出约 1.4 cm,

(6)/(A-B)抱头梁在 B 端往南侧拔出约 2.2 cm,(8)/(A-B)抱头梁在 B 端往南侧拔出约 1.1 cm,(6)/(B-F)五架梁在 F 端往南侧拔出约 0.7 cm,(7)/(B-F)五架梁在 F 端往南侧拔出约 1.6 cm。梁柱榫卯节点拔榫现象如图 2.22 所示。

图 2.22　梁柱榫卯节点拔榫

③ 屋面

该建筑的屋面为小青瓦屋面,木椽为荷包椽,檩条为圆形截面。

根据现场查看,屋面无明显损坏现象,瓦件、望砖、屋脊件保存较好,但室内多根木檩条出现 8~15 mm 宽度的顺纹干缩裂缝,如图 2.23 所示。局部室外檐口檐椽出现腐朽现象。

图 2.23　木檩条干缩开裂

3. 结构材料抽样试验

考虑到诵幽堂建筑是文保单位,无法对主要承重木材进行取样试验。因此,仅对该建筑结构中的主要木构件的含水率和损伤情况进行了现场试验。采用电子湿度仪对木构件表层的含水率进行了现场检测,2011 年 1 月 20 日下午测试的结果详见表 2.1。

4. 主体结构承载力复核

(1) 结构参数

结构验算时,结构布置、构件几何尺寸、构件自重等按测绘结果取。屋面活荷载标准值取 $q=0.7$ kN/m^2;屋面恒荷载标准值取 $q_k=2.4$ kN/m^2;材料强度根据《木结构设计规范》

取值,并综合考虑《古建筑木结构维护与加固技术标准》建议的折减系数,弹性模量取 8 100 N/mm²,抗弯强度取 9.9 N/mm²,顺纹抗压强度取 9.5 N/mm²,顺纹抗剪强度取 1.08 N/mm²,横纹承压强度取 1.62 N/mm²。

表 2.1　诵幽堂木构件表层含水率检测结果

位置	含水率	位置	含水率	位置	含水率
3/A柱	10.0%	5/E柱	14.0%	东侧厢房木椽	14.0%
3/B柱	11.3%	5/D柱	12.1%	东侧厢房上金檩	14.0%
4/B柱	10.8%	8/B柱	10.1%	东侧厢房梁架	13.0%～14.0%
1/C柱	13.6%	8/A柱	15.2%	东侧厢房脊檩	15.0%
1/F柱	11.7%	7/A柱	11.1%	东侧厢房梁上柱	13.0%
5/B柱	14.0%	6/A柱	16.1%	正厅上金檩	11.0%
5/C柱	12.1%	5/A柱	13.4%	正厅三架梁	16.0%
7/F柱	13.3%	10/B柱	11.5%	正厅穿枋	9.0%～11.0%
6/F柱	13.7%	11/B柱	12.8%	正厅五架梁	14.0%
12/A柱	12.0%	11/E柱	12.1%	5/F柱	14.5%
12/E柱	13.8%	12/G柱	14.4%	1/3×1/E柱	12.7%

（2）木构件验算结果

正厅椽子、脊檩、上金檩、下金檩、檐檩、三架梁、五架梁、中柱、檐柱均满足承载力要求。

厢房椽子满足承载力要求,3.6 m 跨檩条不满足承载力要求,水平梁架（D＝200 mm）不满足承载力要求,承重横梁（b×h＝85 mm×300 mm）不满足承载力要求,中柱不满足承载力要求,金柱及檐柱均满足承载力要求。

5. 结构可靠性现状

该建筑仅包含一个鉴定单元,划分为地基基础、上部承重结构和围护系统的承重部分等三个子单元。根据本次鉴定的目的,围护系统的可靠性不做评定,而将围护系统的承重部分并入上部承重结构。

（1）地基基础

地基基础子单元的安全性鉴定包括地基、桩基和斜坡三个检查项目,以及基础和桩两种主要构件。

该建筑场地平整,虽位于半山腰,但距离斜坡较远,故只需评定地基和基础。根据现场观测,建筑物使用至今未发现明显沉降裂缝、变形或位移等不均匀沉降迹象,表明地基是稳定的,地基的安全性等级可评为 A_u 级;基础的安全性等级可评为 B_u 级。地基基础子单元的安全性等级按地基、基础其中的最低一级确定,评为 B_u 级。

（2）上部承重结构

上部承重结构的安全性鉴定等级根据各种构件的安全性等级、结构的整体性等级以及结构侧向位移等级进行评定。其中各种构件的安全性等级根据单个构件的安全性等级及所占比例,分主要构件和一般构件进行评定。木柱、木梁架和木檩条为主要构件,木椽为一般构件。

① 各种构件的安全性等级

木构件的安全性评级考察承载能力、构造、不适于继续承载的位移、不适于继续承载的裂缝、危险性腐朽和虫蛀等 6 个项目,分别评定每个受检构件的等级,并取其中最低的一级作为该构件的安全性等级。

a. 木柱

根据计算结果,除两侧厢房中柱承载力不满足要求外,其余木柱承载力均满足要求,故木柱承载能力项目的安全性等级可以评为 b_u 级。

根据现场查看,部分梁柱榫卯节点处出现拔榫现象,因此木柱构造项目的安全性等级可评为 c_u 级。

通过现场检测,木柱不适于继续承载的位移项目的安全性等级可以评为 b_u 级。

(5)/(F)柱、(5)/(D)柱、(5)/(B)柱、(5)/(C)柱、(6)/(F)柱、(7)/(F)柱、(8)/(B)柱均有不同程度开裂现象,最大裂缝宽度约 1.34 cm,因此木柱不适于继续承载裂缝项目的安全性等级评为 c_u 级。

(7)/(B)柱、(1)/(C)柱和(1)/(E)柱根部出现不同程度的腐朽,故木柱危险性腐朽项目的安全性等级评为 c_u 级。

根据现场检查,木柱未见有虫蛀现象,因此,木柱危险性虫蛀项目的安全性等级可评为 b_u 级。

根据以上 6 个项目,木柱构件的安全性等级评为 C_u 级。

b. 木梁架

根据计算结果,两侧厢房水平梁架($D=200$ mm)和承重横梁($b \times h = 85$ mm$\times 300$ mm)不满足承载力要求,其余梁架均满足承载力要求,故木梁架承载能力项目的安全性等级可以评为 c_u 级。

根据现场查看,(5)/(A-B)抱头梁、(6)/(A-B)抱头梁、(8)/(A-B)抱头梁、(6)/(B-F)五架梁、(7)/(B-F)五架梁均有不同程度的拔榫现象。故木梁架的构造项目的安全性等级可以评为 c_u 级。

通过现场检测,木梁架不适于继续承载的位移项目的安全性等级可以评为 b_u 级。

部分木梁架有轻微的干缩裂缝,未见有斜裂缝,因此木梁架不适于继续承载裂缝项目的安全性等级评为 b_u 级。

木梁架基本保存较好,未见有明显腐朽现象,因此木梁架危险性腐朽项目的安全性等级评为 b_u 级。

根据现场检查,木梁架未见有虫蛀现象,因此,木梁架危险性虫蛀项目的安全性等级可评为 b_u 级。

根据以上 6 个项目,木梁架构件的安全性等级评为 C_u 级。

c. 木檩条

根据计算结果,两侧厢房 3.6 m 跨檩条不满足承载力要求,其余檩条均满足承载力要求,故木檩条承载能力项目的安全性等级可以评为 c_u 级。

根据现场查看,木檩条与梁架连接较好,没有出现滚檩现象,因此木檩条构造项目的安全性等级可评为 b_u 级。

通过现场检测,木檩条不适于继续承载的位移项目的安全性等级可以评为 b_u 级。

室内多根木檩条出现 8～15 mm 宽的顺纹干缩裂缝,因此木檩条不适于继续承载裂缝项目的安全性等级评为 c_u 级。

木檩条基本保存较好，未见有明显腐朽现象，因此木檩条危险性腐朽项目的安全性等级评为 b_u 级。

根据现场检查，木檩条未见有虫蛀现象，因此，木檩条危险性虫蛀项目的安全性等级可评为 b_u 级。

根据以上 6 个项目，木檩条构件的安全性等级评为 C_u 级。

d. 木椽

根据计算结果，木椽承载力基本满足要求，故木椽承载能力项目的安全性等级可以评为 b_u 级。

根据现场查看，木椽与檩条连接较好，因此木椽构造项目的安全性等级可评为 b_u 级。

通过现场检测，木椽不适于继续承载的位移项目的安全性等级可以评为 b_u 级。

木椽未见有斜裂缝，因此木檩条不适合继续承载裂缝项目的安全性等级评为 b_u 级。

除部分檐口木椽有明显腐朽现象外，其余木椽保存较好，因此木檩条危险性腐朽项目的安全性等级评为 b_u 级。

根据现场检查，木椽未见有虫蛀现象，因此，木椽危险性虫蛀项目的安全性等级可评为 b_u 级。

根据以上 6 个项目，木椽构件的安全性等级评为 B_u 级。

② 结构的整体性等级

结构的整体性等级按结构布置、支撑系统、圈梁构造和结构间联系四个检查项目确定。若四个检查项目均不低于 B_u 级，可按占多数的等级确定；若仅一个检查项目低于 B_u 级，根据实际情况定为 B_u 级或 C_u 级；若不止一个检查项目低于 B_u 级，根据实际情况定为 C_u 级或 D_u 级。

该建筑的结构布置基本合理，能形成完整系统，且结构传力路线明确，故结构布置及支承系统项目评定为 B_u 级。

该建筑构件长细比基本符合要求，部分木柱根部有不同程度的腐朽，故支撑系统的构造项目等级评为 C_u 级。

该建筑属于中国传统木构建筑，故不对圈梁构造项目的等级进行评定。

该建筑结构间的联系基本合理，连接方式基本正确，部分梁架与柱之间的榫卯节点出现不同程度的拔榫现象，故结构间的联系项目评为 C_u 级。

结构的整体性等级评为 C_u 级。

③ 结构侧向位移等级

根据现场观测，该建筑最大倾斜量为 59.9 mm（往东南方向），结构不适于继续承载的侧向位移项目的安全性等级评为 C_u 级。

④ 上部承重结构的安全性等级

一般情况下，上部承重结构的安全性等级按各种主要构件和结构侧向位移中最低一级作为评定等级。根据上述分项评定结果，上部承重结构的安全性等级为 C_u 级。

（3）鉴定单元安全性评级

根据地基基础和上部承重结构的评定结果，鉴定单元的安全性等级为 C_{su} 级。

6. 鉴定结论和加固建议

（1）鉴定结论

① 该建筑的安全性等级为 C_{su}，显著影响整体承载，应采取措施。

② 两侧厢房 3.6 m 跨檩条、水平梁架（$D=200$ mm）、承重横梁（$b×h=85$ mm×

300 mm)及中柱不满足承载力要求,必须对其进行加固,以恢复或提高其承载能力。

③ 正厅部分木柱出现的不同程度裂缝,为典型的干缩径向裂缝,这些裂缝使得木构件存在较大的安全隐患,需要对其进行修缮处理。部分木柱的根部出现不同程度的腐朽以及部分木檩条出现干缩裂缝,这些缺陷也会使得木构件存在安全隐患,需要对其进行修缮处理。

④ 正厅部分梁柱榫卯连接处出现明显拔榫现象,影响结构整体性能,需对其进行修缮处理。

(2)加固维修建议

根据可靠性鉴定结果,提出以下加固修缮措施,供参考:

① 对厢房承载力不足的木檩条和木梁架,建议采用适当地加大截面法进行加固;对于木柱、木檩条出现的干缩裂缝,建议按照《古建筑木结构维护与加固技术标准》的要求对其进行处理;对于柱脚腐朽严重者,腐朽部位自柱底面向上未超过柱高的1/4时,建议采用墩接的方法进行修缮,可采用"巴掌榫"或"抄手榫"式样。

② 梁、枋与柱榫卯连接处,建议在修缮过程中增设硬木暗销,以提高榫卯的连接性能,增强结构的整体性能。

③ 对于(8)/(C)柱、(8)/(D)柱、(8)/(E)柱及(8)/(F)柱,在混凝土柱和木柱交接处采取加固措施增强柱的整体性。

2.11 案例2 砖构遗产检测鉴定:金陵大学旧址汇文书院钟楼结构安全性评估

1. 工程概况

金陵大学旧址汇文书院钟楼现为金陵中学钟楼,位于南京市鼓楼区中山路169号金陵中学校园内,是金陵中学的标志性建筑之一。清光绪十四年(1888年)美国基督教传教士傅罗先生创办汇文书院,同年兴建钟楼。该建筑是19世纪末南京市的最高层建筑,也是基督教在南京建造的现存最早的学校建筑。钟楼主体原为三层,1917年9月屋顶失火,由美国教会拨款重建,重建时主体改为两层,原第三层改为阁楼,大钟在最高层。钟楼虽体量不大,但平面及造型比较灵活,有陡峭的屋顶,清水砖墙面,圆拱形窗,并在勒脚等处有精细的装饰线脚,顶部为法国双折式坡顶,主楼东西两间房设有壁炉和烟囱。根据现存建筑特点分析,该建筑形式属于美国殖民期的建筑风格。该建筑为南北向的短内廊式建筑布局,主体为二层砖木混合结构。汇文书院钟楼于1991年被国家建设部、国家文物局评为近代优秀建筑。2006年作为金陵大学旧址被列为国家重点文物保护单位。该建筑平面近似方形,面阔约18.2 m,进深约12.4 m,总建筑面积约642 m²,总高度约16.1 m,其中一层层高为5.28 m,二层层高为3.27 m。该建筑为纵横墙承重体系,墙体为青砖和石灰砂浆砌筑,外墙厚度460 mm,内墙厚度270 mm。基础为砖砌大放脚形式。图2.24为该建筑的外貌。金陵中学计划对该建筑进行加固修缮,修缮后的钟楼作为校史展览馆使用。为了了解该建筑的安全现状,为加固修缮工作提供技术依据,金陵中学委托南京东南建设工程安全鉴定有限公司对该建筑进行安全性现状评价。

2. 结构一般情况调查

(1)地基与基础

该建筑使用至今未发现明显不均匀沉降的迹象,房屋基本无倾斜,上部结构也未发现

图 2.24　钟楼外貌

地基不均匀沉降引起的裂缝等现象。墙基础为砖砌大放脚形式。据了解,该建筑加固修缮后,仍作为校史展览馆使用,荷载并未增加,故未对该场地提出地质勘查要求。

现场检查发现,局部散水开裂。

（2）主体结构

① 墙体

该建筑为纵横墙承重体系,外墙厚度为 460 mm,内墙厚度为 270 mm。墙体外侧为清水墙,内侧为石灰抹面。墙体材料为黏土青砖、石灰砂浆。青砖规格基本为 290 mm×140 mm×65 mm。砖块的质量尚好,但砂浆强度较低。现场检查发现,局部外墙砖块风化较为严重,如图 2.25 所示。部分窗洞角部出现斜裂缝,如图 2.26 所示。

图 2.25　外墙风化　　　　　　　　　图 2.26　窗洞角部斜裂缝

② 木搁栅

该建筑楼面由木搁栅和木地板组成,木搁栅尺寸为 50 mm×300 mm,间距 500 mm左右。

从现场检查来看,木搁栅的材质总体尚好,构件大部分没有明显的表层腐朽或开裂现象,但有少数构件存在腐朽或开裂现象。

③ 木屋架

该建筑屋面采用三角形组合屋架、木檩条、木椽子、木望板和平瓦。木屋架跨度约

11.90 m,矢高约 2.20 m,屋架间未设垂直支撑和横向水平支撑。

从现场检查来看,木屋架的材质总体尚好,构件大部分没有明显的腐朽或开裂现象,但有少数构件存在腐朽或开裂现象。

3. 结构材料抽样试验

根据初步调查得到的结构基本情况和组成特点,对砖砌体等进行了材料性能试验。

(1)砌体强度

砖的抗压强度检测采用回弹法,现场抽取 4 片墙体,其中一层、二层墙体各 2 片,参照《回弹仪评定烧结普通砖强度等级的方法》(JC/T 796—1999),初步判定砖的强度等级能达到 MU7.5。砂浆强度检测采用贯入法。现场同样抽取 4 片墙体,其中一层、二层墙体各 2 片,测得砂浆抗压强度最小值为 0.90 MPa。

(2)木材含水率

考虑到金陵中学钟楼是文保单位,无法对主要承重木材进行取样试验。因此,我们仅对该建筑结构中的主要木构件的含水率进行了现场试验。采用电子湿度仪对木构件表层的含水率进行了现场检测,木构件最大含水率为 15%。

4. 主体结构承载力复核分析

(1)结构参数

结构验算时,结构布置、构件几何尺寸等按测绘结果取。活荷载取值:屋面按南京市基本雪压取 $q=0.65$ kN/m²,楼面活荷载标准值取 $q_k=3.5$ kN/m²,基本风压取 $w=0.40$ kN/m²,考虑 7 度抗震设防。

材料强度根据检测结果并结合工程经验取值,其中砌体按 MU7.5 砖,砂浆强度按 M 0.9 考虑;木材强度根据《木结构设计规范》取值,并综合考虑《古建筑木结构维护与加固技术规范》建议的折减系数,弹性模量取 8 100 MPa,抗弯强度取 9.9 MPa,顺纹抗压强度取 9.5 MPa,顺纹抗剪强度取 1.08 MPa,横纹承压强度取 1.62 MPa。

(2)墙体验算结果

一层和二层个别墙段受压承载力验算结果不满足现行规范要求,一层个别墙段的抗震承载力验算结果略低于现行规范要求。

(3)木搁栅验算结果

6.8 m 跨和 6.9 m 跨木搁栅的承载能力不满足国家现行规范要求,其余木搁栅承载力满足国家现行规范要求。

(4)木屋架验算结果

木屋架的承载能力基本能满足国家现行规范要求。

5. 结构安全性现状评价

该房屋仅包含一个鉴定单元。每个鉴定单元划分为地基基础、上部承重结构和围护系统的承重部分等三个子单元。根据本次鉴定的目的,围护系统的可靠性不做评定,而将围护系统的承重部分并入上部承重结构。

(1)地基基础

该建筑场地平整,无斜坡,墙体采用砖砌大放脚基础。根据现场观测,房屋使用至今未发现明显沉降裂缝、变形或位移等不均匀沉降迹象,表明地基是稳定的,地基基础子单元的安全性等级可评为 Bu 级。

(2)上部承重结构

上部承重结构的安全性鉴定等级根据各种构件的安全性等级、结构的整体性等级以及结构侧向位移等级进行评定。其中各种构件的安全性等级根据单个构件的安全性等级及所占比例,分主要构件和一般构件进行评定。

① 各种构件的安全性等级

本工程的结构构件主要包括砖墙、木搁栅、木屋架,均为主要构件。

a. 砖墙

砖墙的安全性鉴定,按承载能力、构造以及不适于继续承载的位移和裂缝等 4 个检查项目,分别评定每一受检构件等级,并取其中最低一级作为该构件的安全性等级。

地震作用下一层局部墙体的抗力与荷载效应之比小于 0.9,故这些部位墙体的承载能力项目等级为 d_u 级。

墙的高厚比符合要求,连接及砌筑方式正确,构造项目的安全性等级可以定为 b_u 级。

根据现场观察,可以判断外墙的侧向位移小于 40 mm,不适于继续承载的位移和变形等级项目安全性等级可以定为 b_u 级。

墙体基本完好,但部分窗洞角部出现斜裂缝。故墙体裂缝项目的安全性等级可定为 b_u 级。

根据四个检查项目的等级,评为 d_u 的砌体结构构件数量约占同类构件的 15%。砌体构件的安全性等级评为 C_u 级。

b. 木搁栅

木搁栅的安全性鉴定,按承载能力、构造以及不适于继续承载的位移和裂缝以及危险性的腐朽和虫蛀等 6 个检查项目,分别评定每一受检构件等级,并取其中最低一级作为该构件的安全性等级。

6.8 m 跨和 6.9 m 跨木搁栅的抗力与荷载效应之比小于 0.9,故承载能力项目的安全性等级可以定为 c_u 级;木搁栅基本满足规范规定的构造要求,故构造项目的安全性等级可定为 b_u 级;没有明显挠度,变形项目的安全性等级定为 b_u;木搁栅未见明显裂缝,裂缝项目的安全性等级可定为 b_u;部分木搁栅表层有轻微腐朽,腐朽面积不超过原截面的 5%,安全性等级可以定为 b_u,木搁栅未发生严重腐朽,危险性腐朽的安全性等级定为 b_u;虫蛀项目的安全性等级定为 b_u。

综合 6 个项目,木搁栅的安全性等级评为 C_u 级。

c. 木屋架

木屋架的安全性鉴定,按承载能力、构造以及不适于继续承载的位移和裂缝以及危险性的腐朽和虫蛀等六个检查项目,分别评定每一受检构件等级,并取其中最低一级作为该构件的安全性等级。

该建筑屋架为三角形木屋架,其承载力项目的安全性等级可以定为 a_u 级。

三角形木屋架连接方式正确,构造基本合理,故构造项目的安全性等级可定为 b_u 级。

木屋架没有明显挠度,不适于继续承载的位移项目的安全性等级可以定为 b_u 级。

木屋架局部弦杆和腹杆有干缩裂缝,但未发现斜裂缝,故不适于继续承载的裂缝项目可以定为 b_u 级。

木屋架的腐朽轻微,没有心腐,故危险性腐朽项目的安全性等级可以定为 b_u 级。

木屋架未发现有虫蛀现象,故危险性虫蛀项目的安全性等级可以定为 b_u 级。

综合 6 个项目,木屋架的安全性等级评为 B_u 级。

② 结构的整体性等级

结构的整体性等级按结构布置、支撑系统、圈梁构造和结构间联系四个检查项目确定。若四个检查项目均不低于 B_u 级,可按占多数的等级确定;若仅一个检查项目低于 B_u 级,根据实际情况定为 B_u 级或 C_u 级;若不止一个检查项目低于 B_u 级,根据实际情况定为 C_u 级或 D_u 级。

墙体布置合理,抗震墙间距满足抗震要求,结构布置及支承系统项目评定为 C_u 级。

该建筑未设置构造柱,屋架未设置垂直支撑和横向水平支撑,支撑系统的构造项目等级评为 C_u 级。

楼盖、屋盖处未设置圈梁,该建筑的整体性较差,圈梁构造项目的等级评为 C_u 级。

结构间的联系设计合理、无疏漏,连接方式基本正确,结构间的联系项目评为 B_u 级。

结构的整体性等级评为 C_u 级。

③ 结构侧向位移等级

根据现场观测,该建筑最大倾斜率为 1.6‰(往东西方向),结构侧向位移值小于限值,结构不适于继续承载的侧向位移等级评为 B_u 级。

④ 上部承重结构的安全性等级

一般情况下,上部承重结构的安全性等级按各种主要构件和结构侧向位移中较低一级作为评定等级。根据上述分项评定结果,上部承重结构的安全性等级为 C_u 级。

(3)鉴定单元安全性评级

根据地基基础和上部承重结构的评定结果,鉴定单元的安全性等级为 C_{su} 级。

6. 结论及建议

(1)鉴定结论

① 该建筑的安全性等级为 C_{su},影响整体承载,应采取措施。

② 影响该建筑结构安全性的主要因素包括(局部)墙体的承载力、结构耐久性等,应结合修缮进行必要的加固处理。

③ 由于当时设计未考虑抗震设防要求,结构整体性抗震能力较差,应结合修缮进行必要的抗震加固才能基本达到现行国家规范要求。

(2)加固维修建议

根据上述安全性评价(鉴定)结果,针对该建筑的特殊情况,提出以下加固修缮措施,供修缮中参考:

① 对该建筑主体结构进行整体性和抗震性加固,提高结构的抗震能力。可采用钢筋网水泥砂浆面层(内侧)进行加固、钢板组合墙加固等有效方法。

② 对 6.8 m 和 6.9 m 跨木搁栅进行加固处理;对已出现裂缝的木构件可以采用环箍等方法进行加固;对腐朽严重的木构件,应予以更换。

③ 对主要结构构件进行必要的耐久性维护,提高结构的耐久性。

2.12　案例 3　混凝土结构遗产检测鉴定:绍兴大禹陵禹庙大殿结构安全性评估

1. 工程概况

绍兴大禹陵禹庙大殿位于浙江省绍兴市东南 6 km 的会稽山麓,现为全国重点文物保护单位。该大殿系民国二十二年(1933 年)重建,为钢筋混凝土仿清初木构建筑形式,建筑面积 512 m²,主体结构系二重檐歇山顶仿古钢筋混凝土框架结构,外填充墙为青砖砌体。该建筑气势雄伟,斗拱密集,画栋朱梁,高 20 m,宽 23.9 m,进深 21.45 m,正中央大禹塑像高 5.85 m,是近代最早的几个钢筋混凝土仿传统木构形式建筑之一,是近代"民族形式"建筑的重要实例,也是研究近代建筑彩绘艺术发展、演变不可多得的实物资料,具有重要的文物价值。该建筑的外观见图2.27,结构平面图见图2.28。绍兴市文物管理局计划对该建筑进行修缮改造。为了解该建筑的安全现状、提供修缮改造的技术依据,绍兴市旅游集团有限公司委托南京东南建设工程安全鉴定有限公司对该建筑进行可靠性鉴定。

图2.27　大禹陵禹庙大殿

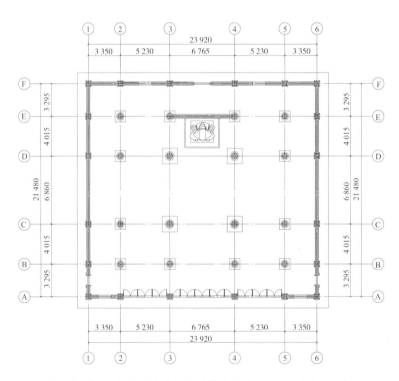

图2.28　大禹陵禹庙大殿柱及墙体结构平面图(单位:mm)

2. 结构一般情况调查

(1) 地基与基础

该建筑使用至今未发现明显不均匀沉降的迹象,也基本无明显倾斜,上部结构也未发现地基不均匀沉降引起的裂缝等现象。从现场部分基础开挖情况看,该建筑基础为柱下独立基础,基础基本完好,无明显损伤,基础持力层为基岩。

（2）主体结构

① 混凝土柱

该建筑为典型的重檐歇山钢筋混凝土框架结构，共有四根中柱（$D=784$ mm），十二根金柱（$D=668$ mm），二十根檐柱（$b×h=350$ mm×350 mm）。

对主要钢筋混凝土柱的配筋情况进行了现场检测。（3）轴/（C）轴中柱所配箍筋为 $\phi8@120$，纵筋为 12 根边长为 25 mm 的方钢，保护层厚度为 35 mm，碳化深度 36 mm，纵筋和箍筋未见明显锈蚀；（3）轴/（E）轴金柱所配箍筋为 $\phi6@150$，纵筋为 12 根边长为 25 mm 的方钢，保护层厚度为 47 mm，碳化深度 40 mm，纵筋和箍筋未见明显锈蚀；（3）轴/（F）轴檐柱所配箍筋为 $\phi6@150$，纵筋为 8 根边长为 25 mm 的方钢，保护层厚度为 41 mm，碳化深度 23 mm，纵筋和箍筋未见明显锈蚀。

根据现场查看，混凝土柱外观较完整，无明显损伤现象。

② 混凝土梁

该建筑为二重檐歇山钢筋混凝土框架结构，穿枋、梁架和檩条均为钢筋混凝土构件。

对主要混凝土梁的配筋情况进行了现场检测。标高 4.40 m 处（5）～（6）轴/（C）轴梁所配箍筋为 $\phi6@160$，底部纵筋为 2 根边长为 20 mm 的方钢，顶部纵筋为 2 根边长为 18 mm 的方钢，保护层厚度为 37 mm，碳化深度 50 mm，纵筋和箍筋已出现轻微锈蚀；标高 6.88 m 处（5）～（6）轴/（B）轴梁所配箍筋为 $\phi6@160$，底部纵筋为 2 根边长为 25 mm 的方钢，顶部纵筋为 2 根边长为 16 mm 的方钢，保护层厚度为 36 mm，碳化深度 32 mm，纵筋和箍筋未见明显锈蚀；标高 8.80 m 处（3）～（4）轴/（D）轴梁所配箍筋为 $\phi4@160$，底部纵筋为 2 根边长为 25 mm 的方钢，顶部纵筋为 2 根边长为 16 mm 的方钢，保护层厚度为 26 mm，碳化深度 43 mm，纵筋和箍筋出现轻微锈蚀；标高 8.80 m 处（D）～（E）轴/（4）轴梁所配箍筋为 $\phi4@180$，底部纵筋为 2 根边长为 25 mm 的方钢，顶部纵筋为 2 根边长为 25 mm 的方钢，保护层厚度为 53 mm，碳化深度 49 mm，纵筋和箍筋未见明显锈蚀；标高 8.80 m 处（C）～（D）轴/（5）轴梁所配箍筋为 $\phi6@160$，底部纵筋为 3 根边长为 25 mm 的方钢，顶部纵筋为 2 根边长为 25 mm 的方钢，侧边另有 3 排 $\phi12$ 腰筋，保护层厚度为 39 mm，碳化深度 49 mm，纵筋和箍筋出现轻微锈蚀；标高 14.65 m 处（C）～（D）轴/（3）轴梁所配箍筋为 $\phi6@160$，底部纵筋为 3 根边长为 25 mm 的方钢，顶部纵筋为 2 根边长为 25 mm 的方钢，侧边另有 2 排 $\phi12$ 腰筋，保护层厚度为 29 mm，碳化深度 33 mm，纵筋和箍筋出现轻微锈蚀；标高 14.65 m 处（3）～（4）轴/（C）轴梁所配箍筋为 $\phi6@160$，底部纵筋为 3 根边长为 22 mm 的方钢，顶部纵筋为 2 根边长为 20 mm 的方钢，侧边另有 3 排 $\phi12$ 腰筋，保护层厚度为 33 mm，碳化深度 38 mm，纵筋和箍筋出现轻微锈蚀；标高 11.93 m 处（B）～（C）轴/（4）轴梁所配箍筋为 $\phi6@170$，底部纵筋为 2 根边长为 16 mm 的方钢，顶部纵筋为 2 根边长为 16 mm 的方钢，保护层厚度为 44 mm，碳化深度 40 mm，纵筋和箍筋未出现明显锈蚀；标高 12.15 m 处（2）～（3）轴/（C）轴梁所配箍筋为 $\phi10@160$，底部纵筋为 3 根边长为 25 mm 的方钢，顶部纵筋为 3 根边长为 18 mm 的方钢，侧边另有 1 排 $\phi12$ 腰筋，保护层厚度为 41 mm，碳化深度 45 mm，纵筋和箍筋出现轻微锈蚀。

根据现场查看，混凝土梁外观较完整，但局部已出现开裂露筋的现象。受到现场检查条件的限制，对标高 8.80 m 处的梁裂缝情况进行了详细检测，结果如下：D/2-3 梁端部出现竖向裂缝；2/C-D 梁端部与柱连接处有竖向裂缝，靠近 D 轴约 1.8 m 处出现 1 条竖向裂缝，裂宽 0.6 mm，中间出现 1 条竖向裂缝，裂宽 1.2 mm，靠近 C 端出现 2 条斜裂缝，裂宽 0.2 mm，距 C 轴 1.8 m 处出现 1 条竖向裂缝，裂宽 0.5 mm；2-3/C 梁端与柱连接部位出现竖向开裂;标高 8.80 m 处 2/B-C 梁端与柱连接部位出现竖向开裂,中部竖向裂缝一条,宽度约 1.0 mm;2-3/B 梁三分点处出现竖向裂缝,裂宽大于 0.3 mm;标高 8.80 m 处 3-4/B 梁两端均有一条斜裂缝,宽度在 1.0～1.2 mm 之间,中部竖向裂缝 3 条,宽度为 0.6～1.0 mm;4-5/B 梁端部出现斜向裂缝,裂宽 0.6 mm,中部竖向裂缝 3 条,宽度约 0.4～0.6 mm;5/B-C 梁端竖向裂缝 1 条,宽度 0.2 mm,中部竖向裂缝 1 条,宽度 0.4 mm,靠近 C 轴斜裂缝 1 条,宽度 0.4 mm;C/4-5 梁端出现 1 道斜裂缝,裂宽 0.3 mm,5/C-D 梁身出现 4 道竖向裂缝,裂宽 1.0～1.2 mm,5/D-E 梁中部出现竖向裂缝 1 条,裂宽 1.0 mm,表层砼脱落;E/4-5 梁上部局部砼保护层胀裂,梁身出现 5 条竖向裂缝,裂宽 0.6 mm 左右;E/3-4 梁身有 3 条竖向裂缝,裂缝宽 1.0 mm,梁端与柱交接处有 1 道竖向裂缝;E/2-3 梁侧局部砼剥落,中部有 1 道竖向裂缝,裂宽约 0.4 mm;2/D-E 梁中部有 2 条竖向裂缝,裂宽约 0.8 mm;C/3-4 梁身竖向裂缝多条,宽度约 0.6 mm。此外,上下层与屋面板相交的梁均有竖向裂缝,裂宽 0.3～1.2 mm 不等。图 2.29 为混凝土梁开裂现象,图 2.30 为混凝土梁露筋现象。

图 2.29　混凝土梁开裂

图 2.30　混凝土梁露筋

③ 现浇混凝土屋面板

该建筑为二重檐歇山钢筋混凝土框架结构,两层屋面均为钢筋混凝土现浇楼板,板厚约 105 mm。屋面面层采用的是预制半圆形瓦拼装而成,单块长度为 1.0 m。

　　对混凝土板的配筋情况进行了现场检测。受力方向配筋为 φ10（方钢）@150，分布筋为 φ6@220（单层双向），保护层厚度为 30 mm，碳化深度 40 mm，板筋已开始锈蚀。

　　根据现场检查情况，屋面板底部普遍存在渗水、老化、局部剥落、开裂露筋现象。B-C/1-2 轴板钢筋锈蚀严重，混凝土疏松，手抠即脱落，板面也多处出现钢筋锈胀开裂现象。屋面瓦普遍存在风化、剥落、砂浆层开裂、内部钢筋锈蚀严重的现象。屋面板露筋现象如图 2.31 所示，屋面板渗水现象如图 2.32 所示，屋面面层损坏现象如图 2.33 所示。

图 2.31　屋面板露筋

图 2.32　屋面板渗水

图 2.33　屋面面层损坏

（3）围护系统

该建筑围护墙采用青砖砌筑,厚度约 300 mm。经现场检查,该建筑四周围护墙体完好,未见明显的开裂和风化现象。但铺作层的混凝土斗拱破损较为严重,多数出现混凝土剥落和露筋的现象,如图 2.34 所示。

图 2.34　混凝土斗拱破损

3. 结构材料抽样试验

根据初步调查得到的结构基本情况和组成特点,对混凝土和钢筋进行了材料性能试验。

（1）混凝土强度

对混凝土梁和柱的材性检测采用了钻孔取芯法,共抽取了 3 根柱和 6 根梁,每根柱和梁各取 2 个芯样,共 18 个试样,测得混凝土抗压强度最小值为 12.4 MPa。对混凝土板的材性检测采用了回弹法,共抽取了 2 块板,测得混凝土抗压强度最小值为 10.7 MPa。

（2）钢筋强度

钢筋强度检测采用现场取样法,根据现场实际情况,从破损的半圆形屋面瓦处抽取了 2 根钢筋,对其力学性能进行了试验。

4. 主体结构承载力复核

（1）结构参数

结构验算时,结构布置、构件几何尺寸、构件自重等按测绘结果取。活荷载取值:屋面活荷载取 $s_0 = 0.70$ kN/m²,屋面恒荷载取 $s_1 = 2.0$ kN/m²(不包括屋面板自重);基本风压取 $w_0 = 0.45$ kN/m²;考虑 6 度抗震设防。材料强度根据检测结果并结合工程经验取值,梁、柱混凝土强度按 C12.4,板混凝土强度按 C10.7,钢筋的抗拉强度设计值根据检测结果结合其他同一时期民国建筑的钢筋强度值综合考虑取 220 MPa。

（2）验算结果

混凝土柱、梁和板的承载力基本能满足现行规范要求。

中柱最大轴压比为 0.10,金柱最大轴压比为 0.19,檐柱最大轴压比为 0.20,满足现行规范要求。

结构第一阶自振周期 $T_1 = 0.634\,5$ s(平动,X 方向),结构第二阶自振周期 $T_2 = 0.627\,7$ s(平动,Y 方向),结构第三阶自振周期 $T_3 = 0.579\,9$ s(扭转,T 方向),满足现行规范要求。

5. 结构可靠性现状

该房屋仅包含一个鉴定单元,划分为地基基础、上部承重结构和围护系统的承重部分等三个子单元。根据本次鉴定的目的,围护系统的可靠性不做评定,而将围护系统的承重部分并入上部承重结构。

（1）地基基础

地基基础子单元的安全性鉴定包括地基、桩基和斜坡三个检查项目,以及基础和桩两种主要构件。

该建筑场地平整,虽位于山坡顶部,但距离斜坡较远,故只需评定地基和基础。根据现场观测,建筑使用至今未发现明显沉降裂缝、变形或位移等不均匀沉降迹象,表明地基是稳定的,且根据现场基础开挖情况分析,建筑基础的持力层为基岩,因此地基的安全性等级可评为 A_u 级;基础为基础的安全性等级可评为 B_u 级。地基基础子单元的安全性等级按地基、基础其中的最低一级确定,评为 B_u 级。

（2）上部承重结构

上部承重结构的安全性鉴定等级根据各种构件的安全性等级、结构的整体性等级以及结构侧向位移等级进行评定。其中各种构件的安全性等级根据单个构件的安全性等级及所占比例,分主要构件和一般构件进行评定。

① 各种构件的安全性等级

本工程的结构构件包括钢筋混凝土构件(混凝土柱、梁、板)。其中混凝土柱、梁、板均为主要构件。

a. 混凝土柱

混凝土柱的安全性鉴定,应按承载能力、构造以及不适于继续承载的位移(或变形)和裂缝等四个检查项目,分别评定每一受检构件的等级,并取其中最低一级作为该构件安全性等级。

混凝土柱承载能力项目的安全性等级定为 b_u 级。柱混凝土抗压强度较低,且碳化深度接近或超过钢筋保护层厚度,故混凝土柱构造项目的安全性等级定为 c_u 级。根据现场观测,混凝土柱没有明显的变形,不适于继续承载的位移和变形等级项目安全性等级可以定为 b_u 级。未见明显受力裂缝及不适于继续承载的裂缝,故裂缝项目的安全性等级可定为 b_u 级。

混凝土柱属主要构件,混凝土柱构件的安全性等级评为 C_u 级。

b. 混凝土梁

混凝土梁的安全性鉴定,应按承载能力、构造以及不适于继续承载的位移(或变形)和裂缝等四个检查项目,分别评定每一受检构件的等级,并取其中最低一级作为该构件安全性等级。

混凝土梁承载能力项目的安全性等级定为 b_u 级。梁混凝土抗压强度较低,箍筋布置未考虑端部加密,且碳化深度接近或超过钢筋保护层厚度,故构造项目的安全性等级定为 c_u 级。根据现场观察,混凝土梁没有明显的挠度,不适于继续承载的位移和变形等级项目安全性等级可以定为 b_u 级。部分混凝土梁出现竖向或斜向裂缝或由于内部钢筋锈蚀而导致混凝土保护层严重脱落或露筋现象,故裂缝项目的安全性等级可定为 d_u 级。

混凝土梁属主要构件,评为 d_u 级的构件数量较少,故混凝土梁构件的安全性等级综合评为 C_u 级。

c. 混凝土板

混凝土板的安全性鉴定,应按承载能力、构造以及不适于继续承载的位移(或变形)和裂缝等四个检查项目,分别评定每一受检构件的等级,并取其中最低一级作为该构件安全性等级。

混凝土板承载能力项目的安全性等级定为 b_u 级。板混凝土抗压强度较低,且碳化深度基本已超过钢筋保护层厚度,故混凝土板构造项目的安全性等级定为 c_u 级。根据现场观察,混凝土板没有明显的挠度,不适于继续承载的位移或变形项目安全性等级可以定为 b_u 级。部分混凝土屋面板因为主筋锈蚀而导致混凝土保护层严重脱落,部分屋面板已出现开裂渗水的现象,故裂缝项目的安全性等级可定为 d_u 级。

混凝土板属主要构件,评为 d_u 级的构件数量较少,混凝土板构件的安全性等级综合评为 C_u 级。

② 结构的整体性等级

结构的整体性等级按结构布置、支撑系统、圈梁构造和结构间联系四个检查项目确定。若四个检查项目均不低于 B_u 级,可按占多数的等级确定;若仅一个检查项目低于 B_u 级,根据实际情况定为 B_u 级或 C_u 级;若不止一个检查项目低于 B_u 级,根据实际情况定为 C_u 级或 D_u 级。

该建筑的结构布置基本满足规范要求,故结构布置及支承系统项目评定为 B_u 级。

该建筑混凝土构件长细比及连接构造基本符合规范要求,整体结构能传递各种侧向荷载。故支承系统的构造项目等级评为 B_u 级。

该建筑结构构件截面尺寸基本满足规范要求,梁箍筋布置不满足抗震构造要求,混凝土抗压强度较低,部分混凝土梁存在明显的竖向或斜向裂缝,故构造项目的等级评为 C_u 级。

结构间的联系设计基本合理,连接方式基本正确,故结构间的联系项目评为 B_u 级。

结构的整体性等级评为 C_u 级。

③ 结构侧向位移等级

根据现场观测,该建筑除个别柱(柱 C/3、柱 E/5、柱 C/5)由于当初建造原因造成的最大倾斜率超过 4‰外,其余柱的最大倾斜率均在 4‰ 以内,因此结构不适于继续承载的侧向位移等级综合评为 B_u 级。

④ 上部承重结构的安全性等级

一般情况下,上部承重结构的安全性等级按各种主要构件和结构侧向位移中最低一级作为评定等级。根据上述分项评定结果,上部承重结构的安全性等级为 C_u 级。

(3)鉴定单元安全性评级

根据地基基础和上部承重结构的评定结果,鉴定单元的安全性等级为 C_{su} 级。

6. 结论及建议

根据上述现场检查、检测及安全性鉴定结果,对绍兴大禹陵禹庙大殿结构可以得出如下结论:

(1)该建筑的安全性等级为 C_{su},影响整体承载,应采取措施。

(2)与现行国家相关标准和要求相比,该大殿结构目前存在的主要问题是:

① 由于建造年代久远,柱、梁、板及斗拱等混凝土构件碳化严重,部分构件已经出现严重的钢筋锈蚀甚至胀裂等现象,耐久性遭受严重损伤;

② 由于原设计(建造)标准偏低,该大殿主体结构材料实际强度(混凝土)普遍偏低,其混凝土强度低于现行标准的最低要求;

③ 部分构件由于钢筋锈蚀严重,其承载力已经不满足要求。

结合上述鉴定结果和结构特点,同时考虑该建筑系国家重点文物保护单位,建议结合此次文物修缮,重点对混凝土构件的耐久性进行全面维护,延长耐久年限;对钢筋严重锈蚀的构件进行局部加固(补强),力求达到或基本达到现行标准对安全性的要求。

2.13 案例4 建筑遗产抗震鉴定:南京大华大戏院旧址门厅结构抗震鉴定

1. 工程概况

南京大华大戏院旧址位于南京市中山南路 67 号,于 1934 年开始建造,是由美籍华人司徒英铨集资建造,著名建筑大师杨廷宝主持设计,1936 年 5 月 29 日对外营业,是当时南京最大、最豪华的影剧院。新中国成立后改名为大华电影院。2002 年 12 月,南京大华大戏院旧址被江苏省人民政府列为省级文物保护单位。大华电影院门厅东西朝向,长约 21.3 m,宽约 33.0 m,建筑面积约 1 136 m²。主体结构为两层(局部三层),系钢筋混凝土框架结构,除二层南北两侧耳房楼面为木楼面外,其余楼屋面均为现浇钢筋混凝土。底层层高 4.20 m,二层层高 3.81 m。柱基础均为钢筋混凝土独立基础(下设木桩),南北两侧外墙基础为钢筋混凝土条形基础(下设木桩)。该建筑的现状见图 2.35。南京文化投资控股(集团)有限责任公司计划对该建筑进行加固修缮,前期已进行了结构安全性鉴定,为更加深入细致地了解该建筑的抗震性能,为加固修缮提供更完善的技术依据,南京文化投资控股(集团)有限责任公司再次委托南京东南建设工程安全鉴定有限公司对该建筑进行结构的抗震鉴定。

图 2.35 大华电影院现状

2. 建筑概况及现场调查

(1)建筑概况(表 2.2)

表 2.2 建筑概况

建筑名称	大华电影院门厅		使用功能	电影院	建筑面积	约 1 136 m²
建造年代	1934		改造情况	有	鉴定类别	A 类
设计单位	南京基泰工程司		施工单位	上海建华建筑公司	监理单位	—
勘查资料	有		设计资料	不全	施工资料	无
房屋层数	主体 2 层,局部 3 层	总高	11.4 m	各层层高	4.2 m,3.8 m,3.4 m
房屋宽度	约 21.3 m		高宽比		0.54	
建筑体型	矩形		建筑布置		无廊式	
退层情况	无		错层情况		无	

（2）结构普查（表2.3，表2.4）

表2.3　结构普查（1）

地基基础	场地类型	Ⅱ类		基础类型	混凝土独立基础
	受力层范围内是否存在软弱土、饱和砂土				不详
	有无严重静载缺陷				无
结构体系	楼盖类型	现浇砼板		屋盖类型	现浇砼板
	承重方案	纵横向承重		施工方法	—
	平面布置	规则、均匀		局部突出	无
	立面缩进	有			
	砖填充墙平均间距	—		抗震墙之间楼盖长宽比	—
构件几何尺寸	框架梁	254 mm×508 mm，等等			
	框架柱	中柱 $D=609$ mm，边柱 305 mm×305 mm，等等			
配筋情况	框架柱	边柱纵筋	4φ22	中柱纵筋	8φ20	箍筋	φ6@100（边）φ8@100（中）
	框架梁	正筋	4φ22	负筋	4φ22	箍筋	φ10@130/250

表2.4　结构普查（2）

短柱	有无全高加密	—		数量/分布	—
节点加密区	梁端	加密区长度	1 400 mm	箍筋间距	130 mm
	柱端	加密区长度	通长加密	箍筋间距	100 mm
填充墙与主体结构的拉结	砖墙厚度	外墙砖 300 mm		砂浆强度	M0.8
	2φ6 拉结筋	无	入墙长度	无	沿墙高间距	无
	高墙拉结	无		长墙拉结	无
非结构构件的拉结	女儿墙、门脸等装饰物			无可靠锚固	
	突出屋面的小房间				
	楼梯间填充墙			无有效拉结	

（3）结构损伤检查

现场检查结果表明，门厅梁、柱承重构件外观虽然较完整，但部分构件内部已开始出现钢筋锈蚀，部分板构件出现明显露筋现象，局部外墙出现渗水现象，如图2.36～图2.38所示。

（4）检测结果

现场采用钻芯法实测混凝土的抗压强度，混凝土抗压强度推定值为14.1 MPa；采用贯入法实测外墙的砂浆强度，砂浆抗压强度推定值为0.8 MPa。

3. 抗震鉴定

（1）地基和基础

根据《建筑抗震鉴定标准》（GB 50023—2009）第4.2.2条，本建筑可不进行地基基础的抗震鉴定。

（2）上部结构

① 抗震措施（表 2.5）

表 2.5 抗震措施检查

检查项目		实际情况	鉴定结果
最大高度及层数		11.4 m，主体 2 层，局部 3 层	满足第 6.1.1 条要求
外观和内在质量		梁、柱及其节点的混凝土基本无剥落，钢筋无露筋情况；填充墙无明显开裂或与框架脱落；主体结构构件无明显变形、倾斜和歪扭	满足第 6.1.3 条要求
结构体系	承重方案	双向框架承重	满足第 6.2.1 条第 1 款要求
	结构布置	非单跨框架结构	满足第 6.2.1 条第 2 款要求
梁柱混凝土强度等级		C14	满足第 6.2.2 条要求
构件配筋	梁纵筋在柱内锚固长度	锚固长度 15 d 左右	不满足第 6.2.3 条第 1 款要求
	配筋量	纵向钢筋总配筋率：2.3%；箍筋最大间距 200 mm，最小直径 8 mm	满足第 6.2.4 条第 2 款要求
	梁端加密区	加密区箍筋间距 130 mm	满足第 6.2.4 条第 1 款要求
	柱端加密区	加密区箍筋最大间距为 100 mm，直径为 6 mm	满足第 6.2.4 条第 2 款要求
	短柱	无	满足第 6.2.4 条第 3 款要求
	柱截面尺寸	边柱截面宽度为 305 mm	满足第 6.2.4 条第 5 款要求
填充墙连接构造	砖填充墙	填充墙嵌砌于框架平面内，厚度 300 mm，砂浆强度 M0.8	不满足第 6.2.7 条第 1 款要求
	填充墙连接	无拉结筋	不满足第 6.2.7 条第 2 款要求

② 抗震承载力验算

采用 PKPM 设计软件对门厅建模进行分析，结果表明：部分混凝土构件的配筋验算结果不满足要求。

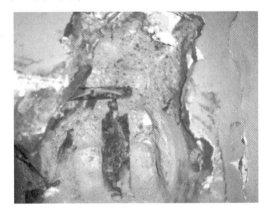 

图 2.36 内部钢筋锈蚀

图2.37　钢筋锈胀开裂

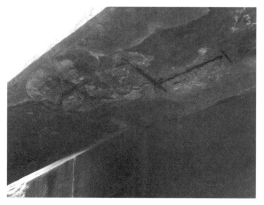

图2.38　钢筋露筋

（3）综合抗震能力评定

综合考虑抗震承载力验算结果和上述抗震构造措施的不足项，大华电影院门厅不能满足后续使用年限为30年（A类房屋）的抗震鉴定要求。

4. 结论及建议

综合上述检查、检测、分析与评价的结果，可以得到如下结论与建议：

（1）大华电影院门厅不满足后续使用年限为30年（A类房屋）的抗震鉴定要求；

（2）建议根据门厅文物建筑的特点及适修性原则，在不违背《文物保护法》的前提下制定适度的抗震加固措施。

2.14　案例5　建筑遗产在相邻施工影响下的评估：深圳格坑村老围屋在相邻强夯施工影响下的检测评估

1. 工程概况

在第26届世界大学生运动会主体育场（位于深圳市龙岗区）的建设过程中发现了清代建造的格坑村老围屋（图2.39）。格坑村老围屋为三栋砖混结构，始建于清代，距今已有百年历史，为典型岭南建筑。建筑物底部墙体为砂石夯土墙，上部墙体为砖砌体，砖砌大放脚基础，埋深0.8 m。由于大运城内新建项目的基础较差，填土较厚，业主单位选用了较经济的强夯法对地基进行处理。考虑到格坑村老围屋距离最近的夯击点只有10 m左右，为减小强夯施工对该历史建筑的破坏程度，业主单位决定在该建筑周围设置减振沟。

强夯施工过程中，当夯锤以冲击力贯入地基时，能量通过夯锤底部和侧面以弹性波传播的应变能形式向外扩散和传递，能量转化为体波和面波传到土里，压缩波首先到达，剪切波次之，瑞利波最后到达。从振波特点来看，主要成分是瑞利波，占到振动能量的67%，剪切波占26%，压缩波占7%。振源能量的2/3由表面波沿地面表层在大约一个波长区域深度内向四周传播引起环境振动，其余1/3由体积波向纵深传播起压实作用。随着夯锤入土深度的增加，强夯振动在地面的影响范围也增大。减振沟是降低强夯振动效应的有效措施，减振沟主要起到消波、滤波的作用，将大部分振动波的水平分量产生的能量降低到最低限度，同时也使竖向能量有了很大的衰减。为研究影响减振沟减振效果的各种因素，首先通过数值模拟进行了参数分析，为减振沟的设计提供参考；在减振沟施工完成后，通过现场测试考察了减振沟在强夯施工时的实际减振效果。

图 2.39　深圳格坑村老围屋

2. 减振沟减振效果理论计算

减振沟的深度一般可以按瑞利波的 1/3 波长或现有的基础埋置深度考虑,强夯时的瑞利波波长通常在 8～12 m 之间。为了解强夯施工对老建筑的影响,根据工程地勘报告及相关文献,对格坑村老围屋减振几种模型进行了显式动力有限元分析。前处理采用 Ansys 11.0™,求解器采用 Ls-dyna 971R2™,后处理主要采用 Ls-prepost 2.1。Ls-dyna 是一个显式为主的非线性动力分析通用程序,可以求解各种二维和三维非弹性结构的高速碰撞、爆炸和模压等大变形动力响应。

(1) 有限元模型

① 基本模型

考虑到对称性,只取四分之一模型进行分析,有限元模型的基本尺寸为 30 m 长、30 m 宽、20 m 深。共计算了 6 个模型:a. 不设减振沟;b. 减振沟边缘离夯击点 6 m,深 3 m,宽 1 m;c. 减振沟边缘离夯击点 6 m,深 4 m,宽 1 m;d. 减振沟边缘离夯击点 5 m,深 3 m,宽 1 m;e. 减振沟边缘离夯击点 5 m,深 4 m,宽 1 m;f. 减振沟边缘离夯击点 5 m,深 4 m,宽 2 m。这 6 个模型的有限元模型如图 2.40 所示。

② 网格划分

采用 Solid164 单元,这是一种 8 节点 6 面体单元,默认采用减缩积分选项。根据有关文献,合适的单元长度和波长的关系为:

$$\Delta x \leqslant \left(\frac{1}{6} \sim \frac{1}{12}\right)\lambda \tag{2.1}$$

其中,Δx 为单元边长,λ 为所需考虑的波长,由于强夯问题瑞利波影响最大,而强夯引起的瑞利波长一般为 8～12 m,因此取单元边长为 1 m 进行网格划分。

③ 材料模型

由于夯锤变形相对较小,简化为刚体。对于土壤的模拟,Ls-dyna 中有第 3、5、147、193 号材料模型可选,本次分析选用 193 号即 Drucker-Prager 弹塑性模型,该模型的主要参数有密度、剪切模量、泊松比、黏聚力、内摩擦角等。对于地勘报告中没有给出的参数,例如地表填土层的材性,参照有关文献取值。弹性模量按压缩模量放大 5 到 10 倍取值,再换算成剪切模量。

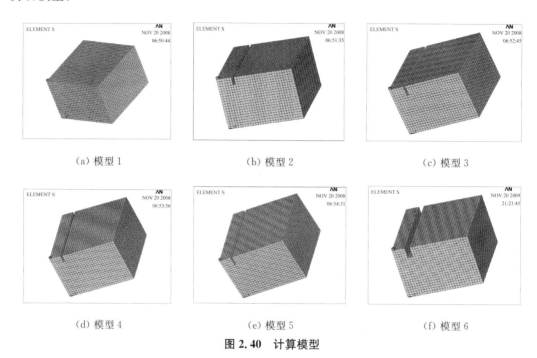

(a) 模型 1　　　　　　　(b) 模型 2　　　　　　　(c) 模型 3

(d) 模型 4　　　　　　　(e) 模型 5　　　　　　　(f) 模型 6

图 2.40　计算模型

④ 荷载和边界

在两个对称面施加法向位移约束,在除了地表之外的其他表面施加无反射边界。对夯锤施加 15.65 m/s 的初速度。由于强夯引起的动力响应峰值通常发生在撞击后的 0.5 s 内,因此计算截止时间取前 0.5 s。

(2) 计算结果

从计算结果可以看出,由于填土层较松软,夯击点的变形是很大的。从各时刻的变形看,夯锤撞击地表之后,压实过程在前 0.05 s 内完成,之后根据填土层所取材料参数的不同,开始不同程度的回弹。考察距离夯击点 10 m 处的地表节点的径向即 x 向响应,图 2.41～图 2.46 分别为六种模型前 0.5 s x 向位移、速度和加速度曲线。

数值模拟结果表明:a. 减振沟的减振效果可达 60%～80%;b. 减振沟的减振效果随其深度增加而增加;c. 减振沟的宽度基本不影响减振效果,可以不考虑减振沟宽度的影响;d. 减振沟的减振效果同夯击点与减振沟的距离、拾取点与减振沟的距离以及减振沟的深度近似呈线性关系。

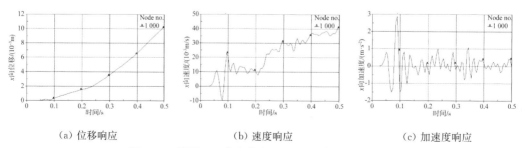

(a) 位移响应　　　　　　　(b) 速度响应　　　　　　　(c) 加速度响应

图 2.41　模型 1 距离夯击点 10 m 处的节点 x 向响应

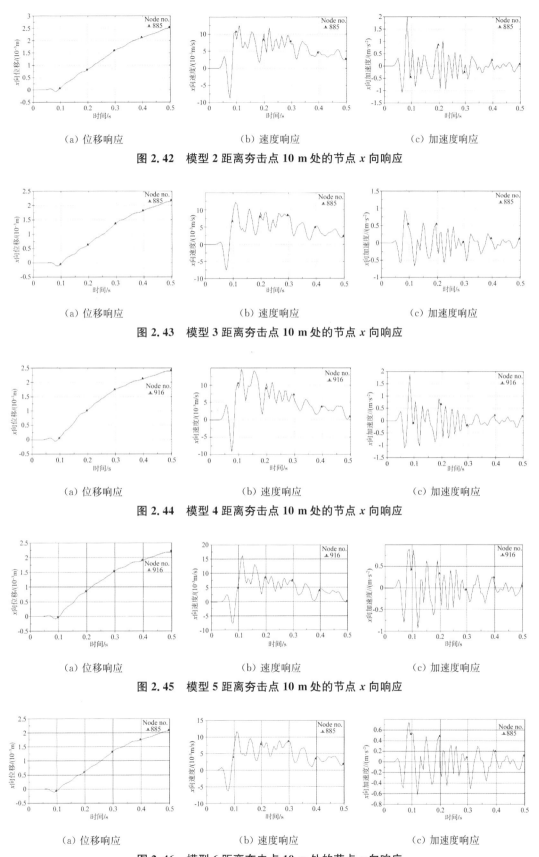

（a）位移响应　　　　　　（b）速度响应　　　　　　（c）加速度响应

图 2.42　模型 2 距离夯击点 10 m 处的节点 x 向响应

（a）位移响应　　　　　　（b）速度响应　　　　　　（c）加速度响应

图 2.43　模型 3 距离夯击点 10 m 处的节点 x 向响应

（a）位移响应　　　　　　（b）速度响应　　　　　　（c）加速度响应

图 2.44　模型 4 距离夯击点 10 m 处的节点 x 向响应

（a）位移响应　　　　　　（b）速度响应　　　　　　（c）加速度响应

图 2.45　模型 5 距离夯击点 10 m 处的节点 x 向响应

（a）位移响应　　　　　　（b）速度响应　　　　　　（c）加速度响应

图 2.46　模型 6 距离夯击点 10 m 处的节点 x 向响应

通过线性回归得出求解水平径向加速度减振程度和竖向加速度减振程度的近似公式，分别见式(2.2)和式(2.3)：

$$e_H = 0.065x - 0.024\,8y + 0.095\,1z \tag{2.2}$$

$$e_V = 0.022\,3x - 0.034\,4y + 0.076\,1z \tag{2.3}$$

式中：e_H和e_V分别为水平径向加速度减振程度和竖向加速度减振程度，e_H、$e_V \in (0 \sim 1)$；x为夯击点到减振沟的距离，单位为m；y为拾取点到减振沟的距离，单位为m；z为减振沟的深度，单位为m。

3. 减振沟减振效果现场检测

为弄清强夯施工时减振沟的实际减振效果以及对该历史建筑的影响程度，在减振沟施工完成后，对最靠近老围屋的两排夯击点的现场强夯施工过程进行了监测。

大运城内新建项目的强夯施工采用两遍点夯和一遍满夯，点夯单击能为 2 500 kN·m，第一遍点夯击数 8～10 击，第二遍点夯击数 6～8 击；满夯单击能为 1 500 kN·m，每点 2 击。强夯重锤 20 t，锤底面积 4 m² 左右。采用强夯处理后的地基承载力特征值将达到 140 kPa，变形模量将达到 15 MPa。

该工程主要地层有：(1)素填土(①)：灰黄、褐黄、褐红、灰黑等色，由黏性土含少量砂砾组成，层厚 0.3～6.5 m；(2)粉质黏土(⑤₁)：褐灰、褐黄色，稍有光滑，湿，可塑状，摇振反应无，干强度高，韧性高，层厚 0.3～28.1 m；(3)细砂(⑤₂)：灰白、褐黄色，主要成分为石英质，局部含黏性土 5% 左右，分选性较差，饱和、松散～稍密，层厚 0.2～19.5 m；(4)淤泥质黏土(⑥₁)：黑色，含腐木，具臭味，饱和，软塑状，光滑，摇振反应中等，干强度高，韧性中等，层厚 0.5～29.5 m；(5)粉质黏土(⑥₂)：灰白、灰黄色，局部含 20% 左右砂，底部偶夹卵石，湿，可塑～硬塑，稍光滑，摇振反应无，干强度高，韧性高，层厚 0.5～29 m；(6)黏土(⑨)：灰黑色、褐色，主要成分为黏土，含少量灰岩质尖棱状角砾及玻璃碴、铁丝等杂物，偶含卵石，饱和，软塑，稍光滑，摇振反应无，干强度中等，韧性中等。

格坑村老围屋的减振沟开挖方案如图 2.47，现场开挖施工见图 2.48。

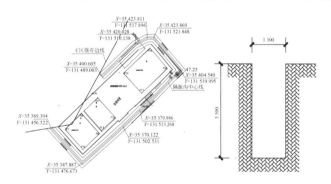
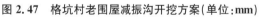

图 2.47　格坑村老围屋减振沟开挖方案(单位:mm)　　**图 2.48　格坑村老围屋减振沟开挖施工现场**

(1)检测设备

主要设备:东华测试技术开发有限公司生产的 DH5937 型 8 通道动态信号采集仪(图 2.49)和 DH202 型加速度传感器。数据处理软件为 DHDAS 数据采集系统,它具有对仪器进行参数设置、数据采集和对数据进行基本的统计分析等功能。

(2)传感器布置

共对 10 个最靠近老围屋的夯击点进行了现场监测,图 2.50 为这 10 个测点的传感器布置图,图2.51为4#夯击点在第7次点夯时的传感器加速度记录。

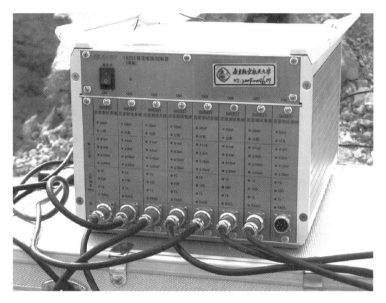

图 2.49　DH5937 型 8 通道动态信号采集仪

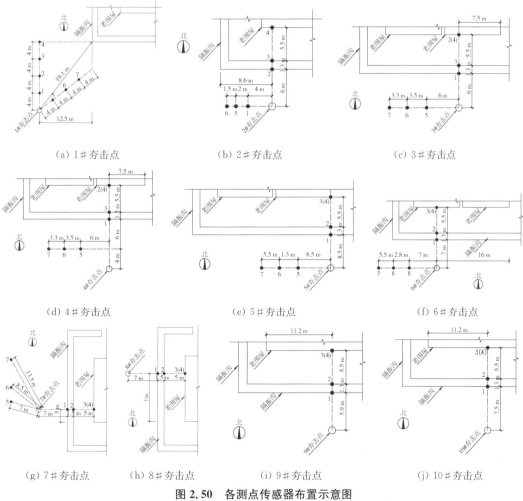

（a）1#夯击点　　　　　（b）2#夯击点　　　　　（c）3#夯击点

（d）4#夯击点　　　　　（e）5#夯击点　　　　　（f）6#夯击点

（g）7#夯击点　　　（h）8#夯击点　　　（i）9#夯击点　　　（j）10#夯击点

图 2.50　各测点传感器布置示意图

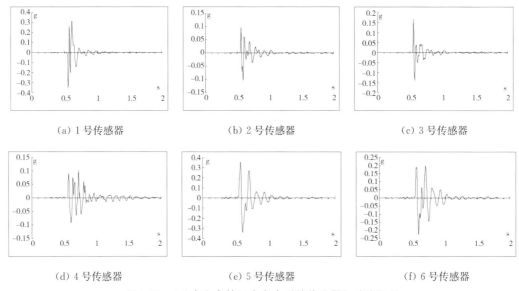

（a）1 号传感器　　　　　（b）2 号传感器　　　　　（c）3 号传感器

（d）4 号传感器　　　　　（e）5 号传感器　　　　　（f）6 号传感器

图 2.51　4♯夯击点第 7 次点夯时的传感器加速度记录

（3）检测结果

从现场监测数据分析整理,可得出如下主要结果:

减振沟的实际减振效果达 50%～90%,与本书给出的近似公式[式(2.2)、(2.3)]计算结果较吻合。

此外,还观测到如下规律:强夯振动持时在 0.2 至 0.5 s 之间,峰值加速度一般出现在前 0.1 s 内;径向水平加速度的幅值最大,竖向加速度次之,环向水平加速度相对较小;点夯引起的最大振动通常发生在对同一夯击点的第 6 下夯击时,满夯引起的最大振动发生在对同一夯击点的第 2 下夯击时;点夯引起老围屋底部地表径向水平振动加速度最大值为 0.271 g,竖向振动加速度最大值为 0.180 g,满夯引起老围屋底部地表径向水平振动加速度最大值为 0.237 g。

截至最靠近老围屋的夯击点(距离老围屋约 10 m 至 20 m)的强夯施工完成为止,通过现场观察和检测发现,除局部少量粉饰面层松动掉落外,未发现原有裂缝的扩大、扩展和明显的新裂缝的产生,未发现影响主体结构安全的现象发生。

4. 结论

通过数值模拟发现,强夯施工时,减振沟的减振效果显著,减振可达 60%～80%;减振沟的减振效果随减振沟的深度增加而增加,而减振沟的宽度基本不影响减振效果;减振沟的减振效果同夯击点与减振沟的距离、拾取点与减振沟的距离以及减振沟的深度近似呈线性关系。基于此,首次提出了水平径向加速度减振程度和竖向加速度减振程度的计算公式。

现场监测数据验证了数值模拟结果及减振程度计算公式的正确性,并发现如下规律:强夯振动持时在 0.2 至 0.5 s 之间,峰值加速度一般出现在前 0.1 s 内;强夯引起的径向水平加速度的幅值最大,竖向加速度次之,环向水平加速度相对较小;点夯引起的最大振动通常发生在对同一夯击点的第 6 下夯击时,而满夯引起的最大振动发生在对同一夯击点的第 2 下夯击时。

复习思考题

2-1　为什么要对建筑遗产进行检测?

2-2　木结构的检测主要包含哪些项目?

2-3　砌体结构的无损和微损检测方法有哪些?

2-4　什么是混凝土结构的耐久性检测?

2-5　钢结构的连接质量与性能的检测包括哪些项目?

2-6　地基与基础的检测项目及方法有哪些?

2-7　结构可靠性鉴定包括哪些方法?

2-8　请简述建筑抗震鉴定的目标。

2-9　请简述建筑抗震鉴定第一级与第二级的主要内容。

第三章 木构建筑遗产的保护技术及案例

3.1 概述

　　木材是人类建筑史上应用时间最长的建筑材料之一,已有数千年的应用历史。在我国现存的古建筑中,木结构和砖木混合结构占有相当的比例,如天津蓟州区(原蓟县)的独乐寺观音殿(图3.1)和山西应县木塔(图3.2)等都有悠久的历史。

| 图 3.1　天津蓟州区(原蓟县)独乐寺观音阁 | 图 3.2　山西应县木塔 |

　　木材是由树木加工而成的,树木分为针叶树(软木)和阔叶树(硬木)两大类,这两类树木的木材分别适用于建筑的不同构件和部位,具体如表3.1所示。

表 3.1　树木的种类和用途

种类	微观组成	微观差别	特点	用途	树种
针叶树	由90%以上的轴向管胞、5%～10%的轴向薄壁组织、木射线及树脂道组成	管胞长度约3～5 mm,直径15～80 μm,管胞的主要功能是水分的运输和树干的支撑作用	树叶细长,成针状,多为常绿树;纹理顺直,木质较软,强度较高,表观密度小;耐腐蚀性较强,胀缩变形小	针叶树是建筑工程中主要使用的树种,多用作承重构件、门窗构件等	松树、杉树、柏树等
阔叶树	由约50%的木纤维、约20%的导管分子、约17%的木射线、约13%的薄壁细胞组成	木纤维一般长0.5～2.0 mm,直径20 μm左右,主要起增加机械强度的作用;导管分子长度一般为200～800 μm,直径约为200～400 μm,主要功能是输导水分	树叶宽大,叶脉呈网状,大多为落叶树;木质较硬,加工较难;表观密度大,胀缩变形大	常用作内部装饰、次要的承重构件和胶合板等	榆树、桦树、水曲柳等

　　木材作为建筑材料有一系列的优点,如承载能力好,容重小,可就地取材,便于加工,化学性能比较稳定等。木结构的建筑也有缺点,如在潮湿状态下易腐蚀、开裂、易遭虫害和木材本身易燃等。木材的缺点使其应用受到限制,结构使用年数也受到影响。中国传统木构建筑的各个构件之间一般采用榫卯的构造连接方式。木构榫卯由榫头和卯孔组成,形成传递荷载的构造节点,既可以承受一定的荷载,也具有很好的弹性和较好的抵消水平推力的作用,表现出较强的半刚性连接特性,并且由于允许产生一定的变形,可以吸收部分能量,减少结构在动力状态下的响应。作为一种节点方式,榫卯既发挥着木构体系中力的传递与分配的作用,也影响着结构整体的稳定,是木构建筑遗产结构体系成立的基本前提。对于这些传统木构建筑的研究,应该遵循历史性、艺术性和科学性的三大原则,而长期以来人们对古建筑的研究多从其历史性和艺术性入手,对其科学性方面的研究则相对较少。木构建筑遗产由于受到长期的风雨侵蚀、人为和自然灾害的破坏,材料和结构性能不可避免地减弱和损伤,大量传统木构建筑已出现险情,对其加固修缮的要求日益迫切。例如,在2008年汶川地震中,传统木构建筑损毁较严重,其中包括世界文化遗产都江堰二王庙、青城山道教古建筑群、李白故居、杜甫草堂等。因此,综合考虑历史性、艺术性和科学性,对这些传统木构建筑的保护技术进行科学研究,为维修和保护提供科学依据,已是当务之急。

3.2　木结构遗产的常见病害

　　(1) 干缩开裂

　　木材在干燥过程中,因为水分蒸发而产生变形收缩,如图3.3所示。木材干裂的规律是:一般裂缝均为径向,由表及里向髓心发展。一般密度较大的木材,因其收缩变形较大而易于开裂。制作时含水率低的木材,干缩裂缝较轻微。有髓心的木材,裂缝较严重;没髓心的木材,裂缝较轻微。制作时,可采用"破心下料"的方法,将木材从髓心处锯开,获得径向材,减小木材干缩时的内应力,大大降低裂缝出现的可能性。

图3.3　干缩开裂

（2）疵病

由于构造不正常，或由于不佳的环境等外来因素，导致正常的木材材质改变，木材的利用价值降低甚至木材完全不能使用的情况称为木材的疵病，又称木材的缺陷。主要分为木节和斜理纹。

木节指的是包围在树干中的树枝基部的缺陷，是一种天然缺陷，如图3.4所示。木节在很多情况下会降低木材的力学性能，是因为木节破坏了木材的均匀性和完整性。木节对顺纹抗拉强度的影响最大，而对顺纹抗压强度影响最小。木节越接近受拉边部，影响越大，位于受压区时，影响较小，木节对抗弯强度的影响与木节在构件截面高度上的位置有很大关系。

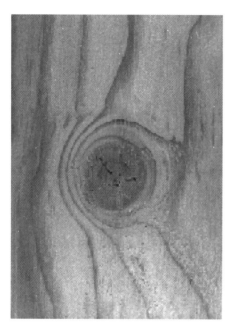

图3.4　木节

斜理纹是木材的一种常见缺陷，简称斜纹或扭纹。由于斜理纹的存在，如力的作用方向与木纹方向之间的角度不同，它的强度有很大的差别。斜理纹的存在使得木材的顺纹抗拉、顺纹抗压和抗弯强度均有所降低，纹理斜度越大，影响就越大，如图3.5所示。斜理纹还会使板材容易开裂和翘曲，使柱材严重弯曲。因此，使用木材时应特别注意木纹的方向。

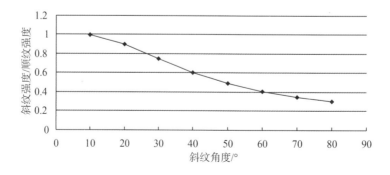

图3.5　木材强度与斜纹角度之间关系

（3）腐朽现象

腐朽是木结构最严重的一个缺陷，木结构的使用寿命主要取决于腐朽的速度。木材的腐朽是由于真菌在木材中寄生而引起的。侵蚀木材的真菌有三类，即木腐菌、变色菌及霉菌。

木腐菌：菌丝（营养器官）伸入木材细胞壁内，分解细胞壁的成分作为养料，造成木材的腐朽。木材腐朽后，细胞被彻底破坏，使木材的力学性质发生改变，如图 3.6 所示。

变色菌：最常见于边材中，以细胞腔内含物（如淀粉、糖类等）为养料，不破坏细胞壁。变色菌使边材变成红、蓝、绿、黄、褐或灰等颜色，除影响外观外，对木材强度影响不大，如图 3.7 所示。

霉菌：生长在木材表面上，是一种发霉的真菌，对材质无甚影响。将木材表面刮净就可清除，如图 3.8 所示。

图 3.6　木腐菌	图 3.7　变色菌	图 3.8　霉菌

防止腐朽的方法：

① 限制木腐菌生长的条件

木材腐朽是由于木腐菌寄生繁殖所致，所以，可以通过破坏木腐菌在木材中的生存条件达到防止腐朽的目的。温度：木腐菌生长的适宜温度是 25～30 ℃，当温度高于60 ℃ 时，木腐菌不能生存，一般在 5 ℃ 以下也会停止生长。含水率：通常木材含水率超过 20％～25％，木腐菌才能生长，但最适宜生长的含水率在 40％～70％，也有少量木腐菌在 25％～35％。不同的木腐菌有不同的要求。一般情况，木材含水率在 20％以下木腐菌就难以生长。

② 构造上的防腐措施

屋架、大梁等承重构件的端部不应封闭在砌体或其他通风不良的环境中，周围应留出不小于 5 cm 的空隙，以保证具有适当的通风条件。同时，为了防止受潮腐朽，在构件支座下，还应设防潮层或经防腐处理的垫木。木柱、木楼梯等与地面接触的木构件，都应设置石块垫脚，使木构件高出地面，与潮湿环境隔离。

③ 防腐的化学处理

木结构在使用过程中，若不能用构造措施达到防腐目的，则可采用化学处理的方法进行防腐。木材防腐剂的种类一般分为水溶性防腐剂、油溶性防腐剂、油类防腐剂和浆膏防腐剂。木材防腐的处理方法有涂刷法、常温浸渍法、热冷槽浸注法、压力浸渍法。

（4）蛀蚀现象

木材除受真菌的侵蚀而被腐朽外，还会遭受昆虫的蛀蚀。昆虫在树皮内或木材细胞中产卵，孵化成幼虫，幼虫蛀蚀木材，形成大小不一的虫孔，如图 3.9 和图 3.10 所示，蛀蚀木结构的昆虫主要是白蚁和木蜂。世界上已知危害房屋建筑的白蚁有 100 多种，主要危害品种有 47 种。我国常见危害房屋建筑的白蚁有 6 种，包括黄胸散白蚁（图 3.11）、家白蚁

（图 3.12）、木白蚁、黑翅土白蚁等。

图 3.9　白蚁蛀蚀

图 3.10　木蜂蛀蚀

图 3.11　黄胸散白蚁

图 3.12　家白蚁

　　防治白蚁是一项长期工作，必须贯彻"预防为主，防治结合"的方针。预防的方法有两种。①生态预防。对于木构建筑，设计上要注意通风、防潮、防漏和透光；选用具有抗御白蚁的树种；避免木材与土壤直接接触。②药物处理。对房屋易受白蚁蛀蚀的部位如木楼梯下、木柱根部、梁柱节点、木屋架端节点等处，应喷洒或涂刷防蚁药物进行预防。

　　（5）燃烧

　　木材本身可以燃烧，而且在燃烧过程中产生热量，助长火焰的发展。这对木结构的防火是十分不利的。木材的燃烧是由外向内使木材逐渐炭化，减小了构件的有效截面面积，使结构失去承载力。普通木材为燃烧体，耐火极限一般为 0.25 h。

　　木结构的防火，首先要考虑防火间距、设置防火墙、消防给水等措施，还要根据结构本身考虑如下措施：

　　① 在设计与施工时，应使木构件远离热源，若必须紧贴高热设备时，应采取局部隔热措施。

　　② 对木结构进行药剂防火处理，变燃烧体为难燃体。防火药剂处理的方法有两种，即涂刷和浸渍。

3.3　木结构建筑遗产的计算

在木结构验算前,首先应了解木材的受力性能、破坏特征和影响因素。木结构中的木材主要承受拉应力、压应力、剪切应力和局部压应力的作用。

木结构的验算主要参考以下规范:《木结构设计标准》(GB 50005—2017)、《建筑结构荷载规范》(GB 50009—2012)、《古建筑木结构维护与加固技术标准》(GB 50165—2020)。

对于现行国家标准《建筑结构荷载规范》中未规定的永久荷载,可根据古建筑各部位构造和材料的不同情况,分别抽样确定。每种情况的抽样数不得少于 5 个,以其平均值的 1.1 倍作为该荷载的标准值。

对古建筑木结构的屋面,其水平投影面上的屋面均布活荷载标准值可取 0.7 kN/m²,当施工荷载较大时,可按实际情况采用。验算屋面木构件时,施工或检修的集中荷载可取 0.8 kN,并以出现在最不利位置进行验算。

基本风压和基本雪压的重现期定为 100 年,按现行国家标准《建筑结构荷载规范》取值。

验算古建筑木结构时,其木材设计强度和弹性模量应符合下列规定:

(1) 按现行国家标准《木结构设计标准》的规定采用,并乘以结构重要性系数 0.9。

(2) 对外观已显著变形或木质已老化的构件,尚应乘以表 3.2 考虑荷载长期作用和木质老化影响的调整系数。

表 3.2　考虑荷载长期作用和木质老化影响的调整系数

建筑物修建距今的时间/年	调整系数		
	顺纹抗压设计强度	抗弯和顺纹抗剪设计强度	弹性模量和横纹承压设计强度
100	0.95	0.90	0.90
300	0.85	0.80	0.85
≥500	0.75	0.70	0.75

梁、柱结构按现行国家标准《木结构设计标准》的有关规定验算其承载能力,并应遵守下列规定:

(1) 当梁过度弯曲时,梁的有效跨度应按支座与梁的实际接触情况确定,并应考虑支座传力偏心对支撑构件受力的影响。

(2) 柱应按两端铰接计算,计算长度取侧向支撑间的距离,对截面尺寸有变化的柱可按中间截面尺寸验算稳定性。

(3) 若原有构件已部分缺损或腐朽,应按剩余的截面进行验算。

木结构古建筑中,宋元时期的斗拱较为粗大,且有结构作用。而明清时期的斗拱较为小巧,基本为装饰作用。因此,明清时期的木构建筑斗拱可不进行结构验算,但宋元时期的木构建筑斗拱须做结构验算。

2 根或 2 根以上的木梁(或木檩)叠加以承受上部荷载的叠合梁,如梁与梁(檩与檩)之间没有销钉连接的话,应按每一木梁(檩)的惯性矩分配每根木梁(檩)的荷载,按分配的荷载验算各木梁(檩)的强度和刚度;如果梁与梁(檩与檩)之间有销钉连接的话,应进行叠合梁的力学分析,再验算各木梁(檩)的强度和刚度。

在古建筑木结构中,竖向荷载一般由柱承受,墙体仅起围护和稳定的作用。对一般古建筑木结构可不进行水平荷载验算,但对于重要古建筑木结构,需要进行专项的水平地震作用和水平风荷载作用的受力性能验算。此时,梁柱榫卯节点连接应按半刚性节点进行考虑,半刚性数据可通过试验或参考相关文献获得。

木结构建筑的结构受力计算可采用手算方法或有限元软件计算方法。有限元方法是将连续的求解域离散为一组单元的组合体,用在每个单元内假设近似函数来分别表示求解域上待求的未知场函数,近似函数通常由未知场函数及其导数在单元各节点的数值插值函数来表达,从而使一个连续的无限自由度问题变成离散的有限自由度问题。利用相关的有限元软件进行有限元计算,可以借助计算机提供高速运算,使问题得以快速求解,计算结果也更为准确,误差小,适用于复杂的结构计算。对于简单的结构计算,误差要求不大时,可采用手算方法。手算时,应按照从上到下的原则,按照木椽、木檩条、木梁架和木柱的先后顺序进行验算,每种构件均需验算其强度安全和刚度安全。有限元软件计算时,可采用SAP2000、Ansys、ABAQUS等有限元软件对其进行整体建模分析,然后对每根构件的强度安全和刚度安全进行验算。

3.4 木结构建筑遗产的保护技术

1. 木构架的整体维修和加固

应根据其残损程度分别采用下列方法:

(1)落架大修,即全部或局部拆落木构架,对残损构件或残损点逐个进行修整、更换残损严重的构件,再重新安装,并在安装时进行整体加固。

(2)打牮拨正,即在不拆落木构架的情况下,使倾斜、扭转、拔榫的构件复位,再进行整体加固。对个别残损严重的梁枋、斗拱、柱等应同时进行更换或采取其他修补加固措施。

(3)修整加固,即在不揭除瓦顶和不拆动构架的情况下,直接对木构架进行整体加固。这种方法适用于木构架变形较小,构件位移不大,不需打牮拨正的维修工程。

对木构架进行整体加固应符合下列要求:

(1)加固方案不得改变原来的受力体系。

(2)对原来结构和构造的固有缺陷,应采取有效措施予以消除,对所增设的连接件应设法加以隐蔽。

(3)对本应拆换的梁枋、柱,当其文物价值较高而必须保留时,可另加支柱,但另加的支柱应能易于识别。

(4)对任何整体加固措施,木构架中原有的连接件,包括椽、檩和构架间的连接件,应全部保留。若有短缺时,应重新补齐。

(5)加固所用材料的耐久性不应低于原有结构材料的耐久性。

2. 木柱的加固

对于木柱的干缩裂缝,当其深度不超过柱径(或该方向截面尺寸)1/3时,可按下列嵌补方法进行修补:

(1)当裂缝宽度不大于3 mm时,可在柱的油饰或断白过程中,用腻子勾抹严实。

(2)当裂缝宽度在3~30 mm时,可用木条嵌补,并用耐水性黏合剂粘牢。

(3)当裂缝宽度大于30 mm时,除用木条以耐水性黏合剂补严粘牢外,尚应在柱的开裂段内加铁箍或纤维布箍2~3道。若柱的开裂段较长,则箍距不宜大于0.5 m。铁箍应嵌入柱内,使其外皮与柱外皮齐平。

当木柱有不同程度的腐朽而需整修、加固时,可采用下列剔补或墩接的方法处理:

(1)当柱心完好,仅有表层腐朽,且经验算剩余截面尚能满足受力要求时,可将腐朽部分剔除干净,经防腐处理后,用干燥木材依原样和原尺寸修补整齐,并用耐水性黏合剂黏结。如系周围剔补尚需加设铁箍或纤维布箍2~3道。

(2)当柱脚腐朽严重,但自柱底面向上未超过柱高的1/4时,可采用墩接柱脚的方法处理。

若木柱内部腐朽、蛀空,但表层的完好厚度不小于50 mm时,可采用不饱和聚酯树脂进行灌浆加固。

当木柱严重腐朽、虫蛀或开裂,而不能采用修补、加固方法处理时,可考虑更换新柱。

3. 梁、枋的加固

当梁枋构件有不同程度的腐朽而需修补、加固时,应根据其承载能力的验算结果采取不同的方法。若验算表明其剩余截面面积尚能满足使用要求时,可采用贴补的方法进行修复。贴补前,应先将腐朽部分剔除干净,经防腐处理后,用干燥木材按所需形状及尺寸,以耐水性黏合剂贴补严实,再用铁箍或螺栓紧固。若验算表明,其承载能力已不能满足使用要求时,则须更换构件。更换时,宜选用与原构件相同树种的干燥木材,并预先做好防腐处理。

对梁枋的干缩裂缝应按下列要求处理:

(1)当构件的水平裂缝深度(当有对面裂缝时,用两者之和)小于梁宽或梁直径的1/4时,可采取嵌补的方法进行修整,即先用木条和耐水性黏合剂,将缝隙嵌补黏结严实,再用两道以上铁箍或纤维布箍箍紧。

(2)若构件的裂缝深度超过上款的限值,则应进行承载能力验算,若验算结果不能满足受力要求时,可在梁枋下支顶立柱或更换构件或埋设型钢等加固件。

4. 木屋架的加固

整体性加固:增加或更换水平支撑系统和垂直支撑系统,提高屋架系统的整体性及空间刚度。支撑系统可采用钢结构,钢构件与木构件采用螺栓加连接件连接。

构件加固:受压杆件可采用局部加木夹板并以螺栓连接的加固方法;受拉杆件可采用局部加木夹板,也可采用钢拉杆的加固方法;端部节点可采用钢夹板的加固方法。

5. 木檩条的加固

可采用增大截面、增设随檩枋、粘贴纤维布、中间夹钢板、中间夹纤维板等方法进行加固。

6. 传统加固方法的不足

传统的木构建筑加固修复方法主要有加钉法、螺栓加固法、加箍法、拉杆法、附加梁板法、加位板法、附加断面法等。这些传统加固修复方法容易使古建筑木结构改变原貌,而且操作稍有不慎将导致对构件新的破坏。

(1)在对木结构进行加固维修时,一般要采取渗透扩散、喷涂或压注喷雾的方法对构件使用低毒高效的防腐防虫药剂来进行必要的防腐防虫害处理。但是防腐剂、防虫剂等有毒物质长时间在空气中扩散,会对文物管理工作人员的身体造成极大的伤害。

(2)在加设铁箍时,铁箍加设前必须进行除锈及抗腐蚀的处理,并且将铁箍嵌入木结构中,使其外皮与梁柱外皮齐平,以便油饰。加设铁箍这一程序工作烦琐而且稍有操作不慎会对构件造成新的破坏。

(3)采用墩接的方法加固木柱及用拉杆和夹接加固梁枋受到严格的使用条件限制,不易被广泛推广使用,而且即使被采用了,也易改变古建筑原貌,违反了"修旧如故"的原则。

7. 木结构的化学加固及纤维布的运用

木材内部因虫蛀或腐朽形成中空时,若柱表层完好厚度不小于 50 mm,可采用不饱和聚酯树脂进行灌注加固。梁枋内部因腐朽中空截面面积不超过全截面面积 1/3 时,也可采用环氧树脂灌注加固。

近些年来,随着纤维增强聚合物(Fibre Reinforced Polymer,简称 FRP)技术的不断完善,FRP 材料越来越多地被用在木结构的加固工程上。FRP 由于具有几何可塑性大、轻薄、易剪裁成型等优点,非常适用于非规则断面的传统木结构表面粘贴,而且用纤维布加固木结构后经油漆涂刷后不会影响外观,也几乎没有增加重量,是木结构加固的首选材料。目前 FRP 主要用于木构件和节点的加固,可提高木结构的承载力、刚度和抗震性能。

FRP 加固技术是指采用高性能黏结剂将纤维布粘贴在建筑结构构件表面,使两者共同工作,提高结构构件的(抗弯、抗剪)承载能力,从而达到对建筑物进行加固、补强的目的。

常见的 FRP(图 3.13)主要有芳纶纤维 AFRP、碳纤维 CFRP、玻璃纤维 GFRP、玄武岩纤维 BFRP。目前,在木结构加固工程中应用最多的还是 CFRP。

(a) 芳纶纤维 AFRP(黄色)　　　(b) 碳纤维 CFRP(黑色)　　　(c) 玻璃纤维 GFRP(白色)

图 3.13　FRP 材料

FRP 是由环氧树脂黏结高抗拉强度的纤维束而成的。使用纤维布加固具有以下几个优点:(1)强度高(强度约为普通钢材的 10 倍),效果好;(2)加固后能大大提高结构的耐腐蚀性及耐久性;(3)自重轻(约 200~300 g/m²),基本不增加结构自重及截面尺寸;(4)柔性好,易于裁剪,适用范围广;(5)施工简便(不需大型施工机构及周转材料),易于操作,经济性好;(6)施工工期短;(7)碳纤维加固技术适用于各种结构类型、各种结构部位的加固修补,如梁、板、柱、屋架、桥墩、桥梁、筒体、壳体等结构,也是木结构加固的首选材料。

国际上,首例采用 FRP 加固的木结构为瑞士 Sins 木桥(1992 年,CFRP),该桥建于 1807 年,双跨拱桥 2×31 m,CFRP 主要用于桥面板的加固。国内曾对天安门城楼大型木柱采用 CFRP 布进行加固尝试。我们在全国重点文物保护单位南京甘熙故居的木构修缮中采用了 CFRP 对木柱墩接部位进行了加固,在全国重点文物保护单位苏州留园曲溪楼和马鞍山采石矶太白楼的修缮中采用 CFRP 对木梁进行了抗弯及抗剪加固。

FRP 在增强木结构方面有以下优点:(1)提高木构件的承载能力,降低截面尺寸;(2)便于裁剪,易于施工;(3)提高木结构的耐腐蚀性。

FRP 加固木结构的主要方法见图 3.14。

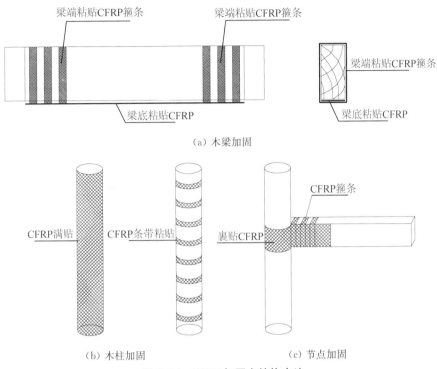

图 3.14　CFRP 加固木结构方法

3.5　外贴碳-芳混杂纤维布加固木结构设计研究

1. 前言

在国外,尤其美国和加拿大,研究人员对 CFRP 加固木结构进行了一些研究,但主要针对胶合木结构。Blas 等对 CFRP 增强胶合层木的抗弯性能进行实验研究并比较了底板粘贴夹心粘贴的参数影响,证明对于胶合层木与 FRP 组合后同样有很好的增强效果。Plevris 等对两根以 1.18％体积率的 CFRP 增强的木梁和一根对比试件进行了 10 个月的恒温恒湿恒载试验,结果表明 CFRP 加固后可减少 40％的初始变形和 50％的徐变变形,从而表明 CFRP 能够提高木梁的刚度和减少徐变影响,而且其效果是非常可观的。Taheri 等进行了 CFRP 加固长细比为 16 的胶合方木柱的试验研究,加固后胶合方木柱的极限承载力提高了 60％～70％。Dagher 等和 Brunner 等分别进行了 FRP 布加固简支胶合木梁的试验研究。研究表明,所有加固试件的破坏均由受拉面木材的脆性断裂引起;FRP 布加固胶合木梁后受弯承载力提高 22％～51％,刚度提高 25％～37％;对 FRP 布施加预应力可提高加固效果。Triantafillou 进行了粘贴不同厚度(0.167、0.334 mm)和方向(0°、90°)CFRP 布加固木梁受剪承载力的试验研究,为保证试件发生剪切破坏,剪跨内试件宽度由 65 mm 减至 25 mm,研究表明,所有试件均在剪跨内发生剪切破坏,粘贴 CFRP 布后木梁受剪承载力提高 4.8％～42.8％,提高幅度与理论分析结果符合较好。Hay 等进行了 GFRP(竖向和斜向)加固木梁受剪承载力的试验研究,结果表明,GFRP 斜向粘贴木梁的受剪承载力提高 34.1％,而 GFRP 竖向粘贴木梁的受剪承载力仅提高 16.4％,斜向粘贴比竖向粘贴的加固效果更好。Carradi 等进行了 GFRP 加固既有木楼面抗剪承载力的研究,粘贴 GFRP 后木楼面的抗剪承载力得到明显提高。Svecova 等研究了在木梁剪跨区内或全长范围设置

GFRP 剪切销对提高木梁承载力的效果,并提出了设置的建议。

而我国在这方面的研究甚少。近年来,同济大学、西安交通大学、西安建筑科技大学、上海建科院和南京工业大学才陆续有学者对此展开研究。张大照进行了 CFRP 布加固圆形木柱的试验研究,粘贴 CFRP 布后承载力提高 10%～20%,且圆木柱的变形能力得以提高。马建勋等进行了 CFRP 布加固圆形木柱的试验研究,CFRP 布满布或间隔成条布置。研究表明,粘贴 CFRP 布能有效约束圆木柱的横向变形,显著提高木柱的延性;用 CFRP 布加固后圆形木柱轴压承载力提高 18%～33%。许清风等进行了 CFRP 加固短方木柱的试验研究,加固后短方木柱的极限承载力和延性系数提高程度均与 CFRP 的层数明显相关。粘贴 1 层 CFRP 短木柱的极限承载力提高 5.2%,延性系数提高 40.7%;粘贴 2 层 CFRP 短木柱的极限承载力提高 17.4%,延性系数提高 71.6%。周钟宏等进行了 CFRP 加固圆木柱(杉木)的试验研究,加固后木柱的承载力和延性有显著提高,提高幅度与 CFRP 的规格、层数以及方向有关;并根据试验结果提出了 CFRP 约束圆木柱抗压强度的计算模型。张大照进行了 CFRP 加固圆形木梁的试验研究,研究表明,用 CFRP 布加固圆形木梁后其受弯承载力提高 40%～50%,同时刚度和延性也得到提高。许清风等进行了 CFRP 加固受拉区带有明显木节的木梁受弯承载力的试验研究。对比试件和粘贴 CFRP 布加固试件均发生由木节引起的脆性破坏,破坏没有明显的征兆。粘贴 CFRP 加固带木节试件的受弯承载力显著提高,提高幅度达 53%～109%,明显大于 CFRP 加固没有明显木节试件的提高幅度。杨会峰等进行了 CFRP 加固杨木胶合木梁受弯承载力的试验研究,加固后其极限承载力提高 18%～63%,刚度提高 32%～88%,延性系数提高 33%～133%,比国外胶合木梁提高的幅度大。许清风等进行了 13 根粘贴 CFRP 布加固木梁受剪承载力的对比试验研究,研究了粘贴 CFRP 布加固木梁受剪承载力的效果,结果表明,粘贴 CFRP 布加固木梁不仅可提高其承载力,还可提高其刚度。王鲲进行了 7 根 CFRP 加固矩形木梁受剪承载力的试验研究,得到了木梁在受剪切荷载作用时的两种破坏形态:一种是沿木纤维顺纹方向的剪切破坏,另一种为梁的斜截面剪切破坏,从理论计算上分析两种不同破坏形态发生的条件,并针对两种不同的破坏形态提出了相应的加固方法。

国内外学者对 FRP 加固木结构的研究基本都是针对单一 FRP 材料加固木结构的性能研究,而对混杂纤维的研究才刚刚开始,对混杂纤维加固木结构的研究也鲜有报道。综合承载能力、经济性、延性、耐腐蚀性等多方面考虑,我们提出采用碳纤维材料和芳纶纤维材料混杂加固木结构的设想,使用两种纤维的协调匹配,取长补短,产生混杂的效应,改善结构的性能。本书重点阐述碳-芳混杂纤维加固圆木柱的轴心抗压性能、加固矩形木梁的抗弯和抗剪性能。

2. 碳-芳混杂纤维最优混杂比的研究

为了得到适用于木结构加固用的最优性能的碳-芳混杂纤维,南京海拓复合材料有限责任公司通过对不同混杂比的碳-芳混杂纤维性能的比较,最后试验选用综合性能最好的碳-芳为 2∶1 混杂比的混杂纤维布加固,相关材料的材性如表 3.3 所示。碳-芳混杂纤维名义厚度为 0.155 mm。底胶、浸渍胶采用配套胶(Lica 建筑结构胶)。

表 3.3　纤维布材性

品种	拉伸强度/MPa	拉伸模量/MPa	延伸率/%
纯芳纶	2 267.70	137 051.82	1.67
纯碳纤维	4 274.83	278 377.87	1.68

品种	拉伸强度/MPa	拉伸模量/MPa	延伸率/%
碳-芳 1∶1	3 375.30	216 904.40	1.70
碳-芳 1∶2	2 635.50	191 950.16	1.75
碳-芳 2∶1	3 585.56	225 962.22	2.20
碳-芳 3∶1	2 966.02	192 967.40	2.59

3. 碳-芳混杂纤维加固木柱轴心受压性能研究

(1) 试验设计

中国传统木构建筑承重用材主要选用松木和杉木,因此,本试验所用的木材是松木和杉木两种。试件分为:未加固柱 4 根;加固柱(粘贴 1 层碳-芳混杂纤维布)4 根;加固柱(粘贴 2 层碳-芳混杂纤维布)4 根,其中松木和杉木各 2 根。外贴纤维布的试件均为环向满贴,沿环向的搭接长度为 100 mm。当采用多层纤维布时,各层纤维布的搭接位置要相互错开。为防止发生端部局部破坏,在粘贴主要受力纤维布之后,在上下端分别用同种纤维布粘贴 1 层 50 mm 宽的环箍。每个试件贴 4 个应变片,其中 2 个纵向,2 个横向,分别设置在木柱中部和环向碳-芳混杂纤维布的表面,以量测柱中截面的轴向压应变和横向拉应变。图 3.15 和图 3.16 分别为未加固和加固试件的示意图。

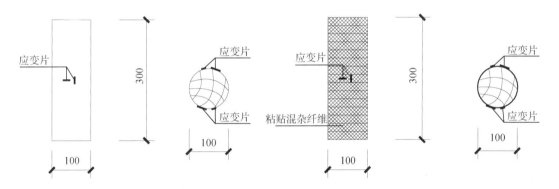

图 3.15 未加固试件示意图(单位:mm)   图 3.16 加固试件示意图(单位:mm)

本试验选用同一批次的木材,松木和杉木干燥后进行了加工处理。通过材性试验得到松木试验材料的力学参数:顺纹抗拉强度 115.5 MPa,顺纹抗压强度 44.8 MPa,抗弯强度 116.8 MPa,顺纹抗剪强度 8.4 MPa,抗弯弹性模量 11 978.6 MPa。杉木试验材料的力学参数:顺纹抗拉强度 79.0 MPa,顺纹抗压强度 28.0 MPa,抗弯强度 79.1 MPa,顺纹抗剪强度 3.9 MPa,抗弯弹性模量 8 837.4 MPa。

本次试验的试件设计方案见表 3.4。

表 3.4 试件设计方案

	木材种类	试件编号	FRP 布层数	试件直径/mm
未加固柱	松木	C1	无	100
	松木	C2	无	100

续表 3.4

	木材种类	试件编号	FRP 布层数	试件直径/mm
加固柱	松木	C3	1 层	100
	松木	C4	1 层	100
	松木	C5	2 层	100
	松木	C6	2 层	100
未加固柱	杉木	C7	无	100
	杉木	C8	无	100
加固柱	杉木	C9	1 层	100
	杉木	C10	1 层	100
	杉木	C11	2 层	100
	杉木	C12	2 层	100

加荷方案:试验在南京航空航天大学土木工程实验室 2 000 kN 万能试验机上进行。采用几何对中方法对中后,先进行预载对试验仪器和数据采集仪进行检验。正常后卸载至零,然后对试件重新从荷载为零时加载直至试件破坏。数据采集采用 TDS-602 计算数据采集仪。试验装置如图 3.17 所示。

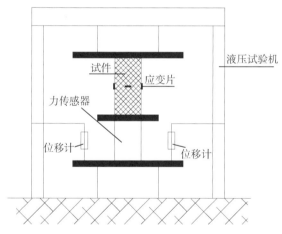

图 3.17 试验装置图

(2)试验现象

对于未加固的松木试件 C1、C2 和杉木试件 C7、C8,在荷载加至极限荷载的 40%～60% 时,开始发出吱吱的断裂声。随着荷载的增大,木材断裂逐渐增多,断裂声变大,达到极限荷载时,试件中部压溃,产生多条竖向裂缝,试件破坏。其中,C7 试件在破坏时,端部出现压皱现象。图 3.18 为未加固试件的破坏形态。

对于混杂纤维加固的松木试件 C3、C4、C5、C6 和杉木试件 C9、C10、C11、C12,在荷载加至极限荷载的 40%～60% 左右时,开始发出吱吱的断裂声。随着荷载的增大,木材断裂逐渐增多,断裂声变大,达到极限荷载时,试件中部纤维布环向发生断裂、剥离,试件破坏。其中,C5、C9、C12 试件在破坏时,端部出现压皱现象。图 3.19 为混杂纤维加固试件的破坏形态。

　　（a）试件 C1　　　　　（b）试件 C2　　　　（c）试件 C7　　　　（d）试件 C8

图 3.18　未加固试件的破坏形态

　　（a）试件 C3　　　　（b）试件 C4　　　　（c）试件 C5　　　　（d）试件 C6

　　（e）试件 C9　　　　（f）试件 C10　　　　（g）试件 C11　　　　（h）试件 C12

图 3.19　混杂纤维加固试件的破坏形态

（3）试验结果

① 轴心抗压承载力

试验结果表明：木柱经碳-芳混杂纤维布环向粘贴加固后，其轴心抗压承载力有了明显的提高，提高幅度约在 6.6%～16.8%（松木）和 5.0%～16.9%（杉木）。木材力学性能的离散性、材料材质的好坏，以及加载方式的偏差对试验结果均有一定影响。具体试验结果见表 3.5。

表 3.5　主要试验结果(轴心抗压承载力)

木柱	试件编号	FRP 层数	极限承载力/kN	提高幅度/%
未加固柱 (松木)	C1	无	276.5	—
	C2	无	273	—
加固柱 (松木)	C3	1	294.8	6.6
	C4	1	300.1	8.2
	C5	2	320.8	16.8
	C6	2	312.7	13.8
未加固柱 (杉木)	C7	无	250.5	—
	C8	无	250.2	—
加固柱 (杉木)	C9	1	271.4	8.4
	C10	1	262.9	5.0
	C11	2	277.8	11.0
	C12	2	292.7	16.9

注:木柱极限承载力的提高程度是将加固柱与未加固柱比较而言的。

② 荷载-应变曲线

试验结果表明:木柱经碳-芳混杂纤维布环向粘贴加固后,其峰值压应变有了明显的提高,提高幅度约在 8.9%~60.2%(松木)和 11.5%~56.8%(杉木)。圆木柱在轴心受压时,荷载-应变曲线基本是线性的,塑性变形较小,木柱的纵向压应变大于横向拉应变。具体试验结果见表 3.6 和图 3.20。

表 3.6　主要试验结果(极限压应变)

木柱	试件编号	FRP 层数	极限压应变	提高幅度/%
未加固柱 (松木)	C1	无	4 194	—
	C2	无	4 072	—
加固柱 (松木)	C3	1	4 591	11.1
	C4	1	4 500	8.9
	C5	2	6 620	60.2
	C6	2	6 319	52.9
未加固柱 (杉木)	C7	无	3 013	—
	C8	无	2 913	—
加固柱 (杉木)	C9	1	3 603	21.6
	C10	1	3 303	11.5
	C11	2	4 646	56.8
	C12	2	4 235	42.9

注:木柱极限压应变的提高程度是加固柱与未加固柱比较而言的。

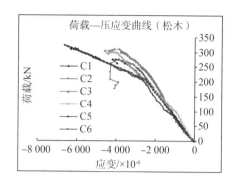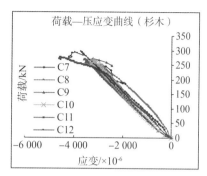

图 3.20 荷载-压应变曲线

③ 理论分析

用碳-芳混杂纤维布加固圆木柱,由于泊松效应、木材横向膨胀,混杂纤维布沿环向张紧,产生径向约束力,提高了木柱轴心抗压强度。考虑环向碳-芳混杂纤维布对构件抗压强度的贡献,建议碳-芳混杂纤维布加固圆木柱的轴心抗压承载力计算采用下面公式:

$$f_{wc} = f_{w0} + \alpha f_{w0} \left(\frac{2 f_\theta t_\theta}{d f_{w0}} \right)^{0.7} \tag{3.1}$$

式中:f_{wc}——约束木材的极限抗压强度(MPa);f_{w0}——无约束木材的极限抗压强度(MPa);f_θ——碳-芳混杂纤维布的极限抗拉强度(MPa);t_θ——环向纤维布的名义厚度(mm);d——圆木柱的直径(mm)。

对试验数据进行回归分析,得到碳-芳混杂纤维加固圆木柱的轴心抗压承载力计算公式:

(a) 对于松木构件

当环向粘贴 1 层碳-芳混杂纤维时,

$$f_{wc} = f_{w0} + 0.185 f_{w0} \left(\frac{2 f_\theta t_\theta}{d f_{w0}} \right)^{0.7} \tag{3.2}$$

当环向粘贴 2 层碳-芳混杂纤维时,

$$f_{wc} = f_{w0} + 0.341 f_{w0} \left(\frac{2 f_\theta t_\theta}{d f_{w0}} \right)^{0.7} \tag{3.3}$$

(b) 对于杉木构件

当环向粘贴 1 层碳-芳混杂纤维时,

$$f_{wc} = f_{w0} + 0.140 f_{w0} \left(\frac{2 f_\theta t_\theta}{d f_{w0}} \right)^{0.7} \tag{3.4}$$

当环向粘贴 2 层碳-芳混杂纤维时,

$$f_{wc} = f_{w0} + 0.291 f_{w0} \left(\frac{2 f_\theta t_\theta}{d f_{w0}} \right)^{0.7} \tag{3.5}$$

4. 碳-芳混杂纤维加固矩形木梁抗弯性能研究

(1) 试验设计

中国传统木构建筑承重用材主要选用松木和杉木,因此,本试验所用的木材是松木和杉木两种。试件分为:未加固梁 4 根;加固梁(粘贴 1 层碳-芳混杂纤维布)4 根;加固梁(粘

贴 2 层碳-芳混杂纤维布)4 根,其中松木和杉木均各 2 根。本书中的试件采用矩形截面简
支梁,木梁的尺寸设计为长 1 700 mm,宽 100 mm,高 150 mm,有效长度为 1 500 mm。为研
究受拉区 HFRP 加固层数的影响,共设计了 4 组 HFRP 加固木梁(松木和杉木均各 2 组),
每组 2 根。为防止 FRP 发生剥离破坏,弯剪区均采用环形箍对受拉区加固层进行锚固。每
个试件贴 6 个应变片(梁跨中截面位置两个侧面各贴 3 片)。图 3.21 和图 3.22 分别为未加
固和加固试件的示意图。

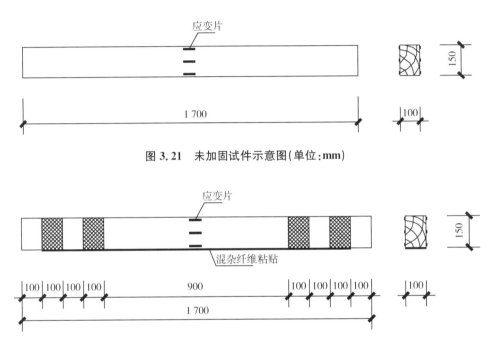

图 3.21　未加固试件示意图(单位:mm)

图 3.22　加固试件示意图(单位:mm)

本试验选用同一批次的木材,松木和杉木干燥后进行了加工处理。通过材性试验,得
到松木试验材料的力学参数:顺纹抗拉强度 115.5 MPa,顺纹抗压强度 44.8 MPa,抗弯强度
116.8 MPa,顺纹抗剪强度 8.4 MPa,抗弯弹性模量 11 978.6 MPa。杉木试验材料的力学参
数:顺纹抗拉强度 79.0 MPa,顺纹抗压强度 28.0 MPa,抗弯强度 79.1 MPa,顺纹抗剪强度
3.9 MPa,抗弯弹性模量 8 837.4 MPa。

本次试验的试件设计方案见表 3.7。

表 3.7　试件设计方案

	木材种类	试件编号	加固方式
参照梁	松木	A1	未加固
	松木	A2	未加固
加固梁	松木	A3	粘贴 1 层 HFRP
	松木	A4	粘贴 1 层 HFRP
	松木	A5	粘贴 2 层 HFRP
	松木	A6	粘贴 2 层 HFRP

续表 3.7

	木材种类	试件编号	加固方式
参照梁	杉木	A7	未加固
	杉木	A8	未加固
加固梁	杉木	A9	粘贴 1 层 HFRP
	杉木	A10	粘贴 1 层 HFRP
	杉木	A11	粘贴 2 层 HFRP
	杉木	A12	粘贴 2 层 HFRP

试验在南京航空航天大学土木工程实验室 2 000 kN 万能试验机上进行。加载方式为两点加载,由荷载分配梁来实现两点加载。在木梁各集中受力点垫上钢板以防止木梁被横向压坏。采用千斤顶进行分级加载,通过力传感器来显示每一级荷载。在正式加载之前,对测试仪表进行检查确保仪表工作正常,保证数据正确无误。梁的受压区被压皱褶前,每一级荷载增值约为 5.0～8.0 kN;梁被压皱褶后,每级荷载增值约为 4.0～5.0 kN;每级荷载持续时间为 3 min。试验装置如图 3.23 所示。

试验量测的主要内容有:在加载过程中,每加载一次,记录梁跨中位移、梁跨中截面上木纤维的应变,并观察和记录木梁的破坏情况。

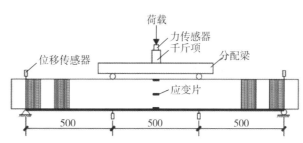

图 3.23 试验装置图(单位:mm)

(2)试验现象

对于未加固的松木试件 A1、A2 和杉木试件 A7、A8:在荷载加至极限荷载的 30%～50%左右时,开始发出轻微响声;在荷载加至极限荷载的 50%～70%左右时,木梁跨中底部或受拉边一些缺陷(如节疤、斜理纹)处首先出现开裂;随着荷载的增大,木材断裂声变大,跨中底部裂缝沿梁长度和梁高度方向同时增大;达到极限荷载时,产生剧烈响声,木梁断裂,变形很大,发生脆性破坏。图 3.24 为未加固试件的破坏形态。

HFRP 加固的松木试件 A3～A6 分别有以下现象。A3 在荷载加至极限荷载的 45%左右时,开始发出轻微响声;在荷载加至极限荷载的 65%左右时,木梁跨中底部出现开裂现象;随着荷载的增大,断裂声不时出现并且增大,裂缝沿梁长度和梁高度方向同时增大;达到极限荷载时,产生剧烈响声,木梁断裂,纤维布未拉断。A4 在荷载加至极限荷载的 45%左右时,开始发出轻微响声;随着荷载的增大,断裂声不时出现并且增大;在荷载加至极限荷载的 90%左右时,木梁上部受压处开始出现裂缝;随着荷载的增大,支座处环箍出现剥离破坏;达到极限荷载时,产生剧烈响声,木梁跨中底部断裂,且纤维布局部崩裂。A5 在荷载加至极限荷载的 65％左右时,开始发出轻微响声;随着荷载的增大,响声不时出现并且增大;达到极限荷载时,产生较大响声,跨中底部节疤处出现较大裂缝,纤维布基本未拉断。A6 在荷载加至极限荷载的 35％左右时,开始发出轻微响声;随着荷载的增大,响声不时出现并且增大;达到极限荷载时,产生剧烈响声,木梁跨中底部出现裂缝,并迅速沿水平向扩展至端部,局部纤维布出现脱落并有拉断现象,端部环箍纤维布部分损坏。

（a）试件 A1　　　　　　　　　　　（b）试件 A2

（c）试件 A7　　　　　　　　　　　（d）试件 A8

图 3.24　未加固试件的破坏形态

HFRP 加固的杉木试件 A9～A12 有如下现象。A9 在荷载加至极限荷载的 35％左右时,开始发出轻微响声;在荷载加至极限荷载的 60％左右时,木梁跨中底部出现开裂现象;随着荷载的增大,断裂声不时出现并且增大,裂缝沿梁长度和梁高度方向同时增大;达到极限荷载时,产生剧烈响声,木梁断裂,纤维布未拉断,端部环箍纤维布部分损坏。A10 在荷载加至极限荷载的 25％左右时,开始发出轻微响声;随着荷载的增大,断裂声不时出现并且增大;在荷载加至极限荷载的 75％左右时,木梁跨中开始出现水平裂缝;随着荷载的增大,支座处环箍出现局部破坏;达到极限荷载时,产生剧烈响声,木梁底部出现通长水平裂缝,纤维布未拉断。A11 在荷载加至极限荷载的 40％左右时,开始发出轻微响声;随着荷载的增大,响声不时出现并且增大;达到极限荷载时,产生剧烈响声,木梁底部出现通长水平裂缝,纤维布未拉断,端部环箍纤维布部分损坏。A12 在荷载加至极限荷载的 35％左右时,开始发出轻微响声;随着荷载的增大,响声不时出现并且增大;达到极限荷载时,产生剧烈响声,木梁底部出现水平裂缝,并迅速沿水平向扩展至端部,端部环箍纤维布部分损坏。图 3.25 为碳-芳混杂纤维布加固木梁试件的破坏形态。

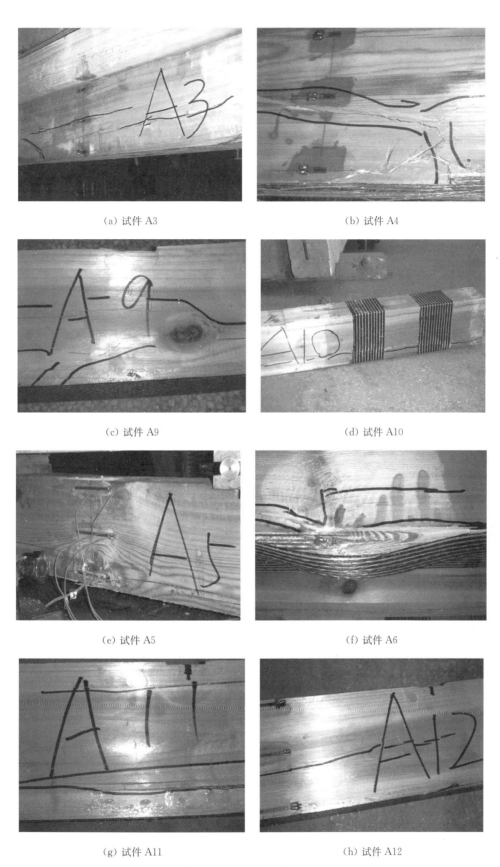

（a）试件 A3　　　　　　　　　　（b）试件 A4

（c）试件 A9　　　　　　　　　　（d）试件 A10

（e）试件 A5　　　　　　　　　　（f）试件 A6

（g）试件 A11　　　　　　　　　　（h）试件 A12

图 3.25　混杂纤维布加固木梁试件的破坏形态

（3）试验结果

① 极限承载力

试验结果表明：木梁经碳-芳混杂纤维布粘贴加固后，其抗弯承载力有了明显的提高，提高幅度约在18.1%～62.0%（松木）和7.7%～29.7%（杉木）。具体试验结果见表3.8。

表3.8　主要试验结果（抗弯承载力）

木柱	试件编号	FRP 层数	抗弯承载力/(kN·m)	提高幅度/%
未加固梁 （松木）	A1	无	13.03	—
	A2	无	16.48	—
加固梁 （松木）	A3	1	17.43	18.1
	A4	1	20.80	41.0
	A5	2	23.13	56.8
	A6	2	23.90	62.0
未加固梁 （杉木）	A7	无	10.48	—
	A8	无	11.85	—
加固梁 （杉木）	A9	1	12.65	13.3
	A10	1	12.03	7.7
	A11	2	14.48	29.7
	A12	2	14.10	26.3

注：木梁极限承载力的提高程度是将加固梁与未加固梁比较而言的。

② 荷载-挠度曲线

图3.26为所有梁的荷载-挠度曲线。可以看出，所有梁的荷载与挠度基本呈线性关系，加固梁的极限荷载和挠度要比未加固梁的大一些。此外，加固梁的刚度也有一定程度的提高，对于松木构件，底部粘贴1层HFRP时，刚度提高13%左右，粘贴2层HFRP时，刚度提高21%左右。对于杉木构件，底部粘贴1层HFRP时，刚度提高6%左右，粘贴2层HFRP时，刚度提高10%左右。

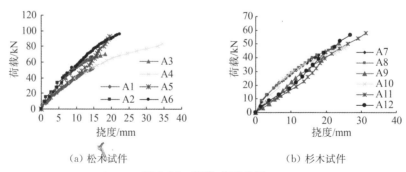

（a）松木试件　　　　　　　　　（b）杉木试件

图3.26　荷载-挠度曲线

③ 平截面假定的验证

图3.27为部分未加固梁和加固梁在跨中截面沿高度方向的应变分布。从图3.27中可以看出，未加固梁和加固梁的应变沿高度方向的分布基本符合平截面假定，因此在计算和分析时可以把平截面假定作为一个基本假定。

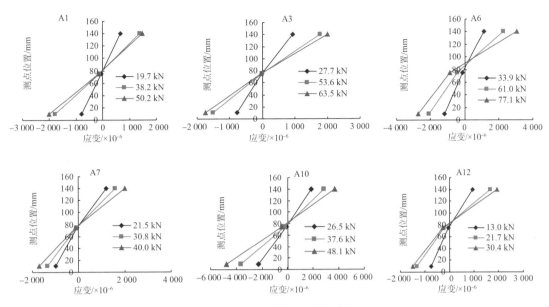

图 3.27　跨中截面上应变分布

④ 理论分析

a. 基本假定

承载力计算推导过程中采用的基本假定为:(1)木梁受弯后,截面应变分布符合平截面假定;(2)木材材质均匀,无节疤、虫洞、裂缝等天然缺陷;(3)木材在拉、压、弯状态下的弹性模量相同;(4)木材在受拉时表现为线弹性,受压时表现为理想弹塑性;(5)HFRP 材料采用线弹性应力-应变关系;(6)达到受弯承载力极限状态之前,HFRP 与木材黏结可靠,不发生滑移,保持应变协调;(7)粘贴的 HFRP 较薄,近似认为 HFRP 中心离梁顶的距离与梁高相等。

b. 抗弯承载力计算公式

由于试件在试验过程中的破坏现象基本为木材受拉边脆断破坏,顶部木材的压应变小于木材的极限压应变。参考相关文献,由平截面假定、力学平衡方程和变形协调关系可得:

$$c = \frac{f_{te}bh^2}{2E_f\dfrac{f_{te}}{E_t}A_f + 2f_{te}bh} \tag{3.6}$$

$$M_u = \frac{f_{te}bc^2}{3} + \alpha\frac{f_{te}E_fA_fc}{E_t} + \frac{f_{te}b(h-c)^3}{3c} \tag{3.7}$$

式中: c ——木梁截面受拉区高度; b ——木梁截面宽度; h ——木梁截面高度; f_{te} ——木材抗弯强度(MPa); E_t ——木材抗弯弹性模量(MPa); E_f ——混杂纤维布的弹性模量(MPa); A_f ——混杂纤维布的面积(mm²); α ——考虑混杂纤维影响程度的经验系数; M_u ——木梁抗弯承载力。

对试验数据进行回归分析,得到碳-芳混杂纤维布加固矩形木梁的抗弯承载力计算公式:

(ⅰ)对于松木构件

当粘贴 1 层碳-芳混杂纤维时,

$$M_u = \frac{f_{te}bc^2}{3} + 4.79\frac{f_{te}E_fA_fc}{E_t} + \frac{f_{te}b(h-c)^3}{3c} \qquad (3.8)$$

当粘贴2层碳-芳混杂纤维时,

$$M_u = \frac{f_{te}bc^2}{3} + 4.89\frac{f_{te}E_fA_fc}{E_t} + \frac{f_{te}b(h-c)^3}{3c} \qquad (3.9)$$

(ⅱ)对于杉木构件

当粘贴1层碳-芳混杂纤维时,

$$M_u = \frac{f_{te}bc^2}{3} + 1.00\frac{f_{te}E_fA_fc}{E_t} + \frac{f_{te}b(h-c)^3}{3c} \qquad (3.10)$$

当粘贴2层碳-芳混杂纤维时,

$$M_u = \frac{f_{te}bc^2}{3} + 1.46\frac{f_{te}E_fA_fc}{E_t} + \frac{f_{te}b(h-c)^3}{3c} \qquad (3.11)$$

5. 碳-芳混杂纤维加固木梁抗剪性能研究

(1)试件设计

中国传统木构建筑承重用材主要选用松木和杉木,因此,本试验所用的木材是松木和杉木两种。试件分为:未加固梁4根;加固梁(粘贴1层碳-芳混杂纤维布)4根;加固梁(粘贴2层碳-芳混杂纤维布)4根,其中松木和杉木均各2根。共进行了12根木梁粘贴碳-芳混杂纤维布加固受剪承载力的对比实验研究,试件尺寸为100 mm×150 mm×1 700 mm,两端削弱处的尺寸为40 mm×150 mm×300 mm。其中B1和B2,B7和B8为未加固对比试件;B3和B4,B9和B10分别在凹槽处粘贴2道100 mm宽的1层纤维布环箍,B5和B6,B11和B12分别在凹槽处粘贴2道100 mm宽的2层纤维布环箍。图3.28和图3.29分别为未加固和加固试件的示意图。

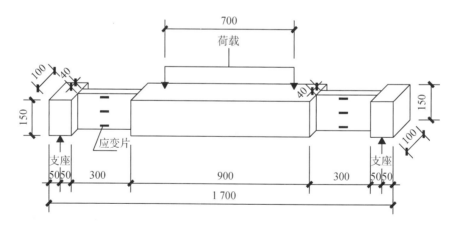

图 3.28 未加固试件示意图(单位:mm)

本试验选用同一批次的木材,松木和杉木干燥后进行了加工处理。通过材性试验,得到松木试验材料的力学参数:顺纹抗拉强度115.5 MPa,顺纹抗压强度44.8 MPa,抗弯强度116.8 MPa,顺纹抗剪强度8.4 MPa,抗弯弹性模量11 978.6 MPa。杉木试验材料的力学参数:顺纹抗拉强度79.0 MPa,顺纹抗压强度28.0 MPa,抗弯强度79.1 MPa,顺纹抗剪强度3.9 MPa,抗弯弹性模量8 837.4 MPa。

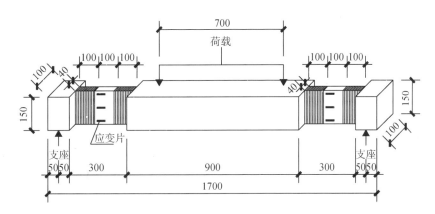

图 3.29 加固试件示意图(单位:mm)

本次试验的试件设计方案见表 3.9。

表 3.9 试件设计方案

	木材种类	试件编号	加固方式	剪跨比
参照梁	松木	B1	未加固	1.5
	松木	B2	未加固	1.5
加固梁	松木	B3	粘贴 1 层 HFRP	1.5
	松木	B4	粘贴 1 层 HFRP	1.5
	松木	B5	粘贴 2 层 HFRP	1.5
	松木	B6	粘贴 2 层 HFRP	1.5
参照梁	杉木	B7	未加固	1.5
	杉木	B8	未加固	1.5
加固梁	杉木	B9	粘贴 1 层 HFRP	1.5
	杉木	B10	粘贴 1 层 HFRP	1.5
	杉木	B11	粘贴 2 层 HFRP	1.5
	杉木	B12	粘贴 2 层 HFRP	1.5

试验在南京航空航天大学土木工程实验室 2 000 kN 万能试验机上进行。加载方式为两点加载,由荷载分配梁来实现两点加载。采用千斤顶进行分级加载,通过力传感器来显示每一级荷载。在正式加载之前对试件进行预加载,之后缓慢加载直至木梁破坏。实验测量内容为梁跨中位移、剪跨区域内木纤维的应变,以及观察和记录木梁的破坏情况。所有数据均由数据采集仪自动记录。试验装置如图 3.30 所示。

试验量测的主要内容有:在加载过程中,每加载一次,记录梁跨中位移、梁截面上木纤维的应变,并观察和记录木梁的破坏情况。

(2)试验现象

对于未加固的松木试件 B1、B2 和杉木试件 B7、B8:在荷载加至极限荷载的 30%～45% 左右时,开始发出轻微响声;在荷载加至极限荷载的 60%～80% 左右时,木梁变截面处的中和轴附近首先出现水平裂缝;随着荷载的增大,木材断裂声变大,水平裂缝同时向两侧扩

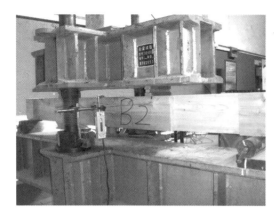 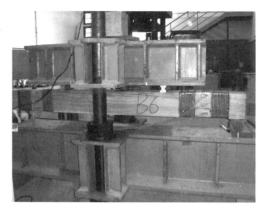

图 3.30　试验装置图

展;达到极限荷载时,产生剧烈响声,木梁断裂,变形很大,发生脆性破坏。图 3.31 为未加固试件的破坏形态。

（a）试件 B1　　　　　　　　　　　　　　　（b）试件 B2

（c）试件 B7　　　　　　　　　　　　　　　（d）试件 B8

图 3.31　未加固试件的破坏形态

对于 HFRP 加固的松木试件 B3～B6:在荷载加至极限荷载的 $30\%\sim50\%$ 左右时,开始发出轻微响声;在荷载加至极限荷载的 $60\%\sim80\%$ 左右时,木梁变截面处的中和轴附近首先出现水平裂缝;随着荷载的增大,木材断裂声变大,水平裂缝向未加固部位扩展;达到极限荷载时,产生剧烈响声,木梁断裂,变形很大,发生脆性破坏。

对于 HFRP 加固的杉木试件 B9～B12:在荷载加至极限荷载的 $30\%\sim40\%$ 左右时,开始发出轻微响声;在荷载加至极限荷载的 $50\%\sim70\%$ 左右时,木梁变截面处的中和轴附近首先出现水平裂缝;随着荷载的增大,木材断裂声变大,水平裂缝向未加固部位扩展;达到极限荷载时,产生剧烈响声,木梁断裂,变形很大,发生脆性破坏。

图 3.32 为碳-芳混杂纤维布加固木梁试件的破坏形态。

（a）试件 B3

（c）试件 B9

（d）试件 B10

（b）试件 B4

（e）试件 B5

（f）试件 B6

（g）试件 B11

（h）试件 B12

图 3.32　混杂纤维加固试件的破坏形态

（3）试验结果

① 极限承载力

试验结果表明：木梁经碳-芳混杂纤维布粘贴加固后，其抗剪承载力有了明显的提高，提高幅度约在 6.9%～109.6%（松木）和 11.9%～103.6%（杉木）。具体试验结果见表 3.10。

表 3.10 主要试验结果(抗剪承载力)

木柱	试件编号	FRP 层数	抗剪承载力/kN	提高幅度/%
未加固梁 (松木)	B1	无	14.7	—
	B2	无	13.6	—
加固梁 (松木)	B3	1	15.1	6.9
	B4	1	17.6	24.2
	B5	2	29.6	109.6
	B6	2	27.1	91.9
未加固梁 (杉木)	B7	无	9.1	—
	B8	无	10.3	—
加固梁 (杉木)	B9	1	10.9	11.9
	B10	1	11.6	19.6
	B11	2	18.7	92.3
	B12	2	19.8	103.6

注:木梁极限承载力的提高程度是将加固梁与未加固梁比较而言的。

② 荷载-应变曲线

图 3.33 为所有梁的荷载-应变曲线。可以看出,所有梁的荷载与应变基本呈线性关系,拉应变与压应变基本相等,加固梁的拉应变和压应变要比未加固梁的稍大一些。

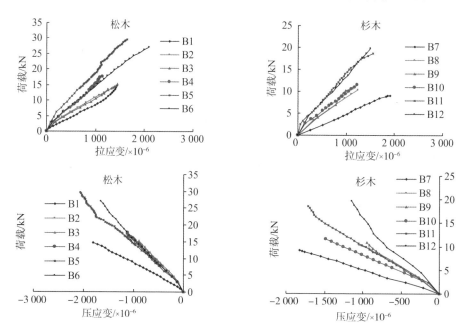

图 3.33 荷载-应变曲线

③ 理论分析

a. 基本假定

承载力计算推导过程中采用的基本假定为:(1)木材为匀质弹性体;(2)木材无节疤、虫洞、裂缝等天然缺陷；(3)木材在拉、压、弯状态下的弹性模量相同；(4)HFRP 材料采用线弹性应力-应变关系；(5)HFRP 与木材黏结可靠，不发生滑移，保持应变协调。

b. 抗剪承载力计算公式

参考相关文献，在考虑 HFRP 对木梁抗剪截面宽度 b、全截面惯性矩 I 和面积矩 S 的贡献的基础上，引入经验系数，得到碳-芳混杂纤维布加固矩形木梁的抗剪承载力计算公式为：

$$V = \frac{\alpha f_{v,n} I_n b_n}{S_n} \tag{3.12}$$

其中，V 为抗剪承载力；α 为考虑不同树种和 HFRP 影响程度的经验系数；$f_{v,n}$ 为 HFRP 加固木梁的抗剪强度，可偏保守取 $f_{v,n}$ 为木材顺纹抗剪强度；b_n 为考虑 HFRP 贡献的等效宽度，$b_n = b + 2tE_{FRP}/E_w = b + 2nt$，$b$ 为木梁截面宽度，n 为 HFRP 与木材的弹性模量之比，t 为单侧 HFRP 的厚度；I_n 为考虑 FRP 贡献的等效全截面惯性矩，$I_n = (bh^3 + 2tnh_{HFRP}^3)/12$，$h$ 为木梁截面高度，h_{HFRP} 为 HFRP 高度，与木梁等高时 $h_{HFRP} = h$；S_n 为考虑 HFRP 贡献的等效面积矩，$S_n = (bh^2 + 2tnh_{HFRP}^2)/8$。

对试验数据进行回归分析，得到碳-芳混杂纤维布加固矩形木梁的抗剪承载力计算公式：

（ⅰ）对于松木构件

当粘贴 1 层碳-芳混杂纤维时，　$V = 0.42 \dfrac{f_{v,n} I_n b_n}{S_n}$ $\tag{3.13}$

当粘贴 2 层碳-芳混杂纤维时，　$V = 0.65 \dfrac{f_{v,n} I_n b_n}{S_n}$ $\tag{3.14}$

（ⅱ）对于杉木构件

当粘贴 1 层碳-芳混杂纤维时，　$V = 0.60 \dfrac{f_{v,n} I_n b_n}{S_n}$ $\tag{3.15}$

当粘贴 2 层碳-芳混杂纤维时，　$V = 0.88 \dfrac{f_{v,n} I_n b_n}{S_n}$ $\tag{3.16}$

6. 木构件粘贴碳-芳混杂纤维布加固工艺研究

（1）设计建议

① 木构件的各项参数尤其是材性参数对其极限承载力和破坏模式均有很大影响，因此，对木构件进行加固设计前，必须详细调研其各项参数。

② 采用碳-芳混杂纤维布加固木梁，应对纵向纤维布采用环向加箍等方式进行可靠锚固，可抑制纵向纤维布发生剥离破坏，充分发挥纵向纤维布的高抗拉强度，保证加固效果。

③ 采用碳-芳混杂纤维布加固木梁，对木梁的刚度提高较小，故对实际工程中的构件进行加固设计时，暂不考虑纤维布加固对刚度的提高效果。

④ 环向粘贴碳-芳混杂纤维布加固木柱，有条带式和全裹式两种方式，优先采用条带式，包裹纤维布的层数不宜少于两层。

（2）施工准备

认真阅读设计施工图，充分理解设计意图和要求。视施工现场和被加固构件木材的实际状况，拟订施工方案和施工计划。对所使用纤维片材、配套树脂、机具等做好施工前的准备工作。

① 材料检验和试验

材料的采购进场必须随货附带有产品出厂合格证和出厂检验报告,以初步判断该材料是否满足本加固工程的品质要求。材料进场后应立即抽样送检,待检验合格后方可投入使用。

② 拟订施工方案,搭设施工平台

根据施工现场和被加固构件的实际情况,拟订施工方案和施工计划。可以根据施工现场地形情况,采用脚手架或其他方式搭设,需注意平台的稳固性和作业高度。

③ 测量放线

按设计图纸,在需粘贴纤维布的木材表面放线标出粘贴纤维布的位置。

④ 准备施工机具

对所使用的纤维片材、配套树脂、机具等做好施工前的准备工作。纤维布加固施工需要使用的机具主要有砂轮机、搅拌器、称量器、刮刀、滚筒、油刷等。

(3)卸载

加固前应对所加固的构件尽可能卸载。为了减轻纤维材料的应力和应变滞后现象,粘贴纤维材料前应对构件进行适量卸载。卸载分直接卸载和间接卸载两种。直接卸载是全部或部分地直接搬走作用于原结构上的可卸荷载。直接卸载直观、准确但可卸荷载量有限,一般只限于部分活荷载。间接卸载是借助一定设备,加反向力施加于原结构,以抵消或降低原有作用效应。间接卸载量值较大,甚至可使作用效应出现负值。间接卸载有楔升卸载和顶升卸载两种,前者以变形控制,误差较大,后者以力控制,较为准确。一般而言,对于承受均布荷载的构件,应采用多点均布顶升。

(4)表面处理

为了保证碳-芳混杂纤维布和木构件间有可靠的黏结性能,需要对木构件和纤维布的粘贴界面进行界面处理。

① 按设计要求对裂缝进行灌缝或封闭处理,如裂缝在 0.2 mm 以上,采用专用化学裂缝灌注胶灌注裂缝,以低压注射为主,固化后打磨修饰平坦,如裂缝宽度小于 0.2 mm,采用封胶表面封闭。

② 修角加工。对于内凹角,纤维布在黏结时容易剥离或扯起,可采用修补胶修补成圆角,圆角半径 $R>20$ mm;对于菱形柱或有尖锐凸角的结构,在尖角处的纤维有较大的应力集中,容易使纤维折断,可用研磨机将棱角修饰成半径 $R>20$ mm 的弧形。用修补胶做表面修饰,用弧形量具检测,保证修饰角半径 $R>20$ mm。特种结构参照相关规范要求。

③ 表面污垢处理。处理成平坦规整、无松动、无脆弱碎块及无污物的表面,采用盘式打磨机、喷砂、高压水冲洗等方法,不可因研磨产生尖锐的端部及棱角,油渍类污物用中性洗涤剂脱脂,用高压气枪消除灰尘,黏结纤维布前表面必须充分干燥。

(5)配制并涂刷底层树脂

基底树脂的作用是提高表层木材的强度,底胶的涂刷对保证 FRP 加固木材的效果十分重要。

① 应按产品生产厂提供的工艺规定配制底层树脂。按规定比例将主剂与固化剂先后置于容器中,用弹簧秤计量,电动搅拌器均匀搅拌。

② 环境温度、湿度和木材表面的干燥程度影响底胶黏结性能,施工环境温度不低于 5 ℃,湿度应不高于 85%,木材表面含水量应在 10% 以下。

③ 根据现场实际气温决定用量并严格控制使用时间。一次配胶量不宜过多,一般情况下 1 h 内用完。胶的搅拌采用低速机械搅拌,搅拌时可能发热,搅拌时间不宜过长,以 3 min

为宜。

④ 应采用滚筒刷将底层树脂均匀涂抹于木材表面。待胶固化后(固化时间视现场气温而定,以指触干燥为准)再进行下一工序施工。一般固化时间为 2～3 d。

(6) 粘贴面找平处理

① 应按产品生产厂提供的工艺规定配制找平材料。

② 木材表面凹陷部位用找平材料填补平整,有段差或转角部位,应抹成平滑曲面。尽量减小高度差,且不应有棱角。

③ 转角处应用找平材料修复为光滑的圆弧,半径不小于 20 mm。

④ 用刀头宽度≥100 mm 的刮刀对凹坑实施填塞修补、找平,找平程度按眼观目测无明显的刮板或刮刀痕迹、纹路平滑为准。

⑤ 粘贴面修补找平基底树脂干燥后,表面存在凹凸不平现象,为保证黏结质量,用细砂纸对其进行打磨,打磨效果要达到手感较为光滑。然后尽快进行下一工序的施工。

(7) 碳-芳混杂纤维布剪裁

① 按设计规定尺寸剪裁纤维布,除非特殊要求,纤维布长度一般应在 3 m 之内。裁减时特别注意不能割断纵向纤维丝,切记必须满足设计尺寸,严禁斜切纤维布,保证剪裁后的纤维加固方向与粘贴部位的方向一致,并防止出现拉丝现象。

② 裁剪尺寸须包含纵横向重叠部分,剪裁下来的纤维布不能折叠,粘贴前必须注意保持洁净。

(8) 配制并涂刷浸渍树脂或粘贴树脂

① 配制黏结剂前应仔细阅读其使用说明书。

② 按粘贴面积确定每次用量,以防失效浪费。

③ 严格按重量比计量使用配制。

④ 按厂家配合比和工艺要求进行配制,且应有专人负责。搅拌应顺时针一个方向搅拌,直至颜色均匀,无气泡产生,并应防止灰尘等杂质混入。

⑤ 调制好的黏结剂抓紧使用。

(9) 粘贴纤维布

① 粘贴纤维布前应对木构件表面进行再次擦拭,确保粘贴面无粉尘。

② 木材表面涂刷结构胶,必须做到涂刷稳、准、匀的要求,即:稳,刷涂用力适度,尽量不流不坠不掉;准,涂刷不出控制线;匀,涂刷范围内薄厚较一致。拐角部位适当多涂抹一些(75%的面胶涂抹在纤维布的粘贴面,当粘贴后,剩余的 25%面胶涂抹于纤维布外表面)。

③ 纤维布粘贴时,同样要稳、准、匀,核心要求做到放卷用力适度,使纤维布不皱、不折、展延平滑顺畅。保证在规定时间内,将已按设计尺寸裁剪好的 FRP 布条迅速粘贴到位。

④ 滚压纤维布必须用特制滚子反复沿纤维方向从一端向另一端滚压,不宜在一个部位反复滚压揉搓,目的是挤出气泡,使 FRP 与木构件表面紧密黏合,同时保证树脂充分渗入纤维间的缝隙。滚压中让胶渗透纤维布,做到浸润饱满。纤维布需要搭接时,必须满足搭接长度≥100 mm。

⑤ 多层粘贴应重复上述步骤,待纤维布表面指触干燥方可进行下一层的粘贴。如超过40 min,则应等 12 h 后,再涂刷黏结剂粘贴下一层。

⑥ 在最后一层 FRP 布条表面还要再均匀涂抹一层浸润树脂。

(10) 养护

为保证施工质量,整个过程的操作最好是在 10～30 ℃的室内环境温度下进行。施工时为不使雨水、灰尘附着在纤维布上,须用塑料布养护,纤维布贴上后,用塑料布覆盖 24 h 以上进行养护。平均温度 10 ℃ 以下,初期固化时间约两天;平均温度 10～20 ℃,初期固化时间约一到两天;平均温度在 20 ℃ 以上,初期固化约一天。

完全固化要求时间较长,一般固化 80％ 以上就可以受力,平均温度在 20 ℃ 以上时需固化七天,平均温度在 10 ℃ 时需固化两周才能受力使用。当需要做表面防护时,应按有关规范的规定处理,以保证防护材料与纤维之间黏结可靠。

(11)检验和验收

① 目测检验:仔细观测补强区域外观上的缺陷,包括是否有间隙、孔洞、气泡等,如若发现必须补好。

② 检验时可用小锤轻击或手压粘贴面判断粘贴效果,总有效黏结面积不应小于 95％,如出现轻微空鼓(面积小于 100 cm²)可采取针管注胶的方法进行补救。若空鼓面积大于 100 cm²,宜将空鼓处的纤维布切除,补粘四周搭接长度大于 0.2 m 的纤维布块。

3.6 案例 1 世界文化遗产:留园曲溪楼加固修缮工程

1. 工程概况

留园始建于明万历二十一年(1593 年),坐落于苏州古城区西阊门外留园路 338 号,现有面积约 2.3 公顷,园林建筑以清代风格为主,是一座集住宅、祠堂、家庵、庭院于一体的大型私家园林。曲溪楼始建于嘉庆初年,楼南北走向,高二层,单坡歇山顶,楼北与"西楼"相接连成一体。曲溪楼结构为典型的苏州地区厅堂升楼做法,建造工艺精良。建筑外观以白墙、短窗和花窗等为基本组合元素,造型古朴典雅。1961 年,留园被列为第一批全国文物保护单位。1997 年,留园和其他几座苏州园林一同被列入世界文化遗产名录。

曲溪楼曾经多次修缮,1953 年整修留园时对曲溪楼进行落架大修,后一直维持至今未做更改。直至目前,曲溪楼构架保存尚完整,但出现了柱、梁、枋等诸多构件潮湿腐烂,地基不均匀沉降,墙体倾斜等结构问题,以及木楼板虫蛀破损、油漆和粉刷剥落等构造问题,亟须修缮。图 3.34 为曲溪楼现状外貌,图 3.35 为曲溪楼一层平面图。

图 3.34　曲溪楼现状外貌

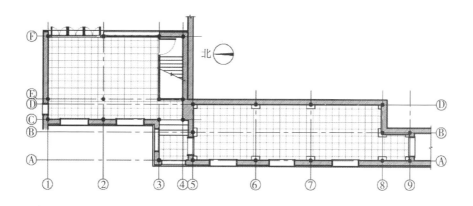

图 3.35　曲溪楼一层平面图

2. 残损状况及原因分析

曲溪楼自 1953 年大修至今,结构和构造上出现了诸多问题,不仅存在安全隐患,亦不能满足游客游览需求。对其进行仔细勘查后发现,残损状况主要有以下几点:

(1) 曲溪楼整体向西侧倾斜。究其原因,一方面曲溪楼下部地基土层分布厚薄不均,西侧软土较厚,东侧软土较薄,因此西侧沉降变形较大;另一方面由于曲溪楼西侧的池塘水位随着季节不同发生变化,而池塘驳岸为乱石堆砌而成,很容易造成曲溪楼基础下部水土流失。两方面原因共同造成曲溪楼西侧沉降较大,致使承重木结构发生倾斜。图 3.36、图 3.37 为曲溪楼倾斜状况。

图 3.36　柱向西侧倾

图 3.37　木构架由于不均匀沉降采用剪力撑支撑

(2) 墙壁潮湿,与墙体接触的木柱、木梁、砖细或粉刷受潮、生霉或腐烂。原因是曲溪楼紧临水池,水池周围地下水位较高,而且传统砌造方法中墙体未做防水处理。图 3.38 为与墙体接触的木构件腐朽状况。

(3) 与屋面接触的檩条、椽子、望板、角梁等构件有不同程度腐朽。主要原因是构件承载力不足和材料性能退化导致屋面变形损坏、屋面排水系统老化引起局部雨水渗漏,最终导致屋面构件潮湿腐朽。

图 3.38　墙壁潮湿导致木构件腐朽

（4）木构件油漆和墙面粉刷损坏严重，地板油漆完全磨损，木柱和梁架表面油漆剥落、开裂，墙面粉刷受潮、空鼓、大面积脱落。

（5）部分木构件由于材料性能退化和承载力不足而导致开裂变形。图 3.39 为木柱与木梁的开裂情况。

图 3.39　木柱和木梁开裂

3. 加固修缮设计的原则

传统木构建筑的加固修缮设计有别于现代木构和混凝土结构的加固修缮设计，它必须遵守以下四点原则：

（1）依法保护的原则

根据《中华人民共和国文物保护法》第二章第二十一条规定："对不可移动文物进行修缮、保养、迁移，必须遵守不改变文物原状的原则。"依法保护、未雨绸缪是保护工作的基本要求，也是本修缮设计的基本遵循原则。

（2）真实性的原则

坚持原材料、原尺寸、原工艺原则，保护文物建筑的建筑风格和特点，除设计中为了更好地保护文物建筑的安全而采用的加固材料外,其他所有维修更换的材料均应坚持使用原材料、原工艺、原型制。

（3）可识别的原则

此次维修更换添加的部分,可分别根据不同的材料采用刻字、墨书、模印等方法在适当部位做出标识。

（4）安全与有效的原则

留园作为对外开放的公共园林,曲溪楼作为留园游览路线中的一个重要建筑,承担了日常大量的人流穿行,因此必须考虑游人的安全,通过加固修缮维持建筑在结构安全、安全疏散要求、消防要求等方面的可靠性也是本次加固修缮的基本目标。

4. 加固修缮设计

（1）本次加固修缮为揭顶不落架的大修

对发生不均匀沉降的基础采取往基础土层里打石钉的传统方法进行加固,对沉降的木柱采用神仙葫芦进行提升,提升高度根据检测结果确定,现场采用经纬仪校核。木构架进行打牮拨正,局部柱、梁更换或墩接。为解决曲溪楼墙体受潮问题,在围护墙室内地面下−0.06 m处设一道防水层,采用20厚1∶2水泥砂浆掺5%防水剂。与墙体和地面接触的木构件做防潮处理。在脚手架搭好之后,对建筑进行全面的检测,进一步勘查建筑破损情况,根据破损情况参照《古建筑木结构维护与加固技术标准》要求进行修缮。

（2）基础加固

由于曲溪楼西侧临近水池,基础下部土体流失和地基软土层厚薄不均,导致曲溪楼整体向西倾斜,原先采用压密注浆方法对曲溪楼西侧地基进行加固,固化西侧土体,但考虑到压密注浆可能会对旁边古树名木产生影响,故在曲溪楼西侧墙体两侧增设石桩,以挤压土体增加土体的密实度,同时阻止土体的流动。为确保结构安全,压桩过程采取跳打的方式。图3.40为基础加固示意图,图3.41为现场施工场景。

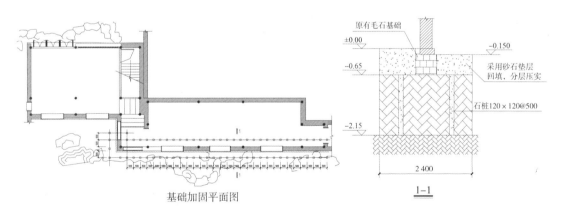

图 3.40　基础加固示意图

（3）木构件加固

尽量保留原构件,视木构件糟朽及开裂程度,根据《古建筑木结构维护与加固技术标准》要求进行墩接、灌注、拼帮或更换。梁枋等构件损坏程度较轻者填充不饱和聚酯树脂或粘贴碳纤维布进行加固。屋面檩条根据现状及计算结果,采取中间夹钢板、周围包裹碳纤维布方式进行加固。屋面椽子受潮腐烂者需更换。图3.42为木柱、木梁墩接做法,图3.43为楼面搁栅加固方法,图3.44为大梁加固方法,图3.45为檩条加固方法。

图 3.41　基础加固现场施工场景

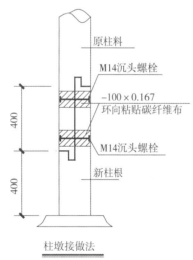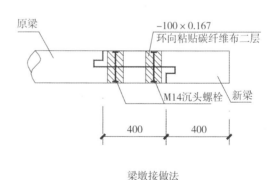

柱墩接做法

注：1.新旧木料搭接处采用结构胶粘结
　　2.碳纤维布环向搭接长度不小于100

梁墩接做法

注：1.新旧木料搭接处采用结构胶粘结
　　2.碳纤维布环向搭接长度不小于100

图 3.42　墩接做法(单位:mm)

（4）木构架整体加固

曲溪楼为中国传统木构建筑,梁柱均为榫卯连接,为提高曲溪楼的整体稳定性,我们在梁柱节点处增设镀锌扁铁加不锈钢螺丝的方法进行整体性加固,如图 3.46 所示。

（5）更换构件

选用优质杉木,地板依原件采用优质洋松。木材进场前做好干燥处理,柱、梁、枋含水率不超过 25%,檩条含水率不超过 20%,椽、板类构件含水率不超过 18%。

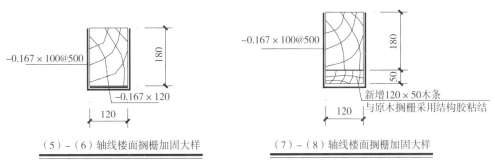

（5）-（6）轴线楼面搁栅加固大样　　　　　（7）-（8）轴线楼面搁栅加固大样

图 3.43　楼面搁栅加固(单位:mm)

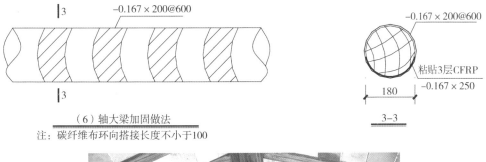

（6）轴大梁加固做法
注：碳纤维布环向搭接长度不小于100

图 3.44　大梁加固(单位:mm)

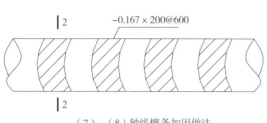

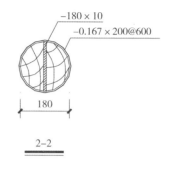

（7）-（8）轴线檩条加固做法

2-2

注：1.中间夹钢板型号为Q345B
　　2.钢板表面打毛
　　3.钢板与木檩条之间采用结构胶粘结
　　4.碳纤维布环向搭接长度不小于100

图3.45　檩条加固(单位:mm)

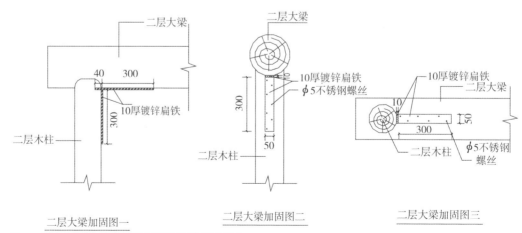

二层大梁加固图一　　　　　　　二层大梁加固图二　　　　　　二层大梁加固图三

注：1.大梁、木柱与镀锌扁铁之间用不锈钢螺丝固定
　　2.镀锌扁铁之间采用双面角焊缝连接，焊缝高度6

图 3.46　木构架整体性加固(单位:mm)

（6）拆除屋顶

详细记录屋面构件尺寸、样式,按原尺寸、原样式重新烧制屋面瓦,要求使用密实度高、质量好的小青瓦。修缮后的屋面应整洁平整,瓦当均匀,排水通畅。

（7）细作修补

对门窗、砖细、石作构件中受损者依原样原工艺进行修补。

（8）重新粉饰

按照建筑原做法重做墙体粉刷和木构件油漆,采用传统黏结材料及粉刷材料,新材料新工艺使用时必须充分论证其可靠性。保留的大、小木构件重做油漆,不得使用调和漆,应使用传统工艺调制广漆,选用稳定的无机颜料,做漆前需做样板,颜色与现状一致。

5. 结语

留园曲溪楼加固修缮工程目前基本竣工,结构状况良好,说明本书中所述加固修缮设计方法合理,可为同类传统木构建筑修缮提供一些经验:

（1）对于传统木构建筑的修缮,在设计前需对其进行全面的检测、计算和鉴定,再制定相应的修缮方案。

（2）对于传统木构建筑的修缮,需满足《文物保护法》规定的几个基本原则。修缮施工时,尽量使用原材料,保留和延续传统工艺做法。

（3）对于传统木构建筑的地基加固,当周围有古树名木的时候,可以采用增设石钉的传统方法进行加固,避免对古树名木造成损伤。

（4）木柱、木梁的加固修缮采用传统方法(墩接)与新材料(碳纤维)相结合的方法,效果良好。

(5) 对传统木构建筑梁柱节点处可以采用增设镀锌扁铁加不锈钢螺丝的方法进行加固以提高木构架的整体稳定性,既方便施工,又起到很好的效果。

3.7 案例2 全国重点文物保护单位:南京甘熙宅第加固修缮工程

1. 工程概况

木材是人类建筑史上应用时间最长的建筑材料之一,已有数千年的应用历史。在我国现存的古建筑中,木结构和砖木混合结构占有相当的比例。甘熙宅第就是其中较为典型的传统木构建筑群,其位于南京市南捕厅 15、17、19 号和大板巷 42、46 号,始建于清嘉庆年间,占地达 12 000 m²,现存古建筑占地约 9 500 m²,建筑面积约 5 400 m²,保存至今,极为难得。甘熙宅第于 1982 年被列为南京市文物保护单位,1995 年被公布为江苏省文物保护单位,2006 年 5 月升为全国重点文物保护单位。图 3.47 为该建筑的平面和全貌。

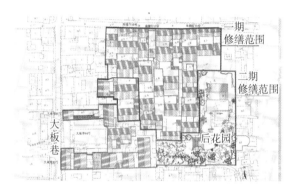

图 3.47 该建筑的平面和全貌

2. 现状评估

甘熙宅第历经了百余年的沧桑,整个房屋除了受到风雨侵蚀外,还受到许多复杂的历史因素的影响,目前建筑外观现状破损较为严重。

(1) 墙体

原有墙体采用 2～3 cm 厚的望砖砌筑,内填碎砖石,墙体厚度有 240 mm、340 mm 以及 370 mm 不等,砌筑方法为空斗墙砌法。

现场检查发现,墙体均存在一定程度的损伤,主要损伤表现为外砖松动、脱落以及表面一般风化,集中体现在暴露于外面的墙体上。除此之外,局部墙体因多年无人管理,在墙体上生长出杂树杂草等植物,植物根系发展胀裂墙体。墙体的损伤状况见图 3.48。

(2) 木构架

木构架节点之间连接采用榫卯连接,整体性较好。除了部分木梁外表出现较多顺纹干缩裂缝外(干缩裂缝宽度最大 10 mm 左右),并没有发现榫头松动或其他异常现象。

多数木柱根部由于与地面接触,长期得不到有效保护,已发生不同程度的腐朽,其腐朽程度远超过《古建筑木结构维护与加固技术标准》(GB 50165—2020)中第 4.1.5 条的规定。现场发现多根木柱外表出现腐朽现象,尤其是根部,严重的柱子腐朽截面超过了柱子整个截面的 1/2 甚至更多,之所以没有倒塌,主要是由于柱间填充墙体起了有效的支撑作用。木柱腐朽状况见图 3.49。

图 3.48　墙体损伤状况图

图 3.49　木柱腐朽状况

（3）地面

大板巷 42 号从大门进入轴线上共五进建筑单体，总体格局保存完整。由于城市环境的巨大变化，周围道路抬高，地下水位提升，原有柱础已被埋在地下，院落地下水必然影响建筑墙体和地面，造成木柱根部的腐朽。以甲方提供的市政管网图为依据，按现状测量绝对标高设计排水，势必需要将现有传统建筑的地面抬高。

3. 修缮设计

（1）修缮设计的原则

① 依法保护及有效保护的原则

依据和遵循《文物保护法》及相关法规，有效保护文物本体，关注文物本体获得有效的修缮，是本设计的基本工作原则。

② 真实性的原则

最大限度地保存全国重点文保单位甘熙故居的历史信息与原真性，尽量保存遗存构件的全部或大部分，当构件缺少安全保障时，采用原材料、原工艺、原型制修缮、更换和补强。

③ 可识别的原则

在原状无法确定时，根据实际情况，非加不可时，使新构件与旧构件有所区别。

④ 最小干扰的原则

在做到修缮充分可靠有效治本的前提下，减少其他不必要的修缮，减少修缮对原状的干扰。

（2）基础加固

根据岩土工程勘查报告，该组建筑物的地基承载力特征值约为 70 kPa，持力层为杂填土层，为确保建筑物的安全性和整体性，我们在木柱底部增设了钢筋混凝土独立基础，见图3.50。

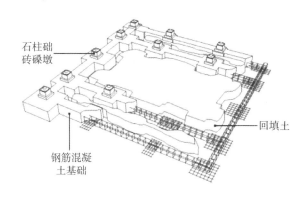

图 3.50 钢筋混凝土独立基础

（3）木构架修缮

我们根据其残损程度，确定了采用打牮拨正的方法进行修缮，即在不拆落木构架的情况下，使倾斜、扭转、拔榫的构件复位，再进行整体加固。对个别残损严重的梁枋、斗拱、柱等应同时进行更换或采取其他修补加固措施。

在木结构验算前，首先应了解木材的受力性能、破坏特征和影响因素，需考虑荷载长期作用和木质老化影响的调整系数。

对于木柱，当其干缩裂缝深度不超过柱径（或该方向截面尺寸）1/3 时，对于梁枋，当其干缩裂缝深度小于梁宽或梁直径的 1/4 时，可采用嵌补的方法进行修补。

当木柱有不同程度的腐朽而需整修、加固时，可采用剔补或墩接的方法处理。当梁枋构件有不同程度的腐朽而需修补、加固时，可采用贴补或拼帮的方法进行修复。

① 柱的墩接

传统建筑由于年久失修，柱子受干湿影响往往有劈裂、糟朽现象。尤其是包在墙内的柱子和直接接触柱础的柱跟部位，由于缺乏防潮措施，更容易腐朽，丧失承载能力。在古建修缮工程中，常用木柱墩接的方法对其进行加固修缮。

木柱墩接：露明柱最宜使用此法，先将糟朽部分剔除，依据剩余完好的木柱情况选择墩接柱的榫卯式样，以尽量多保留原有构件为原则。墩接后柱子的强度会减弱，一般柱子的墩接长度不得超过其柱高的 1/3，通常是明柱以 1/5 为限，暗柱以 1/3 为限。墩接处榫卯的做法有多种，此次工程采用了巴掌榫，即刻半墩接。把所要接在一起的两截木柱，都刻去柱子直径的 1/2，搭接长度至少应为 40 cm。在两截木柱的断面上分别刻阴阳十字榫，使其咬合更紧密。由于柱径较小，可以直接用长钉钉牢。拼接后，若两段木柱直径有出入，以原有柱为基准，先用斧粗略砍削，再用电刨刨圆。传统做法还会以两道铁箍加固，此次工程中采用的是碳纤维布加固。木柱的墩接做法见图 3.51。

碳纤维加固时，对木构件先要做好表面处理，对于表面的蜂窝、虫孔、腐蚀、裂缝应进行剔除、灌缝或封闭处理，再用找平胶填平。构件表面不能有明显的凹面。在粘贴面上用毛刷分别打上底胶，干后再打上找平胶。待找平胶干后，刷上粘贴胶，铺上碳纤维布，用毛刷沿纤维方向多次涂刷，直至纤维布完全浸润并展平。等干后，再进行表面油漆和装饰。

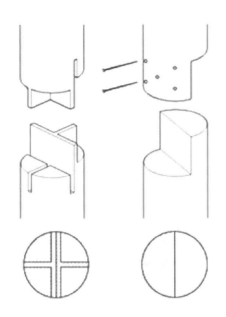

图 3.51　木柱的墩接

② 柱的拼帮

木柱通常情况下都是由整根木材做成,但在需要较大的断面而整根木材不易取得时,则可用几根断面较小的木材拼合而成。或木柱腐朽情况不是很严重的情况下,可将腐朽部分剔除,外面拼合几根断面较小的木材。常见的拼合方法有两拼、三拼、四拼、多拼。此次修缮工程中采用了多拼的方法,即以一根原料为轴心柱,外用几根扁料合抱拼成,见图 3.52。

图 3.52　木柱的拼帮

③ 檩条的加固

通过计算分析,部分挑檐檩不满足承载力和正常使用要求。在不允许增大截面尺寸和不改变建筑物原有外貌的前提下,可采用中间夹钢板的加固方法对挑檐檩进行加固,具体做法见图 3.53。

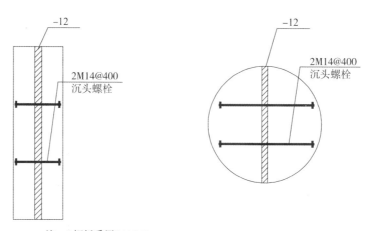

注：1.钢板采用Q235-B
　　2.钢板表面打毛，钢板与木材之间采用结构胶粘结

图 3.53　挑檐檩的加固方法(单位:mm)

（4）整体提升

因大阪巷街道地面比 42 号第一进建筑室内地面高约 32 cm,从地形图上看 42 号周边其他方位地势也高于 42 号室内外地面,42 号处于洼地,从市政排水及保护建筑要求考虑,抬高整个 42 号建筑,室外亦抬高现地面,前三进建筑抬高 30 cm,后两进抬高 40 cm,两侧院建筑抬高 30 cm,室外抬高现地面 5～10 cm。46 号建筑抬高 20 cm。木构建筑采取揭顶整体提升的方式进行抬高。

整体提升的过程:①用木枋把柱与柱、柱与梁等各个节点部位连接固定,确保整个木架稳定;②地坪铺设 50 厚的垫板,并搭设满堂脚手架;③在二楼木架下放置槽钢或工字钢,搭设提升三脚架,用神仙葫芦起吊;④提升时,确保每个葫芦的同步起吊。整体提升具体做法见图 3.54、图 3.55。

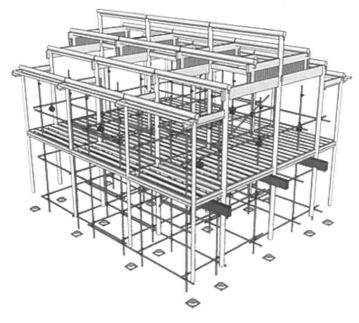

图 3.54　整体提升示意图

图 3.55　整体提升现场施工

（5）围护墙加固

原有墙体为空斗墙做法，考虑到本工程为文物建筑，为最大限度地保留其原有工艺，我们仍采用空斗墙砌法，但采用碎砖和 M7.5 混合砂浆填充空隙，并增设构造柱和圈梁，以确保墙体的安全性和稳定性。

4. 结语

甘熙宅第修缮工程目前已竣工，结构状况良好，说明本书中所述修缮设计方法合理，可为同类传统木构建筑修缮提供一些经验：

① 对于传统木构建筑的修缮，在设计前需对其进行全面的检测、计算和鉴定，再制定相应的修缮方案。

② 对于传统木构建筑的修缮，需满足《文物保护法》规定的几个基本原则。修缮施工时，尽量使用原材料，保留和延续传统工艺做法。

③ 木柱的加固采用传统方法（墩接和拼帮）与新材料（碳纤维）相结合的方法，效果良好。

④ 对于传统木构建筑而言，采用神仙葫芦进行整体提升的方法既方便省时又经济实用。

3.8　案例 3　全国重点文物保护单位：金陵大学旧址汇文书院钟楼木构件加固修缮工程

1. 工程概况

金陵大学旧址汇文书院钟楼位于南京市鼓楼区中山路 169 号金陵中学校园内，建于1888 年，迄今已有 134 年历史。该建筑具有典型的美国殖民期的建筑风格，建筑标高 16.76 m，面积 921 m²，主体结构为三层砖木混合结构，楼面由木搁栅和木地板组成，屋面为三角形木屋架，四层钟楼悬挂大铜钟，墙体为清水砖墙面，三层阁楼设有老虎窗，北面中部设有木楼梯。金陵中学钟楼于 2002 年被公布为江苏省文物保护单位,2006 年又被公布为第六批全国重点文物保护单位。由于建造年代久远,当时没有考虑任何抗震构造措施,加上年久失修、破损严重,该建筑在使用安全性上存在较大隐患。为了更好地保护金陵中学钟楼文物建筑,于 2011 年 12 月至 2012 年 7 月,对金陵中学钟楼进行了加固修缮,包括结构抗震加固、木构件的加固修缮两大部分。本书重点研究钟楼木构件的加固修缮施工工艺。图 3.56 为钟楼外貌。

图 3.56　钟楼外貌

2. 钟楼木构件加固修缮施工工艺

(1) 钟楼木楼面加固修缮

① 木搁栅端部角钢支座加固

a. 木搁栅端部需加固的原因

由于木搁栅端部长期埋置于墙体内,因潮湿原因造成部分木搁栅端部受潮腐朽断裂。(注:原木搁栅尺寸为 50 mm×300 mm@500 mm 左右布置,如图 3.57 所示)。因受弯构件木搁栅的挠度和侧向变形,造成部分木搁栅端部在墙体内的支承长度少于 100 mm,端部出现松脱现象,因此,对木楼盖整体稳定性有一定的影响。

b. 木搁栅加固修缮方法

针对上述原因,对木搁栅端部采取了角钢支座的加固方法,角钢规格为 L140×90×8,以 90 mm 宽面作为支座面,使木搁栅端部两头有效支承长度增加了 90 mm,同时角钢对墙体 3 m 左右高度的水平位置形成了一道钢圈梁,在加固木结构时,也对墙体起到加固作用,可谓一举两得。角钢支座加固如图 3.58 所示。

c. 木搁栅加固修缮施工工艺

ⅰ. 制作材料:现场制作角钢材料 L140×90×8,8 mm 厚的加劲肋@600,钻孔 M18@400,涂刷两遍防锈漆。ⅱ. 墙体加固:先对墙体进行钢筋网聚合物砂浆加固,强度必须达到 80% 以上。(注:φ6 钢筋网@200×200,聚合物砂浆厚 40 mm。)ⅲ. 安装角钢支座:角钢 L140×90×8 以 140 mm 宽面与墙面贴紧,上部 90 mm 宽面顶住木搁栅梁底,然后用化学锚栓 M16@400 与墙体锚固。ⅳ. 垫木块:角钢与木搁栅梁底缝隙之间垫防腐木块,并用耐水性黏合剂将木垫块与角钢和木搁栅粘连在一起。其一,防止防腐木垫块滑动或脱落;其二,保证角钢加固对所有木搁栅均起作用;其三,避免因角钢支座加固原因而导致对木搁栅梁底产生锈蚀作用。ⅴ. 预埋注胶管:用嵌缝胶封堵角钢缝隙,预埋注胶管。ⅵ. 注胶:用压力泵从预埋注胶管灌注改性环氧树脂。ⅶ. 检验。

图 3.57　钟楼木搁栅端部腐朽开裂

图 3.58　钟楼木搁栅端部角钢支座加固

② 跨度≥6.8 m 木搁栅的加固

a. 跨度≥6.8 m 木搁栅需加固的原因

钟楼加固修缮后，除三层将作为办公功能使用外，其余楼层均作为校史展览馆功能使用，因此随时有大量参观人员往来，会增加木楼面的活荷载，该木楼面活荷载标准值取 3.5 kN/m²，经鉴定，跨度≥6.8 m 木搁栅需要加固。此外，木楼面因大量参观人员往来走动，会引起木楼面振动而降低舒适度，经计算，跨度≥6.8 m 木搁栅需要加固。

b. 跨度≥6.8 m 木搁栅的加固修缮方法

ⅰ. 一层木搁栅加固：采取在架空层木搁栅跨中垂直方向增设地垄墙加固（架空层净高度为 1.75 m），如图 3.59 所示。ⅱ. 二层木搁栅加固：因一层层高较高，净高度为 3.63 m，采取木搁栅跨中垂直方向增设钢梁加固（H 型钢规格：HM300×200×8×12），如图 3.60 所示。ⅲ. 三层木搁栅加固：因二层层高较小，净高度为 2.96 m，不适合 H 形钢钢梁加固，因而采用粘贴碳纤维布加固，梁底通长粘贴－150×0.167×2T，U 形箍－100×0.167@1 000，如图 3.61 所示。ⅳ. 二层、三层木搁栅内填充玻璃棉，厚度 200 mm，起到隔音阻燃作用，如图 3.62 所示。

通过地垄墙和钢梁加固的方法，减少了木搁栅原有跨度，增强了木搁栅的承载力和刚度。采用ⅲ的碳纤维布加固方法，一是提高了木搁栅的承载力和刚度；二是碳纤维布与木构件的相融性好，重量轻，方便施工；三是最大限度减少加固对建筑空间的影响。总之，以上四种加固修缮方法，既满足了木楼面的荷载要求，又提高了木楼面的舒适度，还起到了木楼面的隔音阻燃效果。

图 3.59　钟楼木搁栅跨中地垄墙加固

图 3.60　钟楼木搁栅跨中钢梁加固

图 3.61 钟楼木搁栅碳纤维布加固

图 3.62 钟楼木搁栅内填充玻璃棉

③ 木搁栅端部开裂加固

部分木搁栅端部因干缩和材料缺陷引起开裂,对安全造成严重影响,因此必须进行加固处理。先用耐水性黏合剂涂刷在开裂的两个面上,然后采用两道以上的钢箍,将开裂木构件箍紧,最后用碳纤维布缠绕粘牢,如图 3.63 和图 3.64 所示。

图 3.63 钟楼木搁栅开裂钢箍加固

图 3.64 钟楼木搁栅开裂钢箍碳纤维布加固

(2) 钟楼木屋盖加固修缮

在钟楼木屋盖揭除瓦顶之后,在木构架加固之前,由金陵中学组织设计、监理和施工人员共同检查和确定木构架加固修缮方案,并通过对构造的分析核算,确定具体的加固细节。一是针对木构件干缩裂缝,采取碳纤维布 U 形箍缠绕粘牢进行耐久性修缮,碳纤维布设计为-100×0.167@400。二是针对梁枋、檩、柱、椽条榫卯节点的加固修缮,采用粘贴碳纤维布加固,增强木屋盖的整体性。下面根据钟楼木屋盖加固修缮工程实例,列出几种木构件加固修缮的现场施工图,供参考。

① 木构架加固,如图 3.65、图 3.66 所示。

② 主斜梁与椽条加固,如图 3.67、图 3.68 所示。

③ 平梁与斜梁节点加固,如图 3.69 所示。

④ 老虎窗木构架加固,如图 3.70、图 3.71 所示。

⑤ 屋面采用增设防腐望板,其规格为 10 mm×100 mm;并在防腐望板上铺设防水卷材,采用三元乙丙橡胶防水卷材,对木屋盖实现有效的防水渗漏保护,如图 3.72 所示。

图 3.65　钟楼木构架碳纤维布加固(1)

图 3.66　钟楼木构架碳纤维布加固(2)

图 3.67　钟楼主斜梁与椽条加固之前

图 3.68　钟楼主斜梁与椽条加固之后

图 3.69　钟楼平梁与斜梁节点加固

图 3.70　钟楼老虎窗木构架加固(1)

图 3.71　钟楼老虎窗木构架加固(2)

图 3.72　屋面望板铺设三元乙丙橡胶防水卷材

⑥ 斜梁枋端部腐朽断裂加固施工工艺

a. 先顶撑,后加固:加固修缮工程施工的程序,一般都应遵照"先顶撑,后加固"的程序,一是充分保证加固修缮施工全过程的安全;二是保证所有更换或者新增加的木构件在加固后的木结构中充分发挥作用,如图 3.73 所示。

b. 将梁枋端部腐朽的部分切除,并做成斜面搭接,与新更换的防腐梁枋搭接(新梁枋与原梁枋材质相同,尺寸相同),接合面应采用耐水性黏合剂粘接牢固,如图 3.74 所示。

c. 再采用夹板方法,用两块防腐木枋(长度超过搭接头 1 m 以上)将新旧搭接的梁枋夹住,并用耐水性黏合剂粘接牢固,然后用对穿螺栓紧固,如图 3.75 所示。

d. 最后用碳纤维布在梁底粘贴通长布置,接着用碳纤维布箍将搭接处缠紧粘牢,如图 3.76 所示。

e. 粘贴碳纤维布加固 48 小时后,方可卸下支撑,进行下道工序施工。

图 3.73　钟楼斜梁端部腐朽断裂加固之前

图 3.74　钟楼斜梁端部斜面搭接加固

图 3.75　钟楼斜梁端部夹板加固

图 3.76　钟楼斜梁端部碳纤维布加固

⑦ 木构件干缩裂缝加固修缮

a. 根据《古建筑木结构维修与加固技术标准》GB/T 50165—2020 要求,对梁枋的干缩裂缝,应按下列要求处理:

ⅰ. 当构件的水平裂缝深度(当有对面裂缝时,用两者之和)小于梁宽或梁直径的 1/4 时,可采取嵌补的方法进行修整,即先用木条和耐水性黏合剂,将缝隙嵌补黏结严实,再用两道以上铁箍或碳纤维布箍箍紧,如图 3.77 和图 3.78 所示。ⅱ. 若构件的裂缝深度超过上款的限值,则需更换新构件。

b. 对木柱的干缩裂缝,当其深度不超过柱径(或该方向截面尺寸)1/3 时,可按下列嵌补方法进行修整：

i．当裂缝宽度不大于 3 mm 时，可在柱的油饰或断白过程中，用腻子勾抹严实。ii．当裂缝宽度在 3～30 mm 时，可用木条嵌补，并用耐水性黏合剂粘牢。iii．当裂缝宽度大于 30 mm 时，除用木条以耐水性黏合剂补严粘牢外，尚应在柱的开裂段内加铁箍或碳纤维布箍 2～3 道。若柱的开裂段较长，则箍距不宜大于 0.5 m。iv．若构件的裂缝宽度超过以上限值，则需更换新构件。

图 3.77　钟楼木构件梁干缩裂缝加固之前　　图 3.78　钟楼木构件梁干缩裂缝修复加固

（3）钟楼木构件碳纤维布加固施工工艺

① 木构件表面处理

a．清理表面：吹净表面浮灰，清除油污、杂质，取出原吊顶铁钉。b．剔除贴补：剔除初腐部分，按照《古建筑木结构维修与加固技术标准》GB 50165—2020 要求：可采用贴补的方法进行修复。贴补前，应将腐朽部分剔除干净，经防腐处理后，再用铁箍或螺栓紧固。c．干缩裂缝修补：根据《古建筑木结构维修与加固技术标准》GB/T 50165—2020 的相关要求进行处理。d．榫头拔正节点加固：对梁枋、檩、柱脱榫的节点维修加固，使倾斜、扭转、拔榫的木构件复位，并将榫头和原木构件用耐水性黏合剂粘牢，并用螺栓紧固。e．木构件表面打磨：按照加固图纸将需加固的木构件弹墨线，选用中粗砂纸打磨，直至露出木材新面。

② 防腐防虫药剂：在对钟楼所有木结构加固修缮之前，都进行了不同方法的防腐防虫药剂处理。

③ 涂刷底胶：涂刷底胶前用丙酮擦净木构件表面，用滚筒或毛刷把配比好的底胶均匀涂刷在木构件表面（大概用量 0.3 kg/m² 左右）。鉴于木材材质密度高，胶水吸收慢，吸收时间要比混凝土稍长一些，这就是木结构与混凝土结构粘贴碳纤布的区别所在。

④ 涂刷浸渍胶：当底胶指触感干燥后，涂刷浸渍胶。如果在室外温度超过 30 ℃以上时，加上阳光照射，木构件自身所含水分会迅速蒸发，含水率降低，导致木构件的细小干缩裂纹增多，这样吸收胶水量就会增加，就必须涂刷两遍浸渍胶（大概用量 0.8 kg/m² 左右）。

⑤ 粘贴碳纤维布：本工程碳纤维布加固采用 300 g/m²，厚度 0.167 mm。贴上碳纤维布后，用滚筒沿碳纤维方向多次滚压，使浸渍胶充分浸透碳纤维布。当第一层粘贴完成，待手指触感干燥后，可进行第二层粘贴，然后粘贴碳纤维布 U 形箍带。最后在碳纤维布表面撒上一些石英砂，为下道施工工序做准备。

⑥ 检验：检验粘贴部位密实度，对局部不密实处进行修补。

⑦ 涂刷优质桐油：在所有木构件加固后，在其表面涂刷优质桐油，起到隔潮、防腐、防虫作用。

（4）钟楼木楼梯加固修缮

钟楼共有三层木楼梯,根据检测鉴定结果以及设计要求,对木楼梯采取如下加固方法:

① 原木楼梯平台三道横向承重梯梁,两端部支承在墙体上,因梯梁刚度不够,引起梯梁挠度偏大而变形,且部分梯梁端部支承长度小于 100 mm,对木楼梯结构安全和舒适度有一定影响。

a. 对平台梯梁采用了包钢加固方法,用 10 mm 厚的 Q235 钢板制作成 U 形钢梁槽,80 mm×200 mm,在钢梁高度中间布置 M20 对拉螺栓@400。b. 对平台梯梁还采用了角钢支座加固方法,角钢 L140×90×8,以 90 mm 宽面支承钢梁底,并与钢梁底两侧焊接牢固,还在钢梁底对应的角钢下安装加劲肋。

② 原上下踏步由三道斜梁支承,而斜梁与横梁采用直接榫卯连接,榫卯节点处容易松脱,木楼梯结构整体性差。采取包钢加固方法,斜梁包钢后与包钢后的上下横钢梁焊接牢固。

通过以上加固方法,增强了梯梁的承载能力,提高了木楼梯的刚度和舒适度,同时也加强了木楼梯结构的整体性,如图 3.79 和图 3.80 所示。

图 3.79　钟楼木楼梯加固之前

图 3.80　钟楼木楼梯包钢加固

3. 结语

金陵中学钟楼是砖木混合结构的全国重点文物保护单位,对这类文物建筑除了需要进行抗震加固外,还需对木构件进行承载力和耐久性的加固。对金陵中学钟楼木构件加固修缮施工的工艺可供类似文物建筑加固修缮工程参考,希望重点注意以下几点:

（1）在木构件加固修缮之前,需对其进行全面的检测鉴定,再制定相应的加固修缮方案。

（2）对于木楼面跨度≥6.8 m 的木搁栅,在层高较大的情况下,可采用在跨中增设钢梁的方法进行承载力和刚度的加固;在层高较小的情况下,可采用梁底粘贴碳纤维布的方法进行加固。

（3）对于木屋盖的木构件和节点也可采用粘贴碳纤维布的方法进行加固,可有效地改善木构件的耐久性和增强木屋盖的整体性能。

（4）对于木楼梯,可采用包钢板的方法进行加固,以提高其承载力和刚度。

3.9　案例 4　全国重点文物保护单位:泰顺廊桥(文兴桥)修缮工程

1. 工程概况

泰顺县位于浙江南陲山区,与福建毗邻,境内现存古代廊桥数量众多,被誉为“世界廊桥之乡"。廊桥以其独特的造型、风格、艺术特征及悠久的历史备受世人的关注。2006 年，包括文兴桥在内的 15 座泰顺廊桥被列为第六批全国重点文物保护单位。

文兴桥始建于清咸丰七年(1857 年)，桥身为拱桥，由 27 根三节苗、40 根五节苗、2 根大牛头(三节苗牛头)、4 根小牛头(五节苗牛头)和 6 组剪刀撑共同作用，支撑起高 5.5 m，跨 30 米的桥拱。三节苗长约 11.2 m，一排共 9 根；五节苗长约 7 m，一排 8 根，相互穿插；牛头为两端三节苗或者五节苗交接处的横梁；斜撑分为东西两段各三组，一组交于五节苗第二节牛头，两组交于三节苗第一节牛头附近，尾部均在桥头竖向排架的将军柱处。桥头和桥尾地面为毛石地面，桥中地面为木地板横铺，地板材质为杉木，厚 30 mm。桥体居中三开间设重檐，其余部分为一层廊屋。一层廊屋为两坡顶，三间六架，构架形式主要为穿斗形式，两端尽间山面设批檐，其余开间为两坡顶，屋面坡度平缓，出檐较深。木柱均为方形，下垫方形石柱础。桥身两侧木柱之间搁以木板供人逗留，桥身外挂薄木板(风雨板)保护桥身。桥屋当心重檐三间歇山顶，深四架。

文兴桥外观奇伟，施工巧妙，装饰简洁，具有结构之美，廊屋出檐深远，檐口和屋脊升起大。构件等装饰视朝向村内还是村外有所不同。例如桥中部开间檐下挑梁，朝向村外一侧为月梁，朝向村内一侧则与其他挑梁相同。梁屋大梁和半梁保存有虾须梁的外形特征。柱、桥身板、封檐板等构件涂有深红色油漆。

修缮前，桥拱已发生局部塌陷，桥体严重变形，存在严重结构安全隐患，见图 3.81。

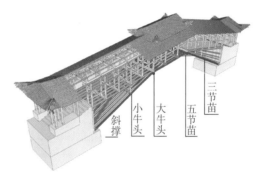

图 3.81　文兴桥现状

2. 残损状态分析

文兴桥历经了百余年的沧桑，目前文兴桥外观现状损坏较为严重。为了解文兴桥的结构性能和残损原因，本书中采用 SAP2000 有限元软件对其进行静动力计算分析。根据相关文献，木材强度按照杉木取值，强度和弹模考虑一定程度折减。计算时考虑损伤前和损伤后两种模型，每种模型按三种荷载工况进行分析，工况①为恒载+满布活载+风载，工况②为恒载+东侧半边活载+风载，工况③为恒载+西侧半边活载+风载。图 3.82 为文兴桥的有限元计算模型。

文兴桥目前的主要残损状态有以下几种：

(1) 桥拱塌陷，桥体严重变形

文兴桥东侧三节苗牛头处出现明显的塌陷下沉，见图 3.83。根据现场检测，东侧三节苗牛头较西侧三节苗牛头低约 1.5 m，表现在外观上廊桥呈现东低西高的不对称形态。这个严重的结构变形对桥身结构构件造成极大破坏。由于东侧下沉，导致三节苗牛头压迫第二组五节苗，引发第二组五节苗整体出现不同程度的压弯现象，最严重处为北侧最外一根

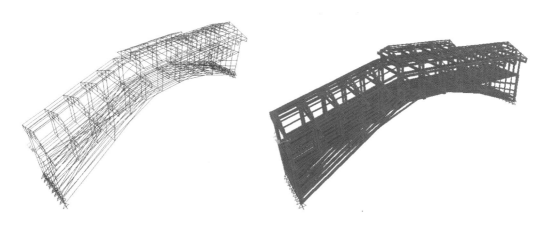

图 3.82 文兴桥有限元计算模型

五节苗,已完全压断,从北侧数第六根五节苗也出现严重受弯变形。东侧从南面数第一和第四根三节苗已经受压变形成弓状,出现明显的压裂裂缝,其余三节苗也有较严重的弯曲变形。

图 3.83 文兴桥平面内变形

文兴桥东侧塌陷的主要原因是拱桥结构体系的荷载最不利布置情况是桥的一侧满载,而另一侧没有荷载。通过文兴桥损伤前的有限元模型的计算模拟,在文兴桥东侧满布活载,而西侧没有活载的情况下,其计算变形与文兴桥现状变形极为相似,见图 3.84。因此,笔者认为导致文兴桥东侧塌陷的主要原因是在历史的使用过程中,由于局部的不均匀荷载(例如只在东部放置重物或积聚人群等),导致桥体产生大的变形,未能复位,并逐渐恶化形成现状。

此外,通过计算分析,发现文兴桥在两侧对称的情况下,东西两侧三节苗、五节苗受力一致,受轴力和弯矩均衡,结构体系基本合理,而在现状的结构变形情况下,结构内力发生极大变化,东侧三节苗的轴力增加约一倍,而西侧部分三节苗呈受拉状态,东侧五节苗的弯矩也大大增加,引起的变形与现场观测情况基本相符。

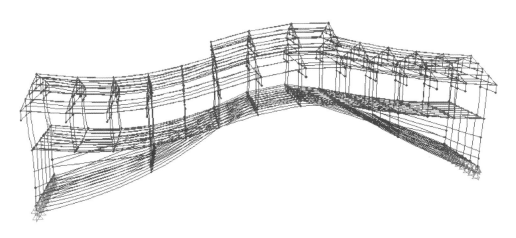

图 3.84　文兴桥在工况 2 作用下的变形

（2）构架整体歪闪、桥体扭转

桥身主体结构除竖向平面内变形外，在平面外也存在较大扭转，见图 3.85。

图 3.85　文兴桥平面外变形

通过数值模拟和现场观测,得出文兴桥产生扭转的主要原因有:①东侧三节苗牛头下沉,加大了对下部五节苗的作用力,导致东侧北数第一根五节苗压断,东侧三节苗牛头南北下沉变形不一致,北侧下沉尺寸较南侧多约 10 cm,桥体结构在南北方向产生 S 形扭转,即在东侧三节苗出现向北侧扭转,在西侧三节苗处相应地出现向南侧扭转变形;②这种编织拱梁桥存在先天的结构弱点,缺乏足够的侧向抵抗力,文兴桥虽然在东西方向各有三组剪刀撑,但由于剪刀撑在许多情况下是受拉状态(图 3.86),容易出现拔榫情况,因此,剪刀撑几乎不起作用。

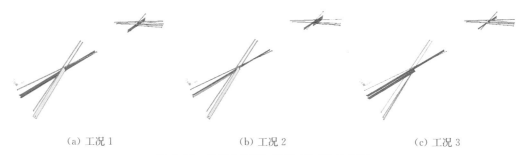

(a) 工况 1　　　　　　　　(b) 工况 2　　　　　　　　(c) 工况 3

图 3.86　斜撑在不同工况作用下的轴力图

(3) 上部木构架的拔榫现象

文兴桥上部木构架节点之间连接采用榫卯连接。由于桥体竖向平面内的严重变形,导致许多榫卯节点处出现拔榫的现象,尤其在中部位置,见图 3.87。

图 3.87　文兴桥上部木构架拔榫现象

(4) 部分檩条开裂和挠度过大

通过目测,文兴桥上部部分檩条底部出现开裂现象,最大裂缝宽度约 10 mm。部分挑檐檩挠度过大,致使檐口曲线有形变,见图 3.88。通过计算分析,部分檩条承载力和刚度不满足要求,主要为桥中部明间的金檩、檐檩和挑檐檩。

图 3.88　文兴桥屋面现状

（5）三节苗、五节苗严重开裂

通过对现场的检测,发现有多处三节苗和五节苗存在严重开裂现象,有顺纹开裂和龟裂的现象,见图 3.89。

图 3.89　节苗开裂现象

顺纹开裂是由于承载力不足和木材干缩共同造成。在计算分析时,考虑到五节苗的小牛头直接搁置在三节苗上,因此三节苗是典型的压弯杆件,而五节苗基本没有弯矩的产生,因此五节苗是轴压杆件。计算结果表明,部分三节苗和五节苗结构承载力不够。龟裂现象是节苗腐朽的原因造成的,节苗长期处于干湿环境下,容易引起腐朽。

（6）大牛头、小牛头的劈裂破坏

文兴桥的三节苗与大牛头的连接做法是:斜苗采用方榫插入大牛头,而平苗两端则采用燕尾榫与大牛头连接。五节苗与小牛头的连接做法是:下斜苗下端成方榫插入垫苗木中,上端也成方榫插入小牛头中;上斜苗下端做成燕尾榫嵌入小牛头中,而上端成方榫插入小牛头中;平苗则两端采用燕尾榫嵌入小牛头中。由于三节苗和五节苗的榫头插入对牛头断面的削弱及应力集中,加上牛头两侧所受荷载上下位置不一,产生扭矩,导致大、小牛头水平向的劈裂破坏,见图 3.90。

图 3.90　牛头开裂现象

（7）上部斜撑与牛头的拉脱

通过现场观测,文兴桥东侧上两组剪刀撑和三节苗牛头连接处已出现脱榫,已丧失原结构作用,见图 3.91。

图 3.91　斜撑与牛头拉脱现象

通过计算分析,判断剪刀撑与牛头处出现脱榫的主要原因是:部分斜撑构件无论在竖向荷载作用还是水平荷载作用下均是受拉杆件,而剪刀撑和将军柱以及牛头的连接由于安装限制,无法采用燕尾榫,均采用直榫,或不用榫卯,在节点构造上无法抵抗拉力。

（8）三节苗与垫石的脱开

文兴桥三节苗的支座采用的是垫苗石的做法,即将三节苗做凹口支撑在垫苗石上。通过现场观测,发现文兴桥西侧部分三节苗在支座处与垫石脱开,见图 3.92。

由于文兴桥东侧塌陷导致的变形,结构内力发生了较大的改变。损坏前的文兴桥三节苗在不同工况作用下均是受压构件,而损坏后的文兴桥部分三节苗在工况 3 作用下出现拉

图 3.92　三节苗与垫石脱开现象

力(图 3.93),因此,出现部分三节苗与垫石脱开的现象。

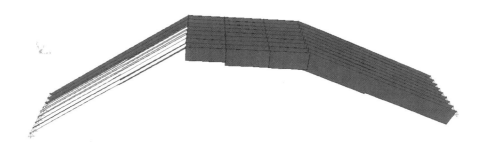

图 3.93　三节苗在工况 3 作用下的轴力图

(9) 人行过程中的晃动

在现场检测过程中发现,文兴桥在人行过程中容易出现明显晃动现象。对文兴桥进行了有限元动力分析,分析结果见表 3.11,图 3.94 为文兴桥的第一阶和第二阶振型图。

表 3.11　文兴桥的自振频率

序号	频率/Hz	振型	序号	频率/Hz	振型
1	2.02	侧向一阶对称振动	4	3.11	反对称扭转振动
2	2.69	面内一阶反对称振动	5	3.23	对称扭转振动
3	2.73	侧向一阶反对称振动	6	4.28	面内横向振动

根据文献资料,人行频率一般为 1.8~2.5 Hz,文兴桥的第一阶自振频率为 2.02 Hz,因此很容易出现共振现象。

3. 修缮建议

根据现状和有限元模型分析,对文兴桥进行可靠性鉴定,鉴定结果表明该桥承重结构的局部或整体已处于危险状态,随时可能发生意外事故,必须立即采取抢修措施。

文兴桥目前整体呈现拱结构变形破坏的典型形态,整体结构已经处于破坏的临界状态,随时可能倒塌,因而文兴桥修缮的首要目标是恢复桥体的结构安全状态,解除倒塌破坏的隐患。同时文兴桥作为全国重点文物保护单位,具有重要的文物价值,因而在修缮过程中必须尽可能保存其历史状态的信息,其历史信息主要包括其材料、结构构架形式、外观形态和保存通行的功能。本次修缮据此提出了相应的修缮建议。

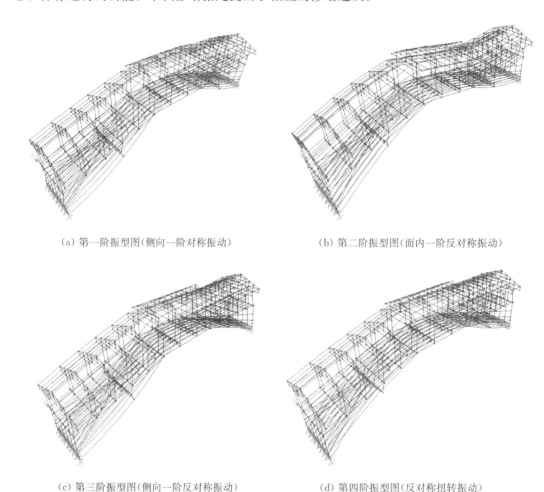

(a) 第一阶振型图(侧向一阶对称振动)　　　　　(b) 第二阶振型图(面内一阶反对称振动)

(c) 第三阶振型图(侧向一阶反对称振动)　　　　　(d) 第四阶振型图(反对称扭转振动)

图3.94　文兴桥振型图

(1) 传统工匠修缮方法:将桥体拆解,全面检查构件情况,按原状重新搭建文兴桥。根据工匠调查,传统的廊桥维修方法为自上而下,根据修建廊桥的相反步骤,对桥体木构进行解体。传统采用龙门架方式,如今可采用满堂脚手架的方法。先编号解体桥屋,后解体桥面板和平梁系统,再解体五节苗系统,最后解体三节苗系统。在解体后详细勘查每根构件的保存状况,尤其是榫卯节点的保存情况,分别进行替换和修补。之后在传统办法中,工匠通常采取截长补短的方式,即将榫卯损坏的三节苗截断用作五节苗使用,长的五节苗截短供短的五节苗使用,这样保证老料尽可能地不被浪费。

这种方法的优点是更换的新料数量少,造价经济,施工周期短,通过施工能够促进传统技艺的保存。缺点是很多原状构件离开了原来的位置,而木拱廊桥的重要特点是所有节苗构件均为原木剥除树皮后直接使用,经研圆处理,所以直径均不同,经过截长取短的加工后,构件原状实际上被改变。同时落架中由于结构解体会加大部分榫卯节点的破坏,导致必须更换的构件数量增加。

（2）顶升加固：不拆解桥体主要结构，针对现存桥体东侧低、西侧高的现状，通过搭建满堂脚手架，支撑好主体结构，外加荷载，调整改变拱的变形形态。也就是先将桥屋解体，然后在东侧三节苗牛头处通过千斤顶向上顶升，在西侧三节苗处的桥面上施加对称的向下荷载，通过缓慢地逐步加载，让桥体变形恢复减小，直至重新达至平衡点，恢复编木拱梁桥的正常受力状态。此后，对牛头及节苗进行体系外加固，对完全损坏的部分三节苗和五节苗以及东侧三节苗牛头通过局部卸荷的方式进行局部替换，对保留构件及其节点使用外包钢或粘贴碳纤维布的方式加固。

这种方法的优点是较好地保存了文兴桥的历史状态与信息，能够保留较多的传统构件。缺点是施工周期长，体系外加固会增加桥体自重，施工中未知因素多，存在较大的风险性。同时由于节苗与牛头衔接的榫卯无法详细检查，必须全部予以加固，同时体系外加固费用大大高于传统修缮办法。

（3）保存现状，通过体系外的结构形式代替原结构体系受力。也就是通过在桥体下部增加钢结构体系，承担现有桥体荷载，仍旧保存桥体现状变形状态。

这种方法的优点是最大限度地保存了文兴桥的历史信息。而缺点是新增加的钢结构必然会影响文兴桥整体的风貌。

根据不同方案的利弊权衡，此次修缮采取解体修缮与体系外加固并用的办法。具体为根据传统修缮方式对桥屋及下部节苗系统进行落架解体，更换已完全破坏的节苗和牛头，对经评估整体保存尚好仅榫卯节点部分损坏的节苗及牛头，采取体系外加固方式。构件分别加固后，按原传统工艺恢复至始建的基本对称状态，为保存历史上文兴桥的斜桥风貌，修缮后三节苗牛头间的高差由 70 cm 减小至 20～30 cm，依然保持部分倾斜的状态。

4. 修缮施工

将廊屋和桥拱木构架编号、落架，对构件的破损情况和承载力情况进行全面检查和记录。桥体拆解，全面检查构件情况；根据工匠调查，传统的廊桥维修方法为自上而下，根据修建廊桥的相反步骤，对桥体木构进行解体，采用满堂脚手架的方法。先编号解体桥屋，后解体桥面板和平梁系统，再解体五节苗系统，最后解体三节苗系统。在解体后详细勘查每根构件的保存状况，尤其是榫卯节点的保存情况，分别进行替换和修补。构件经过修缮或更换后，归安后所有柱、梁、枋及风雨板均采用熟桐油照面两度，不做油漆。图 3.95 和图 3.96 分别为文兴桥解体和修缮完成后的现场。

图 3.95　解体施工现场

图 3.96 修缮完成后的效果

复习思考题

3-1 请简述木材作为建筑材料的优缺点。

3-2 木结构建筑遗产的常见病害有哪些？

3-3 木结构建筑中的榫卯连接具有哪些特性？

3-4 如何减少木材出现干缩开裂的情况？

3-5 导致木材腐朽的原因有哪些？如何防止木材腐朽？

3-6 木结构建筑遗产的防白蚁措施有哪些？

3-7 如何考虑木结构建筑遗产的受力计算？

3-8 木构架的整体维修加固包括哪些方法？

3-9 针对木柱的腐朽采用哪些方法进行修缮？

3-10 木柱和梁枋构件的裂缝分别采取哪些方法进行修缮？

3-11 什么是纤维增强聚合物（FRP）加固技术，简述该技术的特点及应用价值，常用的 FRP 材料有哪些？

3-12 FRP 加固木结构的主要方法有哪些？

第四章 砌体结构建筑遗产的保护技术及案例

4.1 概述

　　由砖、石等砌块组成，并用砂浆黏结而成的材料称为砌体。砌体结构在我国有着悠久的历史，其中石砌体与砖砌体在我国更是源远流长，构成了我国独特的文化体系的一部分。

　　我国生产和使用烧结砖的历史已有 3 000 年以上。西周时期已有烧制的黏土瓦，并出现了我国最早的铺地砖。战国时出现了精制的大型空心砖。西汉时出现了空斗砌结的墙壁，以及用长砖砌成的角拱券顶、砖穹隆顶等。北魏时期出现了完全用砖砌成的塔，如河南登封的嵩岳寺塔(图 4.1)，开封的"铁塔"(用异形琉璃砖砌成，呈褐色)。南京灵谷寺和太原永祚寺(图 4.2)中所建的无梁殿，都是古代应用砖砌筑穹拱结构的例子。

| 图 4.1 河南登封嵩岳寺塔 | 图 4.2 太原永祚寺无梁殿 |

　　砌体结构的优点是取材方便、性能良好、耐火性好、施工技术要求低、造价低廉。它的缺点是强度低、延性差、用工多、占地多、自重大。由于砌体结构是由块材和砂浆砌筑而成的，因此施工质量的变异较大，强度相对较低，使用过程中易出现开裂现象。在砌体结构的检测中，需要对砌体的强度、施工质量、裂缝等进行重点检查和测试。

4.2 砌体结构建筑遗产的常见病害

1. 风化现象

　　气温的反复变化以及各种气体、水溶液和生物的活动使砖石在结构构造甚至化学成分上逐渐发生变化，使砖石由整块变成碎块，由坚硬变得疏松，甚至组成矿物也发生分解，在当时的环境下产生稳定的新矿物。这种由于温度、大气、水溶液和生物的作用,使砖块发生物理状态和化学组分变化的过程称为风化。风化按成因可分为物理风化、化学风化和生物风化 3 类。图 4.3 为典型的砖墙风化现象。

图 4.3　砖墙风化现象

2. 酥碱(泛白)现象

建筑物表面泛白的原因很多,可以分为内部原因和外部原因。属于内部的原因主要是建筑材料内部存在可溶性的盐类和碱类物质;来自外部的原因可认为是由于基层材料具有一定的渗透性,当水分从材料表面向材料内部渗透后,将材料内部可溶性物质溶解,而当材料干燥时,水分由内向外发生迁移,又将可溶性物质携带到材料表面,随着表面水分蒸发,白色的可溶性物质便留在表面,即产生泛白现象。图 4.4 为典型的砖墙泛白现象。

图 4.4　砖墙泛白现象

3. 墙体开裂

墙体开裂(图4.5)是砌体的常见问题,包括:

(1)荷载裂缝,它反映了砌体的承载力不足或稳定性下降。

(2)地基不均匀沉降或温度变化,所产生的砖墙开裂会影响结构的受力和整体性,严重时会导致建筑物的破坏,甚至坍塌。

图 4.5　砖墙开裂现象

4. 弓突变形

砌体结构遗产长期使用导致结构材料性能退化,承载力下降,墙体等构件在外力作用下可能会发生弓突变形(图4.6)。

图 4.6　弓突变形

5. 瓦件酥散

瓦件酥散是指由于屋面堆放物品、上屋面践踏或风化作用,致使屋顶瓦面产生裂纹、破碎、松动等破损现象(图4.7)。瓦面酥散是造成屋面漏水的原因,应及时修补。瓦面局部酥散可抽换瓦件修复;大面积酥散,损坏严重的应整修屋面或挑顶翻修。

图 4.7 瓦件酥散现象

4.3 砌体结构建筑遗产的计算

砌体结构建筑遗产的主要结构构件是墙、柱、拱等构件,主要承受压力作用。受压作用方式主要有轴心受压、偏心受压及局部受压等不同情况。此外,砌体结构构件尚有轴心受拉、受弯及受剪等形式。加固修缮设计中,一般先根据建筑使用要求、截面尺寸、构造做法和材料强度等级,对砌体结构构件和整体性做安全验算,若验算不能满足要求时,则需考虑加固措施。常规的砌体建筑遗产的结构安全验算可采用建筑工程软件 PKPM 软件进行计算,非常规的砌体建筑遗产的结构安全验算可采用有限元软件 SAP2000、Ansys、ABAQUS 等软件进行计算。

4.4 砌体结构建筑遗产的保护技术

砌体结构建筑遗产的保护技术一般分为直接加固与间接加固两类。

适用于砌体结构的直接加固方法一般有:

(1)钢筋混凝土外加层加固法

该法属于复合截面加固法的一种。其优点是施工工艺简单、适应性强,砌体加固后承载力有较大提高,并具有成熟的设计和施工经验,适用于柱、带壁墙的加固。其缺点是现场施工的湿作业时间长,对生产和生活有一定的影响,且加固后的建筑物净空有一定的减小。

(2)钢筋网水泥砂浆面层加固法(图 4.8)

该法属于复合截面加固法的一种。其优点与钢筋混凝土外加层加固法相近,墙体增加的厚度较前者薄一些,但提高承载力不如前者,适用于砌体墙的加固。

(3)增设扶壁柱加固法(图 4.9)

该法属于加大截面加固法的一种。其优点亦与钢筋混凝土外加层加固法相近,但承载力提高有限。

适用丁砌体结构的间接加固方法一般有:

(1)外包型钢加固法

该法属于传统加固方法,其优点是施工简便、现场工作量和湿作业少,受力较为可靠。适用于不允许增大原构件截面尺寸,却又要求大幅度提高截面承载力的砌体柱的加固(图 4.10)。其缺点为加固费用较高,并需采用类似钢结构的防护措施。

(2)预应力撑杆加固法

图 4.8　钢筋网水泥砂浆面层加固

图 4.9　增设扶壁柱加固

图 4.10　外包型钢加固

　　该法能较大幅度地提高砌体柱的承载能力,且加固效果可靠。适用于高应力、高应变状态的砌体结构的加固。其缺点是不能用于 60 ℃ 以上的环境中。

　　砌体结构构造加固与修补方法有:

　　(1)增设构造柱和圈梁加固

　　当构造柱和圈梁设置不符合现行设计规范要求,或纵横墙交接处咬搓有明显缺陷,或房屋的整体性较差时,应增设构造柱和圈梁进行加固。

　　(2)增设梁垫加固

　　当大梁下砖砌体被局部压碎或大梁下墙体出现局部竖直裂缝时,应增设梁垫进行加固。

　　(3)砌体局部拆砌

　　当房屋局部破裂但在查清其破裂原因后尚未影响承重及安全时,可将破裂墙体局部拆除,并按提高砂浆强度一级用整砖填砌。

　　(4)砌体裂缝修补

　　在进行裂缝修补前,应根据砌体构件的受力状态和裂缝的特征等因素,确定造成砌体裂缝的原因,以便有针对性地进行裂缝修补或采取相应的加固措施。

4.5　案例 1　南京市文物保护单位:原国民政府经济部旧址加固修缮工程

　　1. 工程概况

　　原国民政府经济部旧址位于南京市中山东路 145 号,为民国时期建造的砖木结构(图 4.11～图 4.12),现为南京市体育局办公楼,为南京市文物保护单位。该楼东西向长

33.26 m,南北向长 25.26 m,占地面积约 840 m²,共三层,层高 3.5 m,均为木楼面,坡屋面。采用纵横墙承重体系,底层承重墙体厚度 400 mm,二、三层承重墙体厚度 280 mm,墙体材料为黏土实心砖,以黏土石灰砂浆砌筑。屋面构造为三角形木屋架,基础采用条形大放脚砖基础,下设毛石垫层。该楼虽历经多年的沧桑,其结构未受到严重的破损,但砂浆风化较严重。考虑到该建筑的历史意义和重要性,为日后能安全使用,需对其进行加固修缮。

 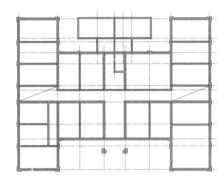

图 4.11　原国民政府经济部办公楼外观图　　**图 4.12　原国民政府经济部办公楼底层结构平面图**

该楼抗震设防烈度为 7 度,设计基本地震加速度值为 0.10 g(第一组),建筑场地为 Ⅱ 类,青砖强度等级为 MU2,砂浆强度等级为 M1.5。

2. 加固设计

经计算分析得知:该办公楼底层和第二层局部受压承载力不能满足要求,各层抗震承载力均能满足要求。原结构未设圈梁和构造柱,不满足抗震构造要求。砖砌大放脚基础承载力几乎没有富余。

(1) 基础加固

从地质勘查报告得知,该办公楼范围内各层土的土体强度差异较大,同时存在可液化土层,地下水位较浅,且基础底部直接落在杂填土层,因此本次加固对基础进行了加固,不仅提高了承载力,也增加了整体刚度,基础加固做法见图 4.13 和图 4.14。

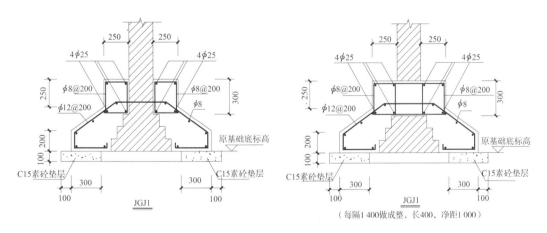

图 4.13　基础加固图(单位:mm)

(2) 墙体加固

对墙体采用钢筋网水泥砂浆加固。本次加固用双面钢筋网选用 φ6@200×200,用 φ6 S

图 4.14　基础加固施工

形穿墙钢筋拉接；单面钢筋网用锚入墙内的 $\phi6$ 钢筋拉接，间距 800 mm，呈梅花状布置。采用 M10 水泥砂浆抹面，厚度为 40 mm。门窗洞口处为防止开裂，在洞口角部放置 $\phi8$ 斜向钢筋。墙体加固做法见图 4.15 和图 4.16。

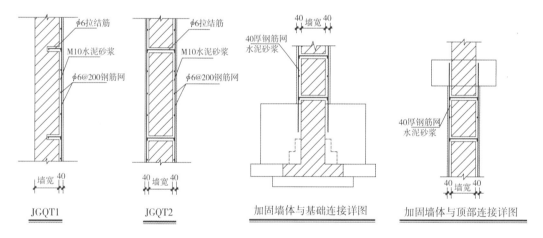

图 4.15　墙体加固图(单位:mm)

（3）抗震构造加固

本次加固对该办公楼进行了抗震构造加固，新增了构造柱和圈梁，大大增强了结构的整体性，新增构造柱、圈梁具体做法见图 4.17、图 4.18，施工现场见图 4.19。

（4）木屋架加固

对该楼木屋架的加固包括屋架本身的加固和支撑系统的加固。木屋架本身重点需对端部节点和下弦半企口连接节点进行加固。由于该楼原有屋架支撑系统为木结构，布置很不规范，且因年代久远，木材腐朽和干裂严重，已基本丧失作用，本次加固采用钢结构支撑系统替代原有的木结构支撑系统。木屋架加固具体做法见图 4.20 和图 4.21。

图 4.16 墙体加固施工

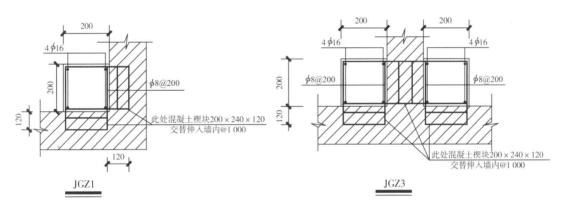

图 4.17 新增构造柱做法

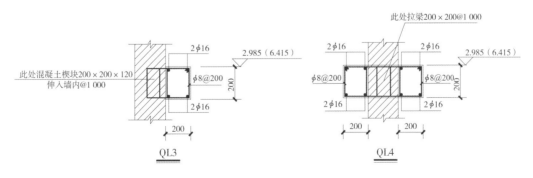

图 4.18 新增圈梁做法(单位:mm)

图 4.19　新增构造柱和圈梁施工

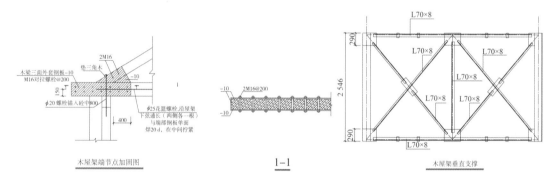

图 4.20　木屋架加固做法(单位:mm)

图 4.21　木屋架加固施工

4.6　案例2　南京市历史建筑:南京某民国居住建筑加固修缮工程

1. 工程概况

南京市某民国建筑始建于 20 世纪 20～30 年代,主体为砖木结构,部分为钢筋混凝土结构。该民国建筑共两层,局部错层部位为三层,东西向长 17.75 m,南北向长 10.15 m,建筑面积约 320 m²,总高约 10.57 m,楼面为木楼面,屋面为木屋架坡屋面。结构采用纵横墙承重体系,外墙厚度 380 mm,内墙厚度 260 mm,墙体材料为黏土实心砖,以黏土石灰砂浆砌筑。屋面构造为空间桁架体系的木屋架,基础采用条形大放脚砖基础。该楼虽历经多年的沧桑,其结构未受到严重破损,但砂浆风化较严重。考虑到该楼加固改造后用作公共接待场所,为日后能安全使用,需对其进行加固修缮。图 4.22 为该楼的外观图,图 4.23 为该楼的底层结构平面图。

图 4.22　某民国建筑楼外观图　　　图 4.23　某民国建筑楼底层结构平面图(单位:mm)

经地质勘查,本工程抗震设防烈度为 7 度,设计基本地震加速度值为 0.10 g(第一组),设防类别为丙类,建筑场地为 Ⅱ 类,基础底部地基承载力特征值为 70 kPa。对原结构进行检测,测得青砖强度等级为 MU2.0,砂浆强度等级为 M1.0,采用 PKPM 对该楼进行抗震验算。

2. 加固设计

经计算分析得知:该楼底层和二层局部墙体受压承载力不能满足要求,底层承载力不足的墙体主要位于西侧、南侧外墙和内墙,最多差 50%;二层承载力不足的墙体主要位于南侧外墙和(C)轴线内墙,最多差 38%。各层均有墙体抗震承载力不能满足要求,底层承载力不足的墙体主要位于东侧、西侧外墙和(B)(C)轴线内墙,最多差 33%;二层承载力不足的墙体主要位于东侧和西侧外墙,最多差 35%;三层墙体几乎都不满足承载力要求。

原结构未设圈梁和构造柱,不满足抗震构造要求。

(1) 基础加固

该楼基础下的土体为杂填土层,强度较低,地基承载力特征值为 70 kPa。经计算分析:该楼基础底面的压力为 124 kPa,大于地基承载力特征值。因此本次加固对基础进行了加固,采用双梁加固形式,不仅地基承载力满足要求,整体刚度也得到了增强。图 4.24 和图 4.25 为基础加固做法。

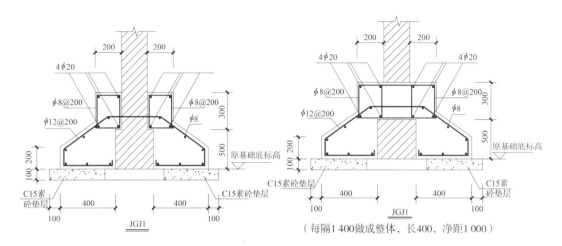

图 4.24　基础加固图(单位:mm)

图 4.25　基础加固现场施工

（2）墙体加固

对墙体采用钢筋网水泥砂浆加固,其受压承载力的计算公式见式(4.1):

$$N = \varphi_{com}(fA + f_c A_c + \eta_s f_y' A_s') \qquad (4.1)$$

式中:φ_{com} 为组合砖砌体构件的稳定系数;f 为砖砌体的实际抗压强度设计值;A 为砖砌体的截面面积;f_c 为水泥砂浆的抗压强度设计值;A_c 为砂浆面层的截面面积;η_s 为受压钢筋的强度系数,砂浆面层时系数取 0.9;f_y' 为钢筋的抗压强度设计值;A_s' 为受压钢筋的截面面积。

其抗震能力的增强系数计算公式见式(4.2):

$$\eta_{pij} = \frac{240}{t_{w0}}\Big[\eta_0 + 0.075\Big(\frac{t_{w0}}{240}-1\Big)/f_{VE}\Big] \qquad (4.2)$$

式中:η_{pij} 为第 i 楼层 j 墙段的增强系数;η_0 为基准增强系数;t_{w0} 为原墙体的厚度;f_{VE} 为原墙体的抗剪强度设计值。

墙体加固用双面钢筋网,选用 $\phi6@200\times200$,用 $\phi6$ S形穿墙钢筋拉接;单面钢筋网用锚入墙内的 $\phi6$ 钢筋拉接,间距 800 mm,呈梅花状布置。采用 M10 水泥砂浆抹面,厚度为 40 mm。门窗洞口处为防止开裂,在洞口角部放置 $\phi8$ 斜向钢筋。双面钢筋网水泥砂浆加固 380 mm 厚墙体受压承载力可提高 175%,抗震能力可提高 252%,单面钢筋网水泥砂浆加固 380 mm 厚墙体抗压承载力可提高 87%,抗震能力可提高 192%,双面钢筋网水泥砂浆加固 260 mm 厚墙体受压承载力可提高 256%,抗震能力可提高 300%。经计算,加固后的各层墙体受压承载力和抗震承载力均能满足要求。墙体加固方法见图 4.26 和图 4.27。

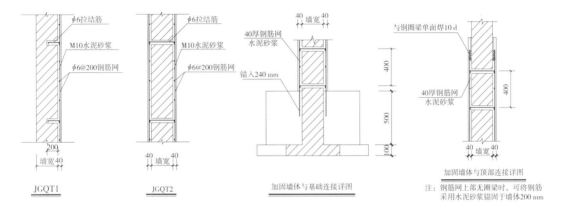

图 4.26　墙体加固图(单位:mm)

图 4.27　墙体加固现场施工

（3）抗震构造加固

本次加固还对该楼进行了抗震构造加固,新增了构造柱和圈梁,大大增强了结构的整体性,满足了现代抗震规范的构造要求。新增构造柱和新增圈梁采用钢板做法,这种加固方法既不浪费建筑空间,又不影响建筑美观。具体做法分别见图 4.28、图 4.29 和图 4.30。

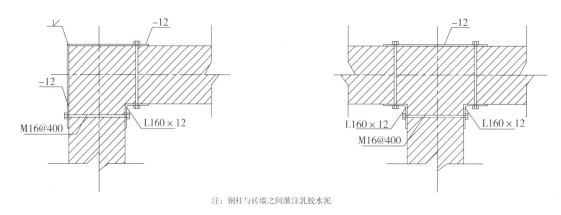

注：钢柱与砖墙之间灌注乳胶水泥

图 4.28 新增构造柱做法(单位:mm)

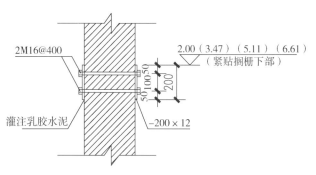

图 4.29 新增圈梁做法(单位:mm)

图 4.30 圈梁和构造柱加固现场施工

（4）木楼面加固

对木梁、格栅,如出现干裂的情况,则采用环向粘贴 CFRP 的加固方法,具体做法见图 4.31,如出现腐朽严重或翘曲变形较大的则必须更换。根据计算结果,东面二层楼面木搁栅和楼面梁承载力不足,木搁栅采用加密的做法进行加固,见图 4.32,东面二层楼面梁采用图 4.33 的加固方法。

图 4.31 木梁及格栅 CFRP 加固方法(单位:mm)

图 4.32 东面二层楼面搁栅加密

（5）木屋架加固

该楼木屋架为空间桁架体系,笔者采用 SAP2000 软件对木屋架的受力进行了计算,结果表明:原有的截面均能满足承载力要求,仅需对节点进行加固处理,计算结果见图

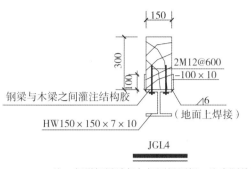

图 4.33 楼面梁加固(单位:mm)

4.34。考虑到木屋架端部节点为齿连接形式,极限状态为顺纹受剪破坏,结构形式较弱,又由于上弦杆在端部的轴力最大,因此传递给端部节点的剪力较大,故需对端部节点进行加固,做法见图 4.35。中间部分节点加固方法见图 4.36,图 4.37 为木屋架加固现场施工图。

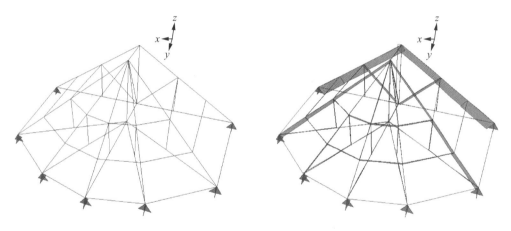

图 4.34 木屋架计算结果(轴力图)

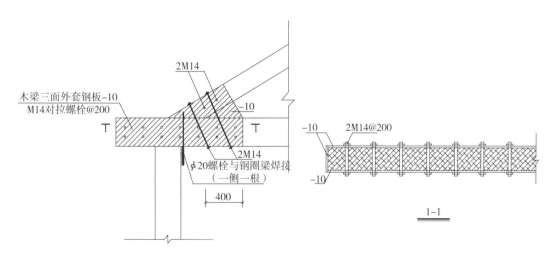

图 4.35 木屋架端部节点加固图(单位:mm)

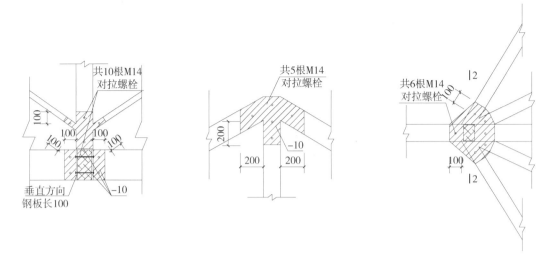

图 4.36　木屋架中部节点加固图(单位:mm)

图 4.37　木屋架加固现场施工

4.7　案例3　全国重点文物保护单位:金陵大学旧址汇文书院钟楼加固修缮工程

1. 工程概况

金陵大学旧址汇文书院钟楼建于1888年,是全国重点文物保护单位金陵大学旧址的一个重要组成部分,坐落在南京市金陵中学校园内,建筑面积921 m²。金陵中学钟楼属于美国殖民期的建筑风格,钟楼整体对称,平面近似方形,东西稍长,南北向为短内廊式建筑布局。南北均有入口和门廊,并有高台阶上下,北面中部有木楼梯。建筑物主体共三层,第三层阁楼部分设老虎窗。四层悬挂铜钟,在主楼的东西两间房设有壁炉和烟囱。2002年10月,金陵中学钟楼被公布为江苏省文物保护单位。2006年5月作为金陵大学旧址进入全国第六批重点文物保护单位名单。图4.38为金陵中学钟楼外貌。

2. 检测鉴定

建筑物在长期的外部环境及使用条件下,结构材料每时每刻都受到外部介质的侵蚀,材料状况不断恶化。外部环境对结构材料的侵蚀主要有化学作用、物理作用和生物作用三

图 4.38　钟楼外貌

种。经年累月,结构性能逐渐下降,当达到一定期限以后,就需要进行加固修缮,但对于文物类建筑,加固修缮必须遵守《中国文物古迹保护准则》。金陵中学钟楼使用至今已有130余年,远超出现行国家设计规范的合理使用年限。其间虽经过多次修缮,但原始设计资料和修缮资料均已缺失。为了解钟楼建筑目前的真实结构状态,给加固修缮设计提供科学依据,我们对其进行了详细的检测鉴定。检测鉴定得出的主要结论有:

(1) 该建筑的安全性等级为 C_{su},影响整体承载,应在保护文物的前提下采取加固措施。

(2) 影响该建筑结构安全性的主要因素包括墙体的承载力和房屋的抗震构造要求。该建筑墙体材料为黏土青砖和石灰砂浆。根据现场检测,该建筑砂浆抗压强度仅有 0.9 MPa,通过计算分析,该建筑部分墙段受压承载力和抗震承载力不满足设计要求。此外,由于钟楼建筑建造年代久远,当时未考虑任何抗震构造措施。

(3) 该建筑基础为砖砌大放脚基础,基础整体性相对较差。

(4) 根据计算结果,对于跨度大于等于 6.8 m 的木搁栅需要进行加固处理,腐朽严重的木构件需要进行更换。

(5) 对于该建筑的三层和四层钟楼部分,由于层间刚度发生突变,在地震时容易因鞭梢效应受到严重破坏,因此,对于三层和四层钟楼部分也需要进行加固处理。

3. 加固修缮设计

(1) 加固修缮设计原则

文物作为一种珍贵的文化遗产,是历史文明的物质载体,具有不可再生的特征,此文物建筑虽然面积不大,但是其建筑具有时代特征和典型性。维修工程应遵循以下原则:

① 依法保护的原则

本设计修缮工程施工及日常管理都是根据《文物保护法》对保护文物的要求进行的。

② 真实性的原则

保持现状,局部恢复原状时严格考证,有据可依,尽可能根据历史资料及各种相关的遗存、遗物复原。坚持原材料、原尺寸、原工艺原则。

③ 可识别的原则

此次维修更换添加的部分,可分别根据不同的材料采用刻字、墨书、模印等方法在适当部位做出标识。

④ 安全与有效的原则

安全性是修缮工程必须考虑的问题,金陵中学钟楼建筑作为校史陈列馆,将有大量而又频繁的人员往来,因此,必须考虑参观人员的安全,通过修缮维持该建筑的结构可靠性也是本次修缮的基本目标。

(2)基础加固

根据检测鉴定结论,需要对基础的整体性进行加固。因此,采用在原先的砖砌大放脚基础两侧新增钢圈梁,一方面大大提高基础的整体性能;另一方面也作为墙体加固的生根部位。图 4.39 和图 4.40 分别为基础加固图和现场施工图。

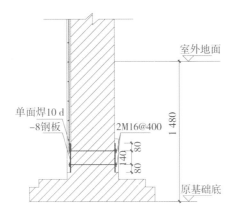

图 4.39　基础加固图(单位:mm)

图 4.40　基础加固现场施工

(3)墙体加固

由于部分墙体的承载力以及建筑整体的抗震性能较弱,因此,对建筑墙体进行承载力和整体性加固。对于外墙,在墙体内侧新增 40 mm 厚钢筋网聚合物砂浆面层进行加固,不破坏外立面的风貌;对于内墙,则在墙体两侧新增 40 mm 厚钢筋网聚合物砂浆面层进行加固。通过这种方法加固,一方面提高了墙体的承载能力、整体性和抗震性能,满足现行规范的承载力要求;另一方面,最大限度地减少了加固对建筑空间的影响。图 4.41 和图 4.42 分别为墙体加固图和现场施工图。

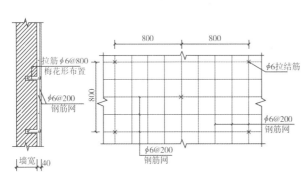

图 4.41　墙体加固图(单位:mm)

图 4.42　墙体加固现场

(4)木楼面加固

修缮后的建筑除顶层将作为办公功能使用外,其余楼层均作为校史展览功能使用,根据计算结果,楼面部分搁栅需要加固。对于第一层地面跨度大于等于 6.8 m 的木搁栅,采用在跨中垂直木搁栅方向增设地垄墙的方法进行加固;对第二层地面跨度大于等于 6.8 m 的木搁栅,采用在跨中垂直木搁栅方向增设钢梁的方法进行加固,如图 4.43 所示;对第三层地面木搁栅采用梁底通长粘贴碳纤维布方法进行加固,如图 4.44 所示。此外,考虑到木搁栅端部长年埋在墙内,易腐朽损坏,因此,在木搁栅端部增设角钢支座以提高其搁置长度,确保结构安全性,图 4.45 为角钢支座加固现场施工图。

图 4.43　二层楼面搁栅加固

图 4.44　三层楼面搁栅加固

图 4.45　角钢支座加固

（5）木屋架的加固

由于该建筑木屋架构件大部分存在不同程度的干缩开裂现象,且构件连接处大多也有不同程度的拔榫现象,因此,需要对屋架构件及节点进行加固修缮,以提高其耐久性和整体性。

对屋架构件采用环向粘贴碳纤维布的方法进行耐久性加固;对屋架节点采用粘贴碳纤维布的方法进行整体性加固。图 4.46 为木屋架加固修缮现场施工图。

（6）钟楼的加固

位于建筑的南侧,三层和四层钟楼部分高出主体建筑较多,在地震时容易产生鞭梢效应,因此,需要对其进行抗震加固。由于三层和四层钟楼内外墙均为清水砖墙,因此采用在墙体内侧增设角钢构造柱和圈梁的方法进行抗震加固。通过这种方法加固,一方面提高了该部分钟楼墙体的整体性和抗震性能,削弱了鞭梢效应;另一方面,不会影响到钟楼部分外立面的原有风貌。图 4.47 和图 4.48 分别为钟楼加固图和现场施工图。

（7）木楼梯的加固

由于该建筑的原木楼梯在使用时挠度变形较大、舒适度较差,因此,采用外包钢板的方法对木梯梁进行承载力和刚度的加固,以提高其舒适度。图 4.49 和图 4.50 分别为梯梁加固图和现场施工图。

图 4.46 木屋架加固修缮现场施工

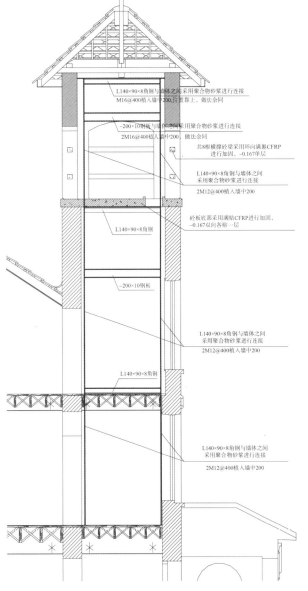

L140×90×8角钢与墙体之间采用聚合物砂浆进行连接
M16@400植入墙中200,按置靠上,做法余同

−200×10钢板与墙体之间采用聚合物砂浆进行连接
2M16@400植入墙中200,做法余同

共8根横撑砼梁采用环向满裹CFRP
进行加固,−0.167单层

L140×90×8角钢与墙体之间
采用聚合物砂浆进行连接
2M12@400植入墙200

砼板底部采用满贴CFRP进行加固,
−0.167双向各贴一层

L140×90×8角钢

−200×10钢板

L140×90×8角钢与墙体之间
采用聚合物砂浆进行连接
2M12@400植入墙中200

L140×90×8角钢

L140×90×8角钢与墙体之间
采用聚合物砂浆进行连接
2M12@400植入墙中200

图 4.47 钟楼加固图(单位:mm)

图 4.48 钟楼现场施工

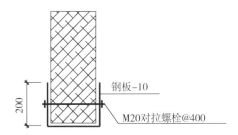

钢板−10

M20对拉螺栓@400

200

图 4.49 梯梁加固图(单位:mm)

图 4.50 梯梁加固现场施工

4. 结语

金陵中学钟楼既是具有重要历史文化价值的文物建筑遗产,又是需要抗震重点设防的校舍类建筑。这类建筑遗产留存至今不仅有承载力不足的问题,而且存在抗震构造措施缺乏的问题。因此,迫切需要进行加固修缮,笔者希望通过介绍金陵中学钟楼加固修缮设计施工工艺,给同行提供类似工程加固设计方法的参考。希望重点注意以下几点:

（1）对砖混建筑遗产加固修缮前,需对其进行全面的检测鉴定,再制定相应的加固修缮方案。

（2）在基础满足承载力要求的前提下,可采用增设钢板地圈梁的方法进行整体性加固,施工简便快速。

（3）采用钢筋网聚合物砂浆面层加固墙体不仅可提高其承载力和抗震性能,而且最低程度地影响室内空间使用。

（4）对于楼面木搁栅,在层高较大的情况下,可采用在跨中增设钢梁的方法提高承载力和刚度,在层高较小的情况下,可采用梁底粘贴碳纤维布方法进行加固;木屋架构件和节点也可采用粘贴碳纤维布的方法进行加固,可有效改善其耐久性和受力性能。

（5）对于明显突出主体建筑的钟楼部分,可采用增设型钢构造柱和圈梁的方法进行抗震构造加固,尽量降低鞭梢效应的破坏程度。

4.8　案例4　全国重点文物保护单位:无锡茂新面粉厂旧址加固修缮工程

1. 工程概况

无锡茂兴面粉厂（原保兴面粉厂）由我国著名民族工商业家荣宗敬、荣德生兄弟于1900年创办,是中国民族工商业最早的企业之一,历经动荡、重建,一直延续至今,折射出中国民族工商业发展的风风雨雨。在其旧址,利用原有建筑及设备建设无锡中国民族工商业博物馆,具有独特的历史意义和价值,对中国民族工商业发展史的研究,保存近代历史文物资料,展示民族工商业的辉煌历程,提升无锡城市形象,将起到积极且重要的作用。博物馆的主体建筑是两栋多层的砖混结构,生产车间6层,局部5层,麦仓4层,均为钢梁上铺木地板楼面,基础采用钢筋混凝土条形基础,下设木桩,建于20世纪40年代,其占地面积12 123 m²,紧邻古运河,2002年被列为江苏省重点文物保护单位,2013年被列为第七批全国重点文物保护单位。生产车间立面及平面图分别见图4.51、图4.52,麦仓立面及平面图分别见图4.53、图4.54。

图 4.51　生产车间立面图

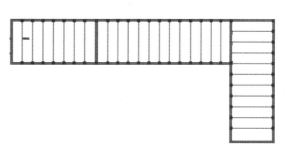

图 4.52　生产车间平面图

图 4.53　麦仓立面图　　　　　　　　　　图 4.54　麦仓平面图

2. 加固设计

本工程地质勘查是由无锡市勘查设计院完成的,抗震设防烈度为 6 度,设计基本地震加速度值为 0.15 g(第一组),设防类别为丙类,建筑场地为Ⅲ类;原结构检测由昆山市建设工程质量检测中心完成的,测得扶壁柱及屋面梁混凝土强度等级为 C14,红砖强度等级为 MU10,砂浆强度等级为 M5;原结构现场测绘是由东南大学建筑学院派员完成的,笔者采用 PMCAD 对生产车间及麦仓进行抗震验算,生产车间计算模型见图 4.55,麦仓计算模型见图 4.56。

图 4.55　生产车间计算模型　　　　　　　图 4.56　麦仓计算模型

(1) 结构整体加固

经过计算分析得知:原茂新面粉厂生产车间及谷仓的抗震承载力及竖向抗压承载力均能满足要求。原结构虽有混凝土扶壁柱,但没有设圈梁,不满足抗震构造要求,故对其进行新加钢圈梁抗震加固,加固方式采用 2 块－300×20 的钢板,M20 对拉螺栓拉接,螺栓横向间距按 $s=80i$(i 为平行于墙面的单肢回转半径)计算,本工程 s 取 500 mm,加固方式见图 4.57。考虑到钢圈梁的长度较长,为保证其稳定性,每隔 1 200 mm 设 2φ20 的花篮螺栓将两边的钢圈梁拉接。新加钢圈梁前,用水泥砂浆粉平原墙体。

(2) 钢梁加固

原生产车间及麦仓楼面均为钢梁上铺木地板楼面,钢梁截面为工字钢 460×150×20×20。经过现场检查,钢梁基本无锈蚀,保护较好,故计算仍按 Q235 钢考虑。改造后的博物

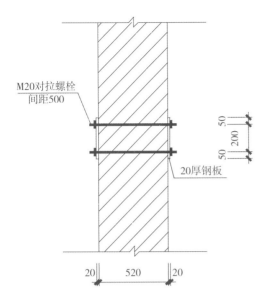

图 4.57　钢圈梁加固(单位:mm)

馆楼面活载标准值取 3.5 kN/m²,经计算分析得知,该钢梁整体稳定性不满足要求。钢结构设计规范中规定工字形钢简支梁受压翼缘的自由长度 l_1 与其宽度 b_1 之比不超过 16 时,可不验算其整体稳定性。故本工程采用新加工字钢对原钢梁受压翼缘进行侧向支撑,间距取 2 200 mm,考虑到对原钢梁的保护,采用螺栓连接方式,钢梁加固图见图 4.58。

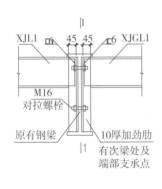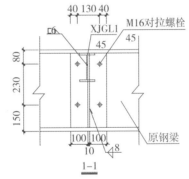

图 4.58　原钢梁整体稳定性加固(单位:mm)

(3) 平台柱与原钢梁的连接

由于原结构上人楼梯均为木楼梯,且年代久远,显然不能满足博物馆上人楼梯活荷载标准值 3.5 kN/m² 的承载力要求,故需拆除原木楼梯,改造为钢楼梯,这就涉及平台柱与原钢梁的连接问题。本工程采用套筒式的方法连接平台柱与原钢梁,即采用两块 20 厚钢板通过四根 M20 对拉螺栓套住原钢梁,螺栓外套 φ50×4 的圆管,内部放置两根 28a 的槽钢撑住钢板,以增强其抗弯承载力,平台柱与钢板焊接。连接方式见图 4.59 和图 4.60。

(4) 屋面加固

由于麦仓屋面破损严重,许多混凝土梁出现不同程度的受力裂缝,屋面板也出现混凝土的剥落,故需对其进行加固,对屋面板采用叠合板加固的方式处理,对屋面梁采用外包钢加固的方式处理,新加板采用喷射 C30 微膨胀混凝土浇筑,附于原屋面板的下部,为避免新加板钢筋直接穿梁时对原梁造成较大的损伤,本工程采用 2 根 8 号槽钢加 M20@500 对拉

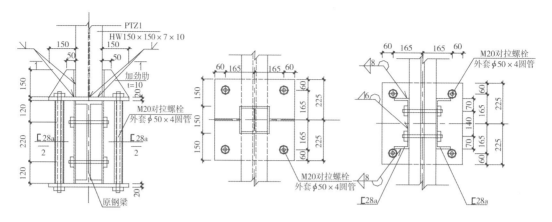

图 4.59 平台柱与原钢梁的连接方式(单位:mm)

图 4.60 平台柱与原钢梁的连接施工

螺栓进行过渡,新加板上下纵筋与槽钢焊接,这样既较好地保护了原结构,又保证了力的有效传递。屋面板加固方法见图 4.61,屋面梁加固方法见图 4.62。

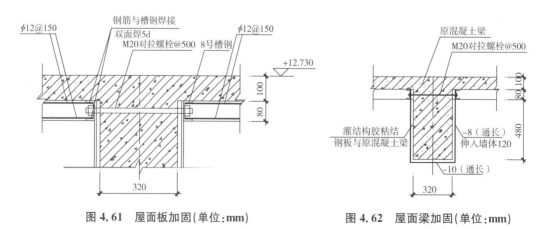

图 4.61 屋面板加固(单位:mm)　　图 4.62 屋面梁加固(单位:mm)

(5)开洞处理

为满足中国民族工商业博物馆的功能需求,需使生产车间及麦仓与新建结构连接起来,需在原结构墙体上开凿门洞,门洞宽度为 1 200 mm 和 3 000 mm 两种,其中有 2 个 1 200 mm 宽的洞口位于麦仓窗洞处,窗洞上方过梁采用砖砌平拱形式,经验算原砖砌平拱能满足承载力要求,故该处开门洞只需拆除窗下墙体即可。对其余 1 200 mm 宽的门洞采用新加过梁进行加固,加固方式见图 4.63,对 3 000 mm 宽的门洞采用内衬框架进行加固,加固方式见图 4.64。

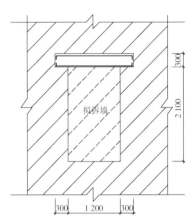

图 4.63　1 200 mm 宽洞口加固(单位:mm)

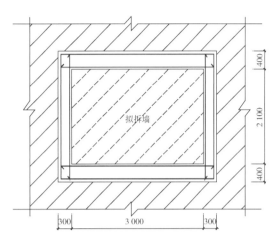

图 4.64　3 000 mm 宽洞口加固(单位:mm)

3. 结语

无锡茂新面粉厂旧址经过加固修缮后,既满足了博物馆的建筑功能需求,也确保了建筑结构和使用人员的安全,修缮效果获得了社会的一致好评。图 4.65 为加固修缮后的无锡茂新面粉厂旧址。

图 4.65　加固修缮后的无锡茂新面粉厂旧址

4.9 案例 5 全国重点文物保护单位:无锡阿炳故居加固修缮工程

1. 工程概况

阿炳故居位于无锡市梁溪区图书馆路 30 号,为单层砖木结构,坡屋面,抗震设防烈度为 6 度,现为全国重点文物保护单位。房屋纵向长 10 m,横向长 10.9 m,建筑面积约 109 m²。为配合崇安寺街区的改造,以阿炳故居为中心形成周边的文化氛围,在繁华的市中心突出故居的历史面貌,需对阿炳故居进行修缮加固。按照《文物保护法》,阿炳故居作为不可移动文物,修缮的原则是不可改变文物原状,尽量保留其历史信息。为保持故居完整性,故居建筑的原材料将给予保留。考虑到修缮后的故居将用作公共活动场所,故本次修缮设计需对结构采取补强和加固等措施。图 4.66 为阿炳故居建筑外观图,图 4.67 为阿炳故居建筑平面图。

图 4.66 阿炳故居外观图   图 4.67 阿炳故居建筑平面图

2. 加固设计

对阿炳故居进行修缮,在确保"修旧如故"的原则下,主要是对房屋的整体性和承载力进行适当必要的加固处理,内容包括基础整体性加固、墙体加固。

（1）基础加固

从阿炳故居基础开挖现场观察可知,其砖墙直接落在碎砖石地基上,无大放脚。又考虑到阿炳故居上部结构无抗震构造措施,乱砖和空斗墙承重,结构整体性较差,为避免日后基础出现不均匀沉降对上部结构产生影响,本次修缮对阿炳故居的基础进行了加固,采用双梁加固形式。为保证双梁的整体性,每隔 1 400 mm 加一道拉梁,具体加固方案见图 4.68。

（2）墙体加固

阿炳故居墙体修缮的原则:保留原墙体和粉刷,残破不补,对空鼓、开裂、倾斜严重的拆除重砌或者局部补砌。由于其墙体大多是乱砖和空斗砌墙,砂浆风化严重,墙体的强度已严重不足,迫切需要对墙体进行加固。本次墙体加固采用注浆绑结加固的方法,先在室内墙体上取孔注浆,自下而上,分层进行,注浆完毕后再绑结插筋,使墙体形成一个整体共同工作。墙体加固方案见图 4.69。

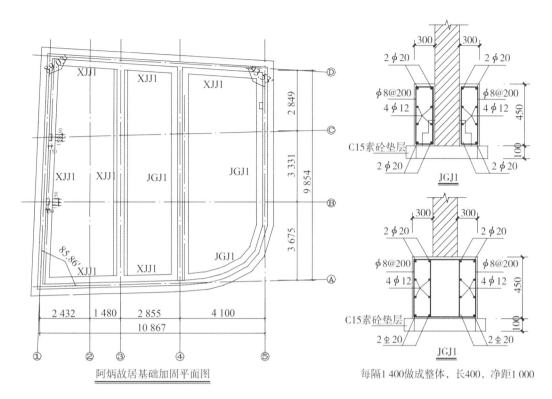

图 4.68　基础加固图(单位:mm)

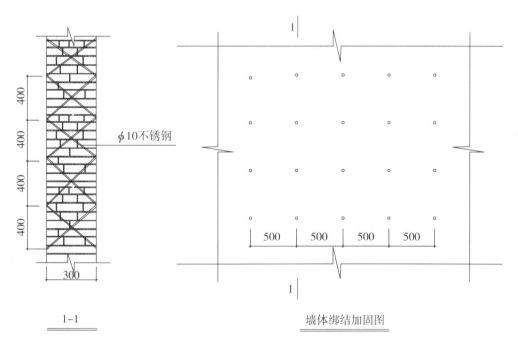

图 4.69　墙体加固图(单位:mm)

　　由于阿炳故居东南角局部墙体出现稍微倾斜,为保证日后的安全使用,本次加固对其采用环向埋设不锈钢钢筋进行拉结,使这段墙体与旁边墙体形成整体,利用旁边墙体的作用将其抱住。具体加固方案见图 4.70。

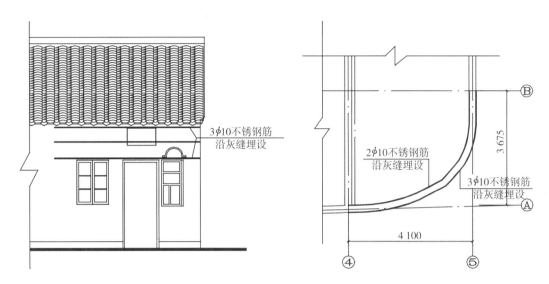

图 4.70　东南角局部墙体拉结加固图(单位:mm)

3. 加固修缮施工

该工程的施工特点和关键问题主要有以下三点:

① 原建筑属危房,施工时做好结构加固前的防护工作,防止整体或局部墙体坍塌;

② 基础现浇混凝土工作量不大而且较为分散,基础托换工程较为复杂,质量要求较高,且必须分段进行施工,施工难度大;

③ 墙体加固时不得破坏原有的粉刷层,墙体注浆及绑结的施工难度很大,不可预见因素较多。

(1) 基础加固

基础加固施工时切勿野蛮施工,可局部调整拉梁的间距或大小,尽量避开松动的墙体位置。也可在拉梁掏洞时,在墙体中间先立一小混凝土块进行支撑,浇筑混凝土时将其浇在其中。为保证新老结构良好的黏结性能,基础加固采用 C30 微膨胀混凝土浇筑。图 4.71 为基础加固后的外观。

(2) 墙体注浆绑结加固

为避免对阿炳故居原有墙体粉刷层的破坏,又能有效地提高墙体的整体性和承载力,本次墙体加固采用注浆绑结加固的方法。

绑结加固是一种加固砖石结构的方法,绑结加固的目的是增加结构抵抗受压、受拉和受剪的能力,或者是将破裂的构件连接在一起。该技术是由意大利的 Lizzi 博士开发的,主要用于加固有文物价值但已损坏的砖石结构。绑结方法是通过网状钻孔、注浆、绑筋来实现加固的,它的钢筋网络类似于钢筋混凝土中的配筋,因而将普通砌体结构变为配筋砌体结构。本工程使用的绑筋为 ϕ10 不锈钢钢筋,绑结加固的钻孔直径为 20 mm。墙体注浆绑结加固技术的工艺流程:表面清理→埋设灌浆嘴→封缝→密封检查→注浆→绑结插筋→封孔。

注浆是向结构注入液状材料,随后经养护凝结成为耐久的固体或凝胶。尽管对理论原理有较好的理解,在使用中还是有大量的经验工艺需要掌握。

本工程的注浆方法是把浆液在低压状态下从注射点贯入和渗透到孔隙和裂缝中去,置换原来留在那里的空气,所以尚应采取措施使原来的空气有排出的通路,否则就不能灌注

图 4.71　基础加固后的外观

密实。要使注浆效果极佳,需选择浆液的合适黏度和凝结或胶着性能,还应有熟练的注射工艺。注浆管插入预先定位钻设的孔中到达一定深度,孔口封闭,使浆液能向内充分延展。在每个注射点,注浆的速度和数量取决于浆液的性质和黏度、结构或地基的裂隙大小及渗透性,以及使用的压力大小,所以注浆作业人员需有相当的经验,使孔距、材料和使用压力在具体位置都有最优的组合,应注意不可使用过高的压力,它会使结构破坏,甚至发生倾覆事故。本工程每平方米墙面约 9 个孔,注浆压力为 0.1 MPa。

　　每个孔注浆完成后,随即在浆体液化状态下插入绑筋。插入长度必须保证足够的搭接长度,它与绑结墙体的厚度和结构特点有关,钻孔的数量和配筋量取决于结构条件和加固原因。本工程每个孔长约 2 倍墙厚,选用的 10 mm 直径的螺纹不锈钢钢筋能提供钢筋与注浆之间良好的黏结强度。

　　考虑到本次施工的特殊要求和重要性,本工程采用 PO32.5 水泥加 APF 剂的材料在液浮状态进行灌注。PO32.5 普通硅酸盐水泥加 APF 剂以改善液态和硬化性能,完全用水拌合,形成具有可泵性的悬浮液,水灰比为 0.45。

　　APF 剂是水泥注浆材料的主要功能材料,可生成水凝性化合物,增加了拌合物的流动性及强度,降低了比重也改善了可泵性和流动性并能减少泌水,是一种优质激化剂,用以改进水泥注浆的性质,具有三个特点:

　　① 有很强的分散性,在水泥浆液中不产生结团絮凝、收缩、泌水、降沉现象;

　　② 有很好的稳定性,具有增稠性、早强,水泥浆液稳定,无降沉坍塌、收缩现象;

　　③ 有很好的黏结强度,吸水率低、气孔独立封闭、不吸储水、不产生干缩现象。

　　墙体注浆绑结加固的施工方法如下:

　　① 埋设灌浆嘴:400 mm×500 mm 布置灌浆嘴,灌浆嘴采用 φ20 铁管,埋入深度为 60 mm,用结构胶进行固定。钻孔设备选择取决于结构的一般条件、尺寸及被钻材料的硬

度,钻孔使用由一个人操作的手持钻机,使用电动旋转金刚石取芯钻,用水冷却钻头并带出砖屑,这种钻机对结构影响最小,但是速度较慢;

② 封缝:满墙灌浆,外墙和内墙孔隙均用速凝材料封闭;

③ 用压力空气进行密封检查,发现不密封处要及时处理;

④ 浆液配制:PO32.5级水泥内掺5%的APF剂,浆液配制后应搅拌均匀,初凝时间要求在30 min以上;

⑤ 用压力注浆设备将浆液注入墙体:灌浆从最低位置开始,逐步向上和对称向两侧发展,当浆液从邻近注浆孔自由流出,注浆中止,并把注浆孔堵塞,再在邻近流浆的注浆孔继续进行;

⑥ 在浆液液化状态下插入10 mm直径的螺纹不锈钢钢筋;

⑦ 待浆液完全凝固后拆除注浆管并封孔。

经现场抽样70.7 mm×70.7 mm×70.7 mm试块,抗压强度检测结果为10.0 MPa。图4.72为墙体注浆绑结加固施工中插筋时的情形,图4.73为墙体注浆绑结加固后的情形。

图4.72 墙体注浆绑结加固中插筋时的情形　　图4.73 墙体注浆绑结加固后的情形

4. 结语

无锡阿炳故居加固修缮工程自2006年竣工使用至今,结构状况良好,说明本书所述加固设计和施工方法合理,可为同类砖木结构的建筑遗产加固修缮提供参考。图4.74为阿炳故居加固修缮后的效果。

(a) 外景　　　　　　　　　　　　　　(b) 内景

图4.74 加固修缮后的阿炳故居

复习思考题

4-1　请列举几个著名的砌体结构建筑遗产。

4-2　请简述砌体结构的优缺点。

4-3　砌体结构建筑遗产的常见病害有哪些?

4-4　砌体结构建筑遗产墙体开裂的主要原因有哪些?

4-5　砌体结构建筑遗产墙体风化的成因主要有哪几类?

4-6　对于砌体结构各构件的受拉、受压、受剪应力,其中哪种最容易超过安全值?

4-7　如何考虑砌体结构建筑遗产的受力计算?

4-8　砌体结构建筑遗产的直接加固技术有哪些?

4-9　砌体结构建筑遗产的间接加固技术有哪些?

4-10　砌体结构建筑遗产的构造加固与修补方法有哪些?

第五章　混凝土结构建筑遗产的保护技术及案例

5.1　概述

　　1874 年,世界第一座钢筋混凝土建筑在美国纽约落成,至 1900 年之后钢筋混凝土结构才在工程界得到了大规模的使用。在中国,钢筋混凝土结构最早应用于近代建筑中,在众多近代建筑中,钢筋混凝土建筑占有很大的比例。以南京为例,在《中国近代建筑总览·南京篇》收录的 190 处近代建筑中,有 122 处为钢筋混凝土结构,占总数的 64.2%。目前,近代钢筋混凝土建筑大量存在于我国大中型城市,在北京、上海、武汉、天津、西安、广州、济南、南京、杭州等大城市尤为突出。大多数近代钢筋混凝土建筑由于其承载了重要的历史、文化信息,以及其特有的建筑价值,往往已成为或即将成为文物建筑。在全国重点文物保护单位及省市级文物保护单位名录中,近代钢筋混凝土建筑均占有一定比例。此外,还有世界文化遗产"开平碉楼",据统计,开平现存近代混凝土楼 1 474 座,在开平碉楼中数量最多,占 80.4%。

　　近代钢筋混凝土建筑不同于现代建筑,在材料性能、设计方法和建构特征上均不能同现代钢筋混凝土建筑相提并论,它是处在一个由古建筑结构形式向现代建筑结构形式过渡的历史时期。近代钢筋混凝土建筑的形式处理大致有三种:(1)基本照搬古代建筑形制,用钢筋混凝土浇筑出来,代表作如原中央博物院大殿(图 5.1)、浙江绍兴大禹陵禹庙大殿(图 5.2)等;(2)新民族形式的建筑,平面设计参照西方现代建筑,适当融合中国传统建筑的装饰元素,这类建筑兼顾西方建筑技术的考虑,同时又带有强烈的中国民族风格,追求的是新功能、新技术、新造型与民族风格和谐统一的折中做法,代表作如原国民大会堂旧址(图 5.3);(3)仿西方建筑风格,这类建筑完全模仿西方国家在不同历史时期的建筑风格,主要有西方古典主义风格和西方现代主义风格,如交通银行南京分行旧址(图 5.4)。

图 5.1　原中央博物院大殿(1933)

图 5.2　浙江绍兴大禹陵禹庙大殿(1933)

图 5.3　原国民大会堂旧址(1936)

图 5.4　交通银行南京分行旧址(1935)

近代钢筋混凝土建筑的结构形式主要有两大类：(1)钢筋混凝土框架结构；(2)钢筋混凝土内框架结构。近代钢筋混凝土建筑所用的主要材料明显区别于现代建筑，钢筋一般采用方钢(又称竹节钢)，如图 5.5 和图 5.6 所示，外观和构造不同于现代的螺纹钢和圆钢；混凝土的强度偏低，大多低于现代钢筋混凝土建筑的最低强度要求。此外，近代钢筋混凝土建筑的诸多建构特征也明显区别于现代钢筋混凝土建筑，如结构构件的构造做法、楼地面构造、屋顶构造、门窗构造等。因此在对近代钢筋混凝土建筑遗产进行修缮时，务必先弄清楚其原始建筑构造做法，避免修缮做法的差异影响文物本身的历史价值、科学价值和艺术价值，确保文物的真实性和完整性，避免修缮的"过度干预"。

图 5.5　近代竹节钢

图 5.6　近代钢筋混凝土柱中的
钢筋布置

钢筋混凝土结构材料不同于传统木构建筑和砖砌体结构建筑材料，在正常的使用年限内，钢筋在混凝土包裹的碱性环境下能够很好地与混凝土共同工作，发挥其优越的抗拉性能，确保整体结构安全。但如果使用年数过长，钢筋的混凝土保护层不断被碳化，碳化深度超过保护层厚度，钢筋的碱性环境丧失，钢筋就会开始生锈，一旦钢筋锈蚀膨胀就易导致混凝土保护层剥落，钢筋与混凝土之间的黏结力失效，钢筋混凝土构件就丧失承载能力，在不利工况或荷载作用下极易发生局部或整体坍塌，对建筑结构和使用人员造成安全威胁(过程示意如图 5.7 所示)。1980 年 5 月 21 日，使用了仅仅 23 年的民主德国柏林议会大厦由于钢筋锈蚀导致其西南角坍塌，引起了全世界学者对于混凝土结构耐久性问题的重视。美国学者用"五倍定律"说明了混凝土耐久性的重要性，认为混凝土使用寿命可以分为 4 个阶段：(1)设计、施工和养护阶段；(2)出现初始损伤，但无损伤扩展阶段;(3)损伤扩展阶段;(4)出现大量损伤与破坏阶段。如果第一阶段因耐久性设计需要消耗的费用是1,则第二阶段出现轻微耐久性问题便立即修复的费用为5,第三阶段出现耐久性问题才进行修复的费用则是25,第四阶段出现严重耐久性问题之后再进行修复的费用则为125。这一可怕的放大效应,使得各国政府投入大量资金用于混凝土结构的耐久性问题研究。

我国学者在20世纪90年代才开始关注钢筋混凝土结构的耐久性问题研究,主要集中于现代钢筋混凝土建筑、桥梁、水工结构等的研究,对于具有重要价值的近代钢筋混凝土建筑的耐久性问题的研究却鲜有报道。

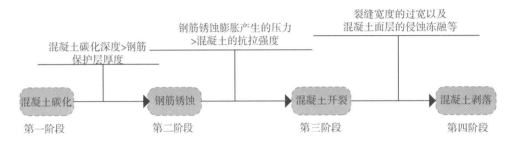

图5.7　混凝土结构损伤过程示意

近代钢筋混凝土建筑使用至今一般已有七八十年的时间,已超出钢筋混凝土结构的正常使用年限,均有不同程度的损伤,如混凝土强度较低、碳化深度过大、钢筋锈蚀、混凝土表面开裂或大面积露筋等现象,而这类建筑大多属于文物建筑,承载了一些重要的历史信息和文化价值,迫切需要得到较好的保护。

国外尤其是欧美发达国家在近代钢筋混凝土建筑方面有着悠久的历史,对其评估及保护技术的研究也较为成熟。1974年,美国的Robert A. Bell针对伊利诺伊州一栋使用了65年的钢筋混凝土建筑,研究了其表面处理措施和修缮技术。1988年,美国的Boothby等对20世纪中期兴建的美国工业用途及军用的一些薄壳混凝土历史建筑进行检查,对这些建筑结构的保护性修缮进行了探讨,并列出了专业的修复措施和步骤。1989年,美国的Coney William B对历史建筑混凝土的修复、保护步骤进行了讨论,并对混凝土劣化原因、现场检测、实验室测试、修复程序及方案规划等进行了探讨。1998年,德国的Kleist Andreas等针对一栋有60年历史的建筑钢筋混凝土结构进行了修复研究,发现采用全面注入丙烯酸酯不仅可以阻止锈蚀发展,而且有利于混凝土的长久保存。2001年,希腊的Batis G等人通过电流测量修复与未修复区域不同类别电腐蚀样本的腐蚀保护效应,证明阻锈剂能够有效抵抗钢筋的锈蚀,减小钢筋混凝土的裂缝发展。2003年,西班牙的Borchardt John对马德里一处历史建筑的加固案例进行了阐述,对原材料进行了检测,使用了碳纤维(CFRP)加固技术,达到了良好的加固效果。

国内目前对近代钢筋混凝土结构保护技术的研究尚处于起步阶段,主要为个案或单项技术的研究。同济大学王婉晔结合厦门集美中学南薰楼修缮改造工程,探讨了历史建筑混凝土结构常规检测、混凝土强度检测、耐久性检测及钢筋质量检测的方法,并对外包钢法、粘贴钢板加固法及碳纤维加固法进行了探讨,提出了该楼的修复方案。华中科技大学石灿峰对武汉市区的历史建筑保护进行了研究,探讨了用于武汉市钢筋混凝土结构历史建筑修缮的结构杆件修复工法、结构杆件加固工法及结构系统加固工法。

5.2 混凝土结构建筑遗产的常见病害

混凝土结构建筑遗产的病害原因主要可以分为内部原因和外部原因。

内部原因是指混凝土自身的一些缺陷,如在混凝土内部存在气泡和毛细管空隙,为空气中的二氧化碳、水分与氧气向混凝土内部的扩散提供了通道。这些自身缺陷来自混凝土结构的设计、材料和施工的不足。

外部原因主要是指自然环境与使用环境。一般环境中的二氧化碳、酸雨等使混凝土中性化,并使其中的钢筋产生锈蚀,而环境温度与湿度等则是影响混凝土开裂及钢筋锈蚀的最主要原因。灾害环境主要指地震、火灾等对结构造成的偶发损伤,这种损伤与环境损伤等因素的共同作用,也将使结构性能随时间进一步恶化。

出现某种病害特征往往不止一种原因,各原因之间相互作用相互影响,使病害情况更加恶化。

通过文献查阅及对工程实例的调研,对钢筋混凝土结构遗产的常见病害进行分析,主要有以下几种类型。

(1)混凝土碳化深度较大

混凝土结构遗产使用至今,一般均已超出其合理使用年限,混凝土表面由于空气和水汽的不断深入,导致碳化深度不断加大,当碳化深度达到或超过保护层厚度时,钢筋就有可能开始锈蚀,影响结构安全。因此,碳化深度较大是近代混凝土常见的一种病害,图 5.8 为碳化深度的现场实测情况。

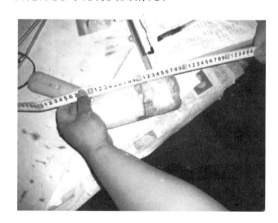

图 5.8 碳化现象

碳化原因:空气中的 CO_2 不断渗入混凝土中,与其孔隙液中的 $Ca(OH)_2$ 进行中和反应生成 $CaCO_3$,使其成分、组织和性能发生物理化学变化。碳化使混凝土脆性变大,但总体不影响混凝土力学性能。混凝土碳化最大的危害是引起钢筋锈蚀。碳化使 pH 值降到 10 以下,最终降为 8.5,而钝化膜在高碱性介质中才稳定,在 pH 值降至 10 以下就会完全失钝。所以当混凝土碳化深度达到钢筋表面时,钢筋钝化膜就会破坏。

笔者修缮的三个近代钢筋混凝土结构现场碳化深度检测结果如下:

① 绍兴大禹陵禹庙大殿,系全国重点文物保护单位,建于 1933 年,其混凝土柱平均碳化深度为 33 mm,最大碳化深度为 45 mm;混凝土梁平均碳化深度为 40 mm,最大碳化深度为 59 mm;混凝土板平均碳化深度为 45 mm,最大碳化深度为 52 mm。

② 南京中山东路 1 号历史建筑,系江苏省文物保护单位,建于 1935 年,其混凝土柱平均碳化深度为 62 mm,最大碳化深度为 70 mm;混凝土梁平均碳化深度为 65 mm,最大碳化深度为 70 mm;混凝土板平均碳化深度为 35 mm,最大碳化深度为 45 mm。

③ 南京大华电影院,系江苏省文物保护单位,建于 1934 年,其混凝土柱平均碳化深度为 63 mm,最大碳化深度为 85 mm;混凝土梁平均碳化深度为 40 mm,最大碳化深度为 52 mm;混凝土板平均碳化深度为 30 mm,最大碳化深度为 46 mm。

(2) 钢筋锈蚀

当混凝土构件的碳化深度达到或超过保护层厚度时,钢筋就有可能开始锈蚀。一般而言,对于近代钢筋混凝土结构,钢筋发生锈蚀可能的概率为混凝土板>混凝土梁>混凝土柱。图 5.9 为混凝土构件的钢筋锈蚀现象。

原因:在多种因素作用下[如混凝土碳化、氯离子侵蚀、环境条件(温度、湿度、浓度等)、混凝土渗透性和保护层厚度、钢筋位置和直径等],混凝土中的钢筋原先在碱性介质中生成的钝化膜被破坏,渐渐失去保护作用,导致钢筋锈蚀,生成的铁锈体积比腐蚀掉的金属体积大 3~4 倍,使混凝土保护层沿纵向开裂,而裂缝一旦产生,钢筋锈蚀速度将大大加快。

对三个近代钢筋混凝土结构的保护层厚度进行分析:

① 绍兴大禹陵禹庙大殿:柱的保护层厚度约为 35~47 mm,梁的保护层厚度约为 33~50 mm,板的保护层厚度约为 30 mm。

② 南京中山东路 1 号历史建筑:柱的保护层厚度约为 22~45 mm,梁的保护层厚度约为 22~32 mm,板的保护层厚度约为 16 mm。

③ 南京大华电影院:柱的保护层厚度约为 23~43 mm,梁的保护层厚度约为 28~40 mm,板的保护层厚度约为 15 mm。

综上,对于近代钢筋混凝土结构而言,梁、柱构件的碳化深度一般已接近甚至超过保护层厚度,板构件的碳化深度一般均已超过保护层厚度。

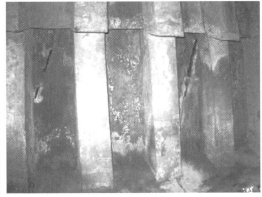

图 5.9 钢筋锈蚀现象

(3) 混凝土强度较低

近代混凝土结构由于建造当初的施工工艺水平低而导致一开始混凝土强度就偏低,再加上后期的性能退化,混凝土强度会进一步降低。

对三个近代钢筋混凝土结构混凝土强度取芯试验结果进行分析:

① 绍兴大禹陵禹庙大殿的混凝土柱和梁的抗压强度最小值为 12.4 MPa,混凝土板的

抗压强度最小值为 10.7 MPa。

②　南京中山东路 1 号历史建筑的混凝土构件的抗压强度最小值为 8.3 MPa。

③　南京大华电影院的混凝土构件的抗压强度最小值为 14.1 MPa。

（4）混凝土开裂或剥落

近代混凝土结构由于长期使用已超出合理年限导致性能退化，或由于材料、构造、受力等不利影响，容易发生开裂（图 5.10），裂缝分为受力裂缝和非受力裂缝两种。

原因：地基的不均匀沉降、混凝土的收缩、温度应力、载荷的作用均会使混凝土产生裂缝；箍筋配筋不足、保护层不够、钢筋锈蚀会使混凝土产生纵向裂缝，碱-集料反应、混凝土化学腐蚀、冻融破坏等也会引起混凝土开裂。

图 5.10　混凝土构件开裂现象

（5）屋面开裂渗水

近代钢筋混凝土结构由于年代久远，材料老化或钢筋锈胀开裂，屋面防水系统失效，从而导致屋面板出现开裂渗水，甚至出现霉变（图 5.11）。

图 5.11　屋面板开裂渗水现象

（6）围护墙体开裂渗水

近代混凝土结构外围护墙体一般采用砖砌，没有与框架柱进行连接，或由于围护墙体基础发生不均匀沉降，容易导致围护墙体出现开裂渗水现象（图 5.12）。

图 5.12　围护墙体开裂渗水现象

5.3　混凝土结构建筑遗产的钢筋材料物理力学性能研究

1. 近代钢筋表面形状特征分析

近些年来,笔者参与了十余个近代钢筋混凝土建筑的加固修缮工程,搜集了共 66 根近代不同区域、不同建筑上的钢筋。如南京中山东路 1 号历史建筑(系江苏省文物保护单位,建于 1935 年,近代钢筋混凝土结构)、南京大华电影院(系江苏省文物保护单位,建于 1934 年,近代钢筋混凝土结构)、常州大成一厂老厂房(系常州市文物保护单位,建于 1935 年,近代钢筋混凝土结构)、南京博物院老大殿(系全国重点文物保护单位,建于 1937 年,近代钢筋混凝土结构)、南京陵园邮局旧址(系南京市文物保护单位,建于 1947 年,近代钢筋混凝土结构)、浙江绍兴大禹陵禹庙大殿(系全国重点文物保护单位,建于 1933 年,近代钢筋混凝土结构)、南京首都大戏院旧址(历史建筑,建于 1931 年,近代钢筋混凝土结构)等建筑。对搜集到的近代方钢表面形状特征进行归纳统计,如表 5.1 所示。

表 5.1　近代方钢表面形状特征统计

截面边长/mm	16.0	21.6	25.7	22.7	22.8	22.5	21.9
横肋间距/mm	28.0	38.0	42.0	36.0	36.0	37.0	44.0
横肋错位/mm	0～6.0	17.0	17.0	15.0	15.0	15.0	20.0
横肋高/mm	2.0	2.0	2.0	2.0	2.0	2.0	2.0
横肋与纵轴夹角	90°	90°	90°	90°	90°	90°	90°

根据文献内容,对近代方钢的外貌特征进行分析,如表 5.1 所示。中国标准 GB/T 1499.2—2007 规定:横肋与钢筋轴线的夹角不应小于 45°;横肋间距不得大于钢筋公称直径的 0.7 倍;钢筋相邻两面上横肋末端之间的间隙总和不应大于钢筋公称周长的 20%;公称直径大于 16 mm 时,相对肋面积不应小于 0.065。英国和欧盟标准 BS EN 10080:2005 规定:横肋高为 0.03～0.15 d;横肋间距为 0.4～1.2 d;横肋与钢筋轴线的夹角不应小于 45°;钢筋相邻

两面上横肋末端之间的间隙总和不应大于钢筋公称周长的25％。公称直径大于12 mm时，相对肋面积不应小于0.056。美国标准ASTM A615/615M规定：横肋高度不小于0.045 d；横肋间距最大为0.7 d；横肋与钢筋轴线的夹角不应小于45°；横肋间距不得大于钢筋公称直径的0.7倍；钢筋相邻两面上横肋末端之间的间隙总和不应大于钢筋公称周长的25％；相对肋面积不应小于0.057。表5.2为用三种文献方法对近代方钢表面形状特征进行计算的结果。

表5.2　近代方钢表面形状特征计算结果

截面边长/mm	16.0	21.6	25.7	22.7	22.8	22.5	21.9
横肋间距/mm	28.0	38.0	42.0	36.0	36.0	37.0	44.0
GB/T 1499.2—2007 规定	≤12.6	≤17.1	≤20.3	≤17.9	≤18.0	≤17.8	≤17.3
BS EN 10080:2005 规定	≤21.6	≤29.3	≤34.8	≤30.7	≤30.9	≤30.5	≤29.7
ASTM A615/615M 规定	≤12.6	≤17.1	≤20.3	≤17.9	≤18.0	≤17.8	≤17.3
横肋高/mm	2.0	2.0	2.0	2.0	2.0	2.0	2.0
GB/T 1499.2—2007 规定	无	无	无	无	无	无	无
BS EN 10080:2005 规定	≥0.54	≥0.73	≥0.87	≥0.77	≥0.77	≥0.76	≥0.74
ASTM A615/615M 规定	≥0.81	≥1.10	≥1.31	≥1.16	≥1.16	≥1.14	≥1.11
横肋间隙总和/mm	16.0	24.0	32.0	25.8	24.9	26.8	24.2
GB/T 1499.2—2007 规定	≤11.3	≤15.3	≤18.2	≤16.1	≤16.2	≤15.9	≤15.5
BS EN 10080:2005 规定	≤14.1	≤19.1	≤22.8	≤20.1	≤20.2	≤19.9	≤19.4
ASTM A615/615M 规定	≤14.1	≤19.1	≤22.8	≤20.1	≤20.2	≤19.9	≤19.4
相对肋面积	—	—	—	—	—	—	—
GB/T 1499.2—2007 模型计算	0.061	0.043	0.037	0.045	0.046	0.043	0.037
BS EN 10080:2005 模型计算	0.038	0.027	0.023	0.028	0.029	0.027	0.023
ACI Committee 408 模型计算	0.051	0.036	0.031	0.038	0.038	0.036	0.031

表5.2中的计算结果表明：近代方钢的横肋高度能满足现行规范要求，但横肋间距、横肋之间的间隙总和、相对肋面积均不能满足现行规范要求。

2. 近代钢筋拉伸试验研究

（1）试验设计

本次试验在南京航空航天大学结构试验室完成，所采用的设备主要为微机控制电液伺服万用试验机。试验按照GB/T 228.1—2021《金属材料拉伸试验第1部分：室温试验方法》的要求执行。本次近代钢筋的拉伸试验共包括36根不同尺寸的方钢和30根不同尺寸的圆钢。图5.13为微机控制电液伺服万用试验机，图5.14为部分试验用钢筋。

（2）试验结果及分析

图5.15和图5.16分别是近代建筑用方钢和圆钢的典型应力-应变曲线，从应力-应变曲线图可以看出，近代建筑用方钢具有一定的屈服台阶，但流幅很小；而近代建筑用圆钢基本无明显屈服台阶。表5.3为近代建筑用钢筋力学性能的试验结果，从表中数据可以看出，近代建筑用方钢的断后伸长率和强屈比均能达到规范对HRB335钢筋的要求，但屈服强度

和极限强度尚达不到规范对 HRB335 钢筋的要求；近代建筑用圆钢的断后伸长率、屈服强度和极限强度均能达到规范对 HPB235 钢筋的要求。

图 5.13　万用试验机

图 5.14　试验用近代钢筋

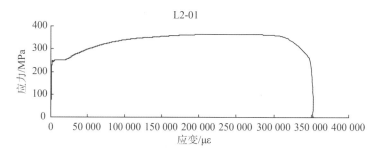

（a）边长 21.6 mm 方钢

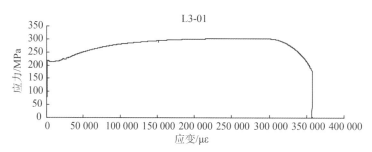

（b）边长 22.8 mm 方钢

图 5.15　近代建筑用方钢典型应力-应变曲线

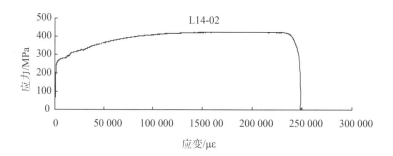

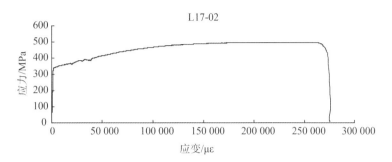

图 5.16　近代建筑用圆钢(直径 6 mm)典型应力-应变曲线

表 5.3　近代建筑用钢筋力学性能试验结果

钢筋类型	断后伸长率	屈服强度/MPa	极限强度/MPa	强屈比	弹性模量/GPa
近代方钢(平均值)	32.25%	278.60	375.86	1.35	181.67
GB/T 1499.2—2007 中的 HRB335	≥17%	≥335	≥455	≥1.25	200
近代圆钢(平均值)	25.08%	350.65	464.37	1.32	224.88
GB/T 1499.1—2008 中的 HPB235	≥25%	≥235	≥370	无规定	210

3. 近代钢筋化学成分及微观形态研究

本次试验主要研究近代钢筋的化学成分(方钢和圆钢各 4 组)、金相组织(方钢和圆钢各 4 组)、SEM 形貌和微区成分(方钢和圆钢各 4 组)。本次试验所用钢筋为拉伸试验之后的钢筋。试验时,采用线切割和车削的方法在钢筋的相关部位取样,用 SPECTRO MAXxLMF-15 火花直读光谱仪和湿法化学分析方法测试样品的化学成分,用 OLYMPUS BX60M 型金相显微镜进行金相组织分析,用 Sirion 型扫描电子显微镜(SEM)进行微观形貌分析。

(1) 化学成分分析

用火花直读光谱仪和湿法化学分析方法进行化学成分测定,近代建筑用方钢和圆钢的化学成分测试结果如表 5.4 所示。

表 5.4　近代建筑用方钢和圆钢化学成分分析结果　　　　　　　　(单位:wt%)

编号	C	Si	Mn	P	S
近代方钢(平均值)	0.08	0.028	0.39	0.068	0.058
GB/T 1499.2—2007 中的 HRB335	≤0.25	≤0.80	≤1.60	≤0.045	≤0.045
EN10025—2—2004 中的 S450J0	≤0.20	≤0.55	≤1.70	≤0.030	≤0.030
ASTM A29/A29M 中的 1013	≤0.16	≤0.30	≤0.80	≤0.040	≤0.050
近代圆钢(平均值)	0.15	0.035	0.40	0.025	0.036
GB/T 1499.1—2008 中的 HPB235	≤0.22	≤0.30	≤0.65	≤0.045	≤0.050
EN10025—2—2004 中的 S450J0	≤0.20	≤0.55	≤1.70	≤0.030	≤0.030
ASTM A29/A29M 中的 1013	≤0.16	≤0.30	≤0.80	≤0.040	≤0.050

由表 5.4 中化学成分的分析结果可知:近代建筑用方钢和圆钢均属于碳素钢材质,且属低碳钢。近代方钢中 C、Si、Mn 含量均能满足现行规范要求,但 P 和 S 含量均高于现行规范

要求。近代圆钢中 C、Mn、P 含量均能满足现行规范要求,但 Si 和 S 含量略高于现行规范要求。硫含量较高会降低钢的韧性,并降低钢的耐腐蚀性。

(2)金相组织分析

由金相分析结果可知,近代建筑用方钢试件的外表面有少量的浅层腐蚀凹坑及部分腐蚀产物。6♯、7♯、8♯三件方钢筋基体中的非金属夹杂物主要为硫化物,而 5♯方钢筋基体中除硫化锰夹杂外,还有氧化铝、氧化硅夹杂物存在。四件方钢筋的表层组织与心部组织相近,其中 6♯、7♯ 和 8♯ 三件方钢筋的基体组织均为铁素体＋极少量珠光体,而 5♯方钢筋的基体组织为铁素体＋珠光体。四件方钢筋的横截面和纵截面晶粒均大体呈等轴状,由此可判断这四件民国建筑用方钢均属热轧带肋钢筋。四件试件的金相组织中均未发现严重的夹杂物、带状组织、魏氏组织等有害组织。图 5.17 和图 5.18 分别为 6♯方钢和 8♯方钢的横截面和纵截面基体组织(200×)。

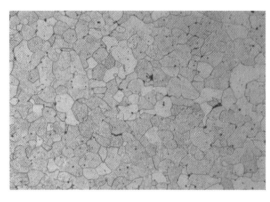 

(a)横截面基体组织　　　　　　　　　　(b)纵截面基体组织

图 5.17　6♯方钢截面基体组织(200×)

(a)横截面基体组织　　　　　　　　　　(b)纵截面基体组织

图 5.18　8♯方钢截面基体组织(200×)

近代建筑用圆钢筋的外表面均有浅层腐蚀凹坑及部分腐蚀产物。1♯、2♯、3♯圆钢筋基体中非金属夹杂物主要为硫化物,4♯圆钢筋基体中除硫化锰夹杂外,还有氧化铝、氧化硅夹杂物存在。四件圆钢筋的表层组织与心部组织相近,其基体组织均为铁素体＋珠光体,且横截面和纵截面晶粒均大体呈等轴状,由此可判断这四件近代建筑用圆钢均属热轧圆钢筋。四件试件的金相组织中均未发现严重的夹杂物、带状组织、魏氏组织等有害组织。

图 5.19 和图 5.20 分别为 1♯圆钢和 3♯圆钢的横截面和纵截面基体组织(200×)。

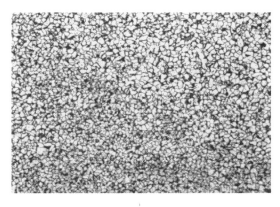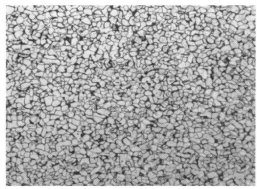

（a）横截面基体组织　　　　　　　　　　　　　　（b）纵截面基体组织

图 5.19　1♯圆钢截面基体组织(200×)

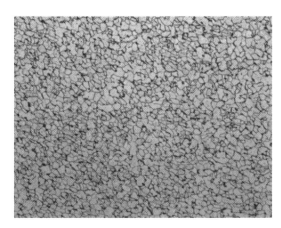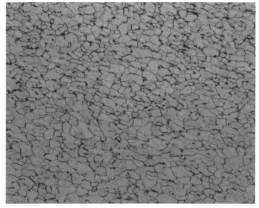

（a）横截面基体组织　　　　　　　　　　　　　　（b）纵截面基体组织

图 5.20　3♯圆钢截面基体组织(200×)

（3）SEM 微观形貌分析

由断口形貌分析结果可知,这四件近代建筑用方钢的拉伸断口特征相同,宏观均表现为方杯锥状的断口形貌。断裂均起源于心部,由心部向外缘扩展,最后断裂区在外缘,断口有明显的宏观塑性变形特征。断口的源区、扩展区和最后断裂区呈现不同形态的韧窝花样。其中源区表现为等轴状的韧窝花样,扩展区表现为抛物线状韧窝花样,最后断裂区表现为拉长的剪切状韧窝花样。四件方钢试件的断口整体呈现韧性断裂特征。图 5.21 为6♯方钢的 SEM 断口形貌分析图。

此外,另四件近代建筑圆钢的拉伸断口特征也相同,宏观均表现为圆杯锥状的断口形貌,断裂均起源于心部,由心部向外缘扩展,最后断裂区在外缘,断口有明显的宏观塑性变形特征。断口的源区、扩展区和最后断裂区呈现不同形态的韧窝花样。其中源区表现为等轴状的韧窝花样,扩展区表现为抛物线状韧窝花样,最后断裂区表现为拉长的剪切状韧窝花样。

四件圆钢试件的断口整体呈现韧性断裂特征。图 5.22 为 1♯圆钢的 SEM 断口形貌分析图。

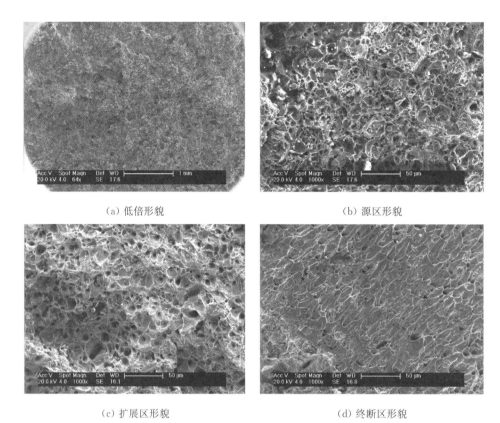

（a）低倍形貌 　　　　　　　　　　　（b）源区形貌

（c）扩展区形貌 　　　　　　　　　　（d）终断区形貌

图 5.21　6♯方钢的 SEM 断口形貌分析

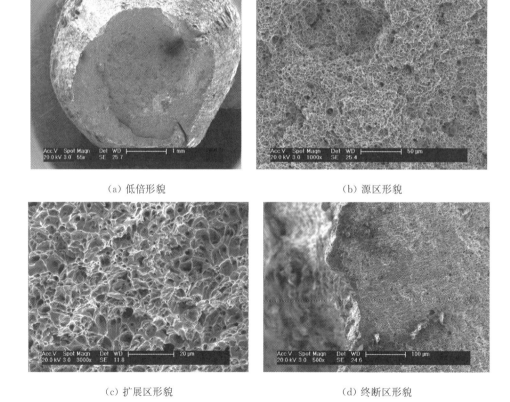

（a）低倍形貌 　　　　　　　　　　　（b）源区形貌

（c）扩展区形貌 　　　　　　　　　　（d）终断区形貌

图 5.22　1♯圆钢的 SEM 断口形貌分析

4. 结语

（1）近代方钢的横肋高度能满足现行规范要求，但横肋间距、横肋之间的间隙总和、相对肋面积均不能满足现行规范要求。

（2）近代建筑用钢筋与现代钢筋混凝土结构用钢筋的物理力学性能有显著差别。近代建筑用方钢的屈服强度平均值为 278.6 MPa，极限抗拉强度平均值为 375.86 MPa，强屈比平均值为 1.35，断后伸长率平均值为 32.25%；而近代建筑用圆钢的屈服强度平均值为 350.65 MPa，极限抗拉强度平均值为 464.37 MPa，强屈比平均值为 1.32，断后伸长率平均值为 25.08%。

（3）近代建筑用方钢和圆钢均属于碳素钢材质，且属低碳钢。近代方钢中 C、Si、Mn 含量均能满足现行规范要求，但 P 和 S 含量均高于现行规范要求。近代圆钢中 C、Mn、P 含量均能满足现行规范要求，但 Si 和 S 含量略高于现行规范要求。

（4）近代建筑用钢筋横截面和纵截面晶粒均大体呈等轴状，属于热轧钢筋类型。

（5）近代建筑用钢筋的断口有明显的宏观塑性变形特征，断口的源区、扩展区和最后断裂区呈现不同形态的韧窝花样，因此，断口整体呈现韧性断裂特征。

5.4　混凝土结构建筑遗产的寿命预测方法研究

近代钢筋混凝土建筑所用的主要材料和现代建筑相比有较为明显的区别，钢筋一般采用方钢（又称竹节钢），形式不同于现代的螺纹钢和圆钢，如图 5.23 所示。混凝土的强度一般较低，基本低于现行混凝土结构设计规范要求的最小值。此外，近代钢筋混凝土建筑的诸多建构特征也明显区别于现代建筑，如受弯构件的高跨比、受压构件的高厚比、梁柱节点的构造、梁柱板钢筋的布置方式、钢筋的保护层厚度等。为了科学、规范地保护这类建筑，需要对其剩余寿命进行分析，再根据其剩余寿命采取相应的保护方法。

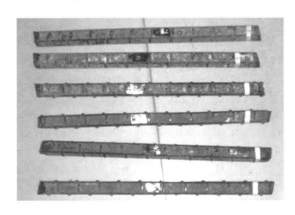

图 5.23　近代钢筋混凝土构件中的方钢

结构的寿命预测方法主要可以分为四类：（1）碳化寿命准则；（2）锈胀开裂寿命准则；（3）裂缝宽度与钢筋锈蚀量控制准则；（4）承载力寿命准则。钢筋混凝土结构的碳化寿命基本上是以混凝土碳化深度达到钢筋表面的时间作为结构寿命终结的标志。碳化寿命预测模型主要可分为理论模型、经验模型和基于理论与试验的实用模型。在理论模型方面，国外的一些学者基于扩散动力学、水泥物理化学等理论提出了多种混凝土碳度的理论模型，其中阿列克谢耶夫模型和 Papadakis 模型得到了广泛的认可。在经验模型方面，朱安民和日本建筑学会等分别给出了以混凝土水灰比为主要参数的经验模型,Lesage-de-Contenay C 和邸小坛等分别给出了以混凝土抗压强度为主要参数的碳化模型。在实用模型方面,张誉、牛荻涛等分别给出了考虑多因素的碳化寿命预测模型。锈胀开裂寿命是以混凝土表面出现顺筋锈胀裂缝所需时间作为结构的寿命。锈胀开裂寿命模型主要可以分为理论模型和经验模型两大类。在理论模型方面,国内外的学者提出多种理论模型,如 Bazant 模型、刘西拉模型、肖从真模型等。在经验模型方面,Andres A 通过电化学快速锈蚀试验,得到了混凝土保护层锈胀开裂时的钢筋锈蚀深度计算公式。牛荻涛、张伟平等也通过试验研究分别给出了相应的模型。

综上所述,目前国内外学者关于钢筋混凝土结构寿命预测的研究基本是针对现代钢筋混凝土结构而言的,由于近代钢筋混凝土结构无论从材料性能还是结构构造上均有别于现代钢筋混凝土结构。因此,照搬现在的寿命预测方法是不够准确的。笔者结合之前加固修缮的多个近代钢筋混凝土结构典型案例,对这类结构的寿命预测方法展开研究。

1. 材料性能及结构构造分析

近代混凝土结构使用至今,早已超出其正常使用年限,混凝土表面由于空气和水汽的不断深入,导致碳化深度不断加大,当混凝土构件的碳化深度达到或超过保护层厚度时,钢筋由于失去混凝土碱性环境的防护,有可能开始加速锈蚀,当发生锈胀开裂时,构件基本丧失承载能力,结构随时可能失效。图 5.24～5.25 为近代钢筋混凝土建筑的典型耐久性问题。

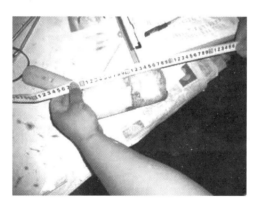

图 5.24　混凝土构件碳化深度过大　　　**图 5.25　混凝土构件内部钢筋锈蚀**

以笔者参与的江浙地区六个近代钢筋混凝土建筑的典型加固修缮工程为例,下文对这六个近代钢筋混凝土结构现场碳化深度检测结果进行分析:

① 绍兴大禹陵禹庙大殿:系全国重点文物保护单位,建于 1933 年,其混凝土柱平均碳化深度 33 mm,平均保护层厚度 40 mm;混凝土梁平均碳化深度 40 mm,平均保护层厚度 41 mm;混凝土板平均碳化深度 45 mm,平均保护层厚度 30 mm。

② 南京中山东路 1 号历史建筑:系江苏省文物保护单位,建于 1935 年,其混凝土柱平均碳化深度 62 mm,平均保护层厚度 34 mm;混凝土梁平均碳化深度 65 mm,平均保护层厚度 27 mm;混凝土板平均碳化深度 35 mm,平均保护层厚度 16 mm。

③ 南京大华电影院:系江苏省文物保护单位,建于 1934 年,其混凝土柱平均碳化深度 63 mm,平均保护层厚度 33 mm;混凝土梁平均碳化深度 40 mm,平均保护层厚度 34 mm;混凝土板平均碳化深度 30 mm,平均保护层厚度 15 mm。

④ 常州大成一厂老厂房:系常州市文物保护单位,建于 1935 年,其混凝土柱平均碳化深度 45 mm,平均保护层厚度 35 mm;混凝土梁平均碳化深度 40 mm,平均保护层厚度

34 mm;混凝土板平均碳化深度 40 mm,平均保护层厚度 20 mm。

⑤ 南京博物院老大殿:系全国重点文物保护单位,建于 1937 年,其混凝土柱平均碳化深度 43 mm,平均保护层厚度 34 mm;混凝土梁平均碳化深度 49 mm,平均保护层厚度 35 mm;混凝土板平均碳化深度 35 mm,平均保护层厚度 20 mm。

⑥ 江苏省会议中心黄埔厅(原国民政府"励志社"):系江苏省文物保护单位,建于 1931 年,其混凝土柱平均碳化深度 45 mm,平均保护层厚度 35 mm;混凝土梁平均碳化深度 54 mm,平均保护层厚度 33 mm;混凝土板平均碳化深度 42 mm,平均保护层厚度 18 mm。

检测结果表明:对于近代钢筋混凝土结构而言,梁、柱构件的碳化深度一般已接近甚至超过保护层厚度,板构件的碳化深度一般均已超过保护层厚度。一般而言,对于这类结构,钢筋发生锈蚀可能的概率为混凝土板>混凝土梁>混凝土柱。

此外,近代混凝土结构由于建造当初的施工工艺水平不高而导致一开始混凝土强度就偏低,再加上后期的性能退化,混凝土强度会进一步降低。对这六个近代钢筋混凝土结构混凝土强度取芯试验结果进行分析,见表 5.5。从表 5.5 中结果可以看出,近代钢筋混凝土结构混凝土强度大多小于现行混凝土结构设计规范中规定的最低值 C20 的要求。

表 5.5　混凝土抗压强度检测结果　　　　　　　　　　　(单位:MPa)

典型案例	绍兴大禹陵禹庙大殿	南京中山东路 1 号	南京大华电影院	常州大成一厂老厂房	南京博物院老大殿	江苏省会议中心黄埔厅
柱抗压强度平均值	15.7	12.4	15.6	17.0	18.0	14.7
梁抗压强度平均值	15.4	11.7	17.8	22.9	23.2	17.6

2. 碳化寿命计算分析

假设近代钢筋混凝土结构与现代钢筋混凝土结构在老化机理方面是相似的。由于目前尚缺乏对近代钢筋混凝土结构的水灰比、单位体积水泥用量等数据的检测方法,故建议在分析近代钢筋混凝土结构碳化寿命时,采用以抗压强度为主要参数的碳化寿命计算模型。本书参考相关文献,引入考虑材料性能和构造影响的修正系数 α,碳化寿命计算公式如下:

$$t_1 = (c/k)^2 \tag{5.1}$$

$$k = 3\alpha k_j k_{CO_2} k_p k_s T^{1/4}(1-RH)\times RH^{1.5}\left(\frac{58}{f_{cuk}}-0.76\right)=\frac{x_c}{\sqrt{t_0}} \tag{5.2}$$

式中,t_1 为碳化寿命(a);c 为混凝土保护层厚度;k 为碳化系数;k_j 为位置影响系数,角部取 1.4,非角部取 1.0;k_{CO_2} 为 CO_2 浓度影响系数,人群密集(如教学楼、影剧院)时取 3.2~2.7,人群较密集(如医院、商店)时取 2.7~2.1,人群密集程度一般(如住宅、办公楼)时取 2.1~1.6,人群稀少(如车库、地下停车场)时取 1.6~1.1;k_p 为浇筑面修正系数,浇筑面取 1.3,非浇筑面取 1.0;k_s 为工作应力影响系数,受压时取 1,受拉时取 1.2;RH 为环境湿度(%);T 为环境温度(℃);f_{cuk} 为混凝土强度标准值(MPa);x_c 为实测碳化深度(mm);t_0 为结构建成至检测时的时间(a)。

结合这六个典型案例进行分析,通过回归得出 $\alpha=0.86$,因此,建议近代钢筋混凝土结构的碳化寿命计算公式为:

$$t_1 = \left[\frac{c}{3\times 0.86\times k_j k_{CO_2} k_p k_s T^{1/4}(1-RH)\times RH^{1.5}\left(\frac{58}{f_{cuk}}-0.76\right)}\right]^2 \tag{5.3}$$

3. 剩余寿命计算分析

近代钢筋混凝土建筑多为文物建筑或保护性历史建筑,安全性要求高,因此,对其使用寿命建议取锈胀开裂寿命,由于未对案例中的钢筋锈蚀程度进行检测,故参考相关文献,锈胀开裂寿命计算公式如下:

$$t_{cr} = t_1 + \frac{\delta_{cr}}{\lambda} \tag{5.4}$$

$$\lambda = 5.92k_{cl}(0.75 + 0.012\,5T)(RH - 0.50)^{2/3}c^{-0.675}f_{cuk}^{-1.8} \tag{5.5}$$

$$\delta_{cr} = 0.012c/d + 0.000\,84f_{cuk} + 0.018 \tag{5.6}$$

式中,δ_{cr} 为临界钢筋锈蚀深度(mm);λ 为钢筋锈蚀速率(mm/a);k_{cl} 为钢筋位置修正系数,角部钢筋取 1.6,非角部钢筋取 1.0;c 为混凝土保护层厚度;f_{cuk} 为混凝土强度标准值(MPa);T 为环境温度(℃);RH 为环境湿度(%);t_1 为碳化寿命(a);t_{cr} 为锈胀开裂寿命(a)。

依据碳化寿命计算公式和锈胀开裂寿命计算公式,得出这几个近代钢筋混凝土建筑的剩余寿命,见表 5.6。从表 5.6 中可以看出,这些近代钢筋混凝土建筑目前均已超过其碳化寿命,和实际检测情况基本吻合,而其剩余寿命基本在 10 年以内。

表 5.6　近代钢筋混凝土建筑剩余寿命计算

典型案例	绍兴大禹陵禹庙大殿	南京中山东路 1 号	南京大华电影院	常州大成一厂老厂房	南京博物院老大殿	江苏省会议中心黄埔厅
碳化寿命	52 年	38 年	36 年	40 年	38 年	40 年
锈胀开裂寿命	90 年	59 年	68 年	80 年	82 年	70 年
已使用寿命	79 年	77 年	78 年	77 年	75 年	81 年
剩余寿命	11 年	无	无	3 年	7 年	无

4. 结语

近代钢筋混凝土结构大多为文物建筑或保护性历史建筑,承载着一些历史文化信息,迫切需要科学化、规范化的保护。本书结合笔者加固修缮的绍兴大禹陵禹庙大殿、南京中山东路 1 号历史建筑、南京大华电影院、常州大成一厂老厂房、南京博物院老大殿以及江苏省会议中心黄埔厅六个近代钢筋混凝土结构的实际检测和调研结果,对这类建筑的寿命预测方法进行了研究,得出了一些有价值的结论:

(1)近代钢筋混凝土结构的耐久性问题主要有混凝土碳化深度较大、钢筋锈蚀、混凝土强度较低等。通常这类建筑的梁、柱构件的碳化深度已接近甚至超过保护层厚度,板构件的碳化深度一般均已超过保护层厚度。钢筋发生锈蚀可能的概率为混凝土板＞混凝土梁＞混凝土柱。

(2)结合典型近代钢筋混凝土结构案例,对传统的碳化寿命计算方法进行修正,提出了适用于近代钢筋混凝土结构的碳化寿命计算方法。

(3)建议近代钢筋混凝土建筑的使用寿命取锈胀开裂寿命,通过计算分析可知,近代钢筋混凝土建筑的剩余寿命基本在 10 年以内,因此,迫切需要对这类建筑进行加固修缮。

5.5　混凝土结构建筑遗产的保护技术

考虑到近代混凝土结构大多为文物建筑或保护性历史建筑,因此,加固修缮设计需满足以下几个原则:

（1）依法保护及有效保护的原则

依据和遵循《文物保护法》及相关法规，有效保护文物本体，文物本体获得有效的修缮是加固修缮设计的基本工作原则。

（2）真实性的原则

最大限度地保存该类建筑的历史信息与原真性，尽量保存遗存构件的全部或大部，当构件缺少安全保障时，采用原材料、原工艺、原型制进行加固修缮。

（3）可识别的原则

在加固修缮时，对于更换或新加构件，应使新构件与旧构件有所区别。

（4）最小干扰的原则

在做到加固修缮充分可靠有效治本的前提下，减少其他不必要的措施，尽量减少加固修缮对原状的干扰。

1. 混凝土柱

对于混凝土柱构件，可根据不同的损伤程度制定以下加固修缮方案：

（1）若检测结果表明混凝土碳化深度小于钢筋保护层厚度，可在表面涂抹渗透型混凝土耐久性防护涂料。涂料要求：必须具有很好的抗侵蚀性和抗老化性；能与混凝土表面很好地结合，并对下一道的外装饰工序和工程的整体外观无不利影响。考虑到有机硅涂料的耐久性问题，建议采用水泥基的无机涂料进行防护处理。水泥基渗透结晶型涂层材料是由普通硅酸盐水泥、精细石英砂和各种特殊的活性物质混配而成的防水防腐材料，涂在混凝土表面能水化并形成大量的凝胶状结晶，它吸水膨胀好比一个"弹性体"起到密实和防护的作用。而且其中含有低分子量的可溶性物质，可通过表面水对结构内部的浸润，被带入内部孔隙中，与混凝土中的 $Ca(OH)_2$ 生成膨胀的硅酸盐凝胶，堵塞混凝土内部的孔隙，使混凝土结构从表面至纵深逐渐形成一个致密区域，阻止水分子和有害物质的侵入。

（2）若检测结果表明混凝土碳化深度接近钢筋保护层厚度，钢筋尚未锈蚀，可采用满裹碳纤维布（图 5.26）或外包钢板（图 5.27）的方法进行加固。这样一方面隔绝了空气与混凝土柱的直接接触，避免碳化的进一步发展；另一方面提高了混凝土柱的承载力。

图 5.26　满裹碳纤维布加固柱

图 5.27 外包钢板加固柱

（3）若检测结果表明混凝土碳化深度大于钢筋保护层厚度，且钢筋已开始锈蚀，可先将表面混凝土碳化层凿除，对已经锈蚀的钢筋进行除锈处理，视情况和结构需要加补钢筋。然后采用聚合物砂浆或灌浆料进行修复（图 5.28）。加固修复后的结果：一方面恢复或提高了混凝土柱的承载能力；另一方面确保了混凝土柱的耐久性，阻止或尽可能地减缓外界有害气体进入混凝土内，使其内部和钢筋一直处在碱性环境中。

图 5.28 灌浆料加固柱

2. 混凝土梁

对于混凝土梁构件，可根据不同的损伤程度制定以下加固修缮方案：

（1）若检测结果表明混凝土碳化深度小于钢筋保护层厚度时，可在表面涂抹渗透型混凝土耐久性防护涂料。涂料要求：必须具有很好的抗侵蚀性和抗老化性；能与混凝土表面很好地结合，并对下一道的外装饰工序和工程的整体外观无不利影响。

（2）若检测结果表明混凝土碳化深度接近钢筋保护层厚度，钢筋尚未锈蚀，可采用满裹碳纤维布（图 5.29）或外包钢板的方法进行加固。这样一方面隔绝了空气与混凝土梁的直接接触，避免碳化的进一步发展；另一方面适当地提高了混凝土梁的承载力。

（3）若检测结果表明混凝土碳化深度大于钢筋保护层厚度，且钢筋已开始锈蚀，可先将表面混凝土碳化层凿除，对已经锈蚀的钢筋进行除锈处理，视情况和结构需要加补钢筋。

图 5.29 满裹碳纤维布加固梁

然后采用聚合物砂浆或灌浆料进行修复(图 5.30)。加固修复后的结果:一方面恢复或提高了混凝土梁的承载能力;另一方面确保了混凝土梁的耐久性,阻止或尽可能地减缓外界有害气体进入混凝土内,使其内部和钢筋一直处在碱性环境中。

图 5.30 灌浆料加固梁

3. 混凝土板

近代钢筋混凝土建筑的楼、屋面板一般损坏较为严重,容易出现开裂或漏水现象,会影响楼、屋面板的结构安全,可根据不同的损伤程度制定以下加固修缮方案:

(1)当混凝土板损伤程度不大时,可采用钢筋网聚合物砂浆修复技术在原混凝土板底部新增一层 30 mm 厚的叠合板进行加固。加固修复后的结果:一方面恢复或提高了混凝土板的承载能力;另一方面确保了混凝土板的耐久性和防水性。

(2)当混凝土板损伤程度较大时,可将混凝土板采用无损切割技术进行拆除(图5.31),然后采用植筋技术重新配置钢筋,浇筑新的混凝土板(图 5.32),这种方法可以最大限度地提高混凝土板的耐久性和承载力。

4. 其余加固修缮技术

(1)植筋技术

这是一项针对混凝土结构较简捷、有效的连接与锚固技术。可植入普通钢筋,也可植入螺栓式锚筋。该技术已广泛应用于既有建筑物的加固改造工程,如混凝土构件加大截面法加固的补筋、上部结构扩跨、梁柱构件的接长、新增钢结构构件与原有混凝土构件的连接节点的植筋等。图 5.33 为植筋技术示意图。

图 5.31　混凝土板无损切割　　　　　图 5.32　混凝土板置换

图 5.33　植筋技术

（2）裂缝修补技术

裂缝修补技术是根据混凝土裂缝的起因、形状和大小，采用不同封护方法进行修补，使结构因开裂而降低的使用功能和耐久性得以恢复的一种专门技术。适用于既有混凝土结构中各类裂缝的处理，但对受力性裂缝，除修补外，尚应采用相应的加固措施。一般对于裂缝宽度大于 0.2 mm 的裂缝，应进行注胶封闭处理；对于裂缝宽度不超过 0.2 mm 的裂缝，可仅做封闭处理。图 5.34 为裂缝修补技术示意图。

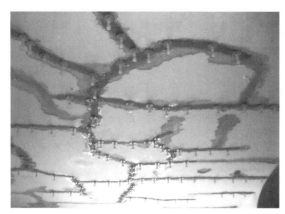

图 5.34　裂缝修补技术

（3）碳化混凝土修复技术

碳化混凝土修复技术是指通过恢复混凝土的碱性（钝化作用）或增加其阻抗而使碳化造成的钢筋腐蚀得到遏制的技术。

（4）混凝土表面处理技术

混凝土表面处理技术是指采用化学方法、机械方法、喷砂方法、真空吸尘方法、射水方法等清理混凝土表面污痕、油迹、残渣以及其他附着物的专门技术。

（5）混凝土表层密封技术

混凝土表层密封技术是指采用柔性密封剂充填、聚合物灌浆、涂膜等方法对混凝土进行防水、防潮和防裂处理的技术。

5.6　案例 1　江苏省文物保护单位：南京大华大戏院旧址门厅加固修缮工程

1. 工程概况

南京大华大戏院旧址位于南京市中山南路 67 号，于 1934 年开始建造，是由美籍华人司徒英铨集资建造，著名建筑大师杨廷宝主持设计，1936 年对外营业，是当时南京最大、最豪华的影剧院，新中国成立后改名为大华电影院。2002 年，大华电影院被江苏省人民政府列为省级文物保护单位。大华电影院门厅东西朝向，长约 21.3 m，宽约 33.0 m，建筑面积约 1 136 m²。主体结构为二层，系钢筋混凝土框架结构，除二层南北两侧耳房楼面为木楼面外，其余楼屋面均为现浇钢筋混凝土。底层层高 4.20 m，二层层高 3.81 m。门厅内的圆柱、栏杆、天花、墙壁、梁枋彩绘以及雕饰，具有浓郁的民族特色，为南京近代优秀建筑之一，对于当代民国建筑的研究具有很高的价值。该建筑现状及二层结构平面图分别见图 5.35、图 5.36。

图 5.35　大华大戏院旧址楼现状图

2. 检测鉴定

大华电影院门厅使用至今已 80 多年，远超出现行国家设计规范的合理使用年限，已出现较为严重的老化现象，存在结构安全隐患。为了解该建筑的安全现状，为加固改造技术依据，对其进行了结构安全性鉴定。南京地区抗震设防烈度为 7 度，设计基本地震加速度值为 0.10 g（第一组），该建筑抗震设防类别为丙类。

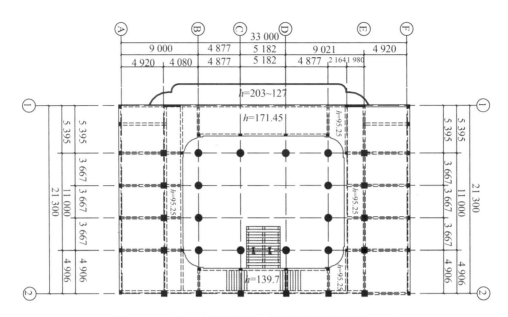

图 5.36　大华大戏院旧址楼二层结构平面图(单位:mm)

(1) 检测内容

由于该建筑的原始设计图纸资料不全,先进行了现场量测,包括结构布置、结构形式、截面尺寸、支承与连接构造、结构材料等。然后,对该建筑主体结构的现状进行一般调查,包括结构上的作用,建筑物内外环境的调查;对各种构件(混凝土梁、板、柱、砖墙)的外观结构缺陷进行逐个检查。梁、柱承重构件外观虽然较完整,但部分构件内部已开始出现钢筋锈蚀,部分板构件出现明显露筋现象,局部外墙出现渗水现象,如图 5.37 所示。

为了对主体结构进行复核计算,需了解材料强度和构件配筋情况。采用钻孔取芯法测得混凝土抗压强度推定值为 14.1 MPa。采用贯入法对外墙砂浆的抗压强度进行了检测,测得砂浆强度等级为 M0.8。对混凝土主要构件的保护层厚度和碳化深度的检测结果为:柱保护层厚度约为 20～40 mm,梁保护层厚度约为 20～30 mm,板保护层厚度约为 15 mm;混凝土柱平均碳化深度为 63 mm,最大碳化深度为 85 mm;混凝土梁平均碳化深度为 40 mm,最大碳化深度为 52 mm;混凝土板平均碳化深度为 30 mm,最大碳化深度为 46 mm,已超过保护层厚度,导致混凝土构件内的钢筋出现锈蚀现象,如图 5.38 所示。

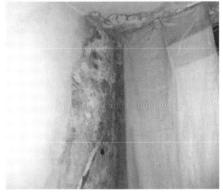

图 5.37　混凝土构件露筋和外墙渗水

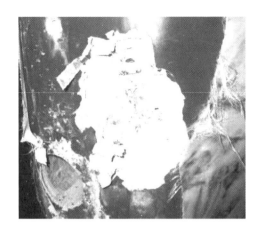

图 5.38 混凝土构件内部钢筋锈蚀和碳化深度较大

(2) 鉴定内容

该建筑仅包含一个鉴定单元,划分为地基基础、上部承重结构两个子单元,上部承重结构中的主要构件包括混凝土柱、梁、板。综合现场检测和计算分析得出鉴定结论:该建筑主体结构布局合理,传力路线基本明确;地基基础较稳定,未发现明显沉降裂缝、变形或位移等不均匀沉降迹象;柱、梁和板等混凝土构件由于混凝土碳化深度过大且局部破损较为严重,同时混凝土强度较低,并存在钢筋锈蚀膨胀、混凝土剥落等现象,加之早期设计时构件构造不尽合理,其部分构件承载能力、整体耐久性均不满足现行规范要求;外墙没有与混凝土主体结构进行可靠连接,且出现渗水现象,不满足现行规范规定的构造和耐久性的要求。该建筑主体结构计算模型见图 5.39。

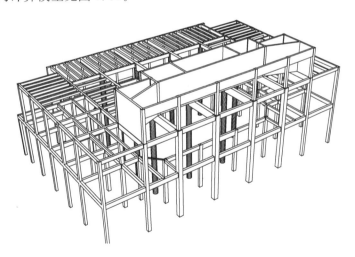

图 5.39 计算模型

3. 加固设计

(1) 加固设计原则

该建筑为江苏省重点文物保护单位,因此本次加固修缮设计严格按照《文物保护法》《文物保护法实施条例》和《文物保护工程管理办法》的有关规定执行,即不改变建筑原有立面和初始格局,同时在加固修缮设计中满足业主对该建筑赋予新功能的要求,确保结构安全。

① 完整真实的原则

加固之前,对该建筑做全面深入的研究,包括其原始图纸文档、资料照片以及媒体报道等,力求全面地把握文物建筑完整的面貌和历史,从而在加固过程中真正做到原汁原味、真实有据。

② 可识别的原则

充分尊重文物建筑的历史原状,慎重对待文物建筑的历史缺失和历史增建。尽量保留前者,又要使后者与原状保持相当的可识别性。

③ 可读性的原则

保留文物建筑的可读性,是延拓文物建筑文化价值的重要工作,发掘文物建筑的历史故事,尽量保留文物建筑的材料、部件和施工及安装方法,是保证文物建筑可读性的重要工作。

④ 最小干扰的原则

在做到加固充分可靠有效治本的前提下,减少其他不必要的加固措施,减少加固对原状的干扰。

（2）加固内容

根据加固设计原则和现场检测鉴定的结果,对各种加固方案进行比较选择,针对不同构件加固补强的要求,采用优化的加固方法以满足建筑物各项功能要求。

① 基础加固

该建筑框架柱基础均为钢筋混凝土独立基础(下设短木桩复合地基),外墙基础为条形基础(下设短木桩复合地基)。考虑到在本次加固修缮过程中,楼、屋面板采用聚合物砂浆面层加固,荷载有一定程度增加,故采用钢筋混凝土加大截面法和增设基础连梁进行基础加固,以提高基础的承载力和整体性。图 5.40 和图 5.41 分别为框架柱基础加固图和现场施工图。

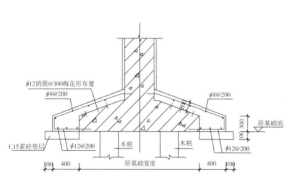

图 5.40 基础加固图(单位:mm)

图 5.41 基础加固现场施工

② 混凝土柱加固

对于混凝土柱构件,尤其是中庭 12 根圆柱最为重要。由于混凝土强度等级为 C14,且柱构件的碳化深度均已超过保护层厚度,内部钢筋已开始出现不同程度的锈蚀。因此,迫切需要对其进行加固处理。考虑到中庭圆柱在建筑中的比例和尺度非常协调,要求加固不能改变其直径。因此,采用外包钢方法对柱构件进行加固,以提高柱构件的承载能力和耐久性能。图 5.42 和图 5.43 分别为混凝土柱加固图和现场施工图。

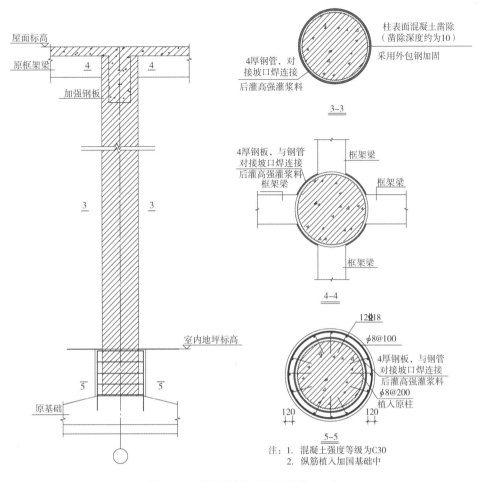

图 5.42 混凝土柱加固图(单位:mm)

图 5.43 混凝土柱加固现场施工

③ 混凝土梁加固

对于混凝土梁构件,由于混凝土强度较低,且构件的碳化深度均已超过保护层厚度,内部钢筋已开始出现不同程度的锈蚀,部分梁构件出现明显露筋现象。因此,迫切需要对其进行加固处理,除部分屋面处的密肋梁采用满裹碳纤维布进行加固外,其余梁构件均采用钢筋混凝土增大截面法进行加固。为了最大限度地保存文物建筑本体,仅将构件表面保护层凿除,露出箍筋和纵筋,进行钢筋表面除锈处理后,采用加固型混凝土进行浇筑,这种加固材料具有早强高强、自流态免振捣、微膨胀无收缩、耐久性和耐候性好、低碱耐蚀的优点,能满足较小的浇筑尺寸要求。图5.44和图5.45分别为混凝土梁加固图和现场施工图。

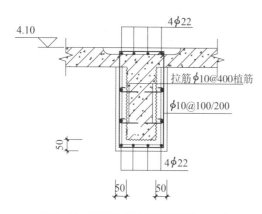

图 5.44　混凝土梁加固图(单位:mm)

图 5.45　混凝土梁加固现场施工

④ 混凝土板加固

对于混凝土板构件,由于板筋锈蚀明显以及布置不尽合理,故对其进行加固。除门厅入口处悬挑雨棚板采用钢筋网聚合物砂浆修复技术在原板顶新增一层30 mm厚的叠合板外,其余均采用钢筋网聚合物砂浆修复技术在原楼、屋面板底部新增一层30 mm厚的叠合板。加固修复后的结果:一方面恢复或提高了混凝土板的承载能力,另一方面确保了混凝土板的耐久性和防水性。图5.46和图5.47分别为混凝土板加固图和现场施工图。

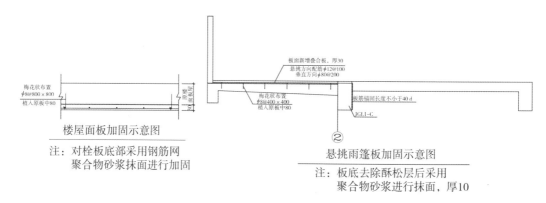

图 5.46　混凝土板加固图(单位:mm)

⑤ 混凝土楼梯加固

该建筑的楼梯为钢筋混凝土梁式楼梯,为了增加楼梯的耐久性,且不影响楼梯的原有风貌,对其下部进行加固处理,采用钢筋混凝土增大截面法进行加固,采用的加固材料为加固型混凝土。图5.48和图5.49分别为混凝土楼梯加固图和现场施工图。

图 5.47　混凝土板加固现场施工

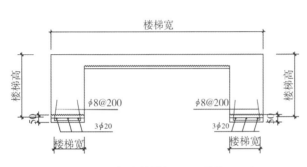

图 5.48　混凝土楼梯加固图(单位:mm)　　　　图 5.49　混凝土楼梯加固现场施工

⑥ 墙体加固

该建筑外墙采用烧结黏土青砖和石灰砂浆砌筑,青砖和砂浆风化较为严重,且外墙与框架主体构件之间未采取拉结措施,多片墙体出现渗水现象。因此,在本次加固修缮中,对外墙采用单面钢筋网水泥砂浆抹面进行加固,一方面提高外墙的整体性和主体结构的可靠连接,另一方面解决了外墙的渗水现象。图 5.50 和图 5.51 分别为外墙加固图和现场施工图。

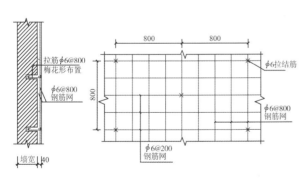

图 5.50　外墙加固图(单位:mm)　　　　　图 5.51　外墙加固现场施工

4. 结语

南京大华电影院门厅是较为典型的钢筋混凝土框架结构民国建筑,这种类型的民国建筑大多为文物建筑,留存至今不仅有承载力不足的问题,而且存在混凝土碳化和内部钢筋锈蚀等耐久性问题。因此,迫切需要对其进行加固修缮,笔者希望通过介绍大华电影院门厅加固设计施工工艺,给同行提供一些类似工程加固设计方法的参考。希望重点注意以下几点:

(1)在加固设计前,应对建筑物进行详细的检测和鉴定,为加固设计提供可靠的依据。

(2)在加固设计中,应充分考虑文物建筑加固的原则要求,选择符合文物保护原则下的技术可行、施工方便和经济合理的加固方法。应在满足结构安全和功能使用要求的同时,尽可能保留和利用原构件,并充分发挥其潜能。

(3)加固设计中应采取有效构造措施保证新老结构之间实现可靠连接,确保共同工作。

(4)在加固方案中尽量使用无机材料,提高加固后结构的耐久性。

5.7 案例2 全国重点文物保护单位:绍兴大禹陵禹庙大殿加固修缮工程

1. 工程概况

民国时期的钢筋混凝土建筑不同于现代建筑,在材料性能、设计理念和建构特征上不能同现代钢筋混凝土建筑相提并论,它是处在一个由古建筑结构形式向现代建筑结构形式过渡的历史时期。这类型钢筋混凝土结构使用至今一般已有七八十年的时间,已超出钢筋混凝土结构的正常使用年限,均有不同程度的损伤,存在混凝土强度较低、碳化深度过大、钢筋锈蚀、混凝土表面开裂等现象,而它们大多属于文物建筑或保护性历史建筑,承载了一些重要的历史信息和文化价值,迫切需要得到较好的保护。本书以民国仿木构钢筋混凝土结构绍兴大禹陵禹庙大殿为例,综合考虑历史性、艺术性和科学性,对其适应性加固技术进行研究。

绍兴大禹陵禹庙大殿位于浙江省绍兴市东南 6 km 的会稽山麓,现为全国重点文物保护单位。该大殿系 1933 年重建,为钢筋混凝土仿清初木构建筑形式,建筑面积 512 m²,主体结构系二重檐歇山顶仿古钢筋混凝土框架结构,外填充墙为青砖砌体。该建筑气势雄伟,斗拱密集,画栋朱梁,高 20 m,宽 23.9 m,进深 21.45 m,正中央大禹塑像高 5.85 m,是近代最早的几个钢筋混凝土仿木构形式建筑之一,是近代民族形式建筑的重要实例,也是研究近代建筑彩绘艺术发展、演变不可多得的实物资料,具有重要的文物价值。图 5.52 和图 5.53 分别为该建筑的现状及剖面图。

图 5.52　大禹庙大殿现状

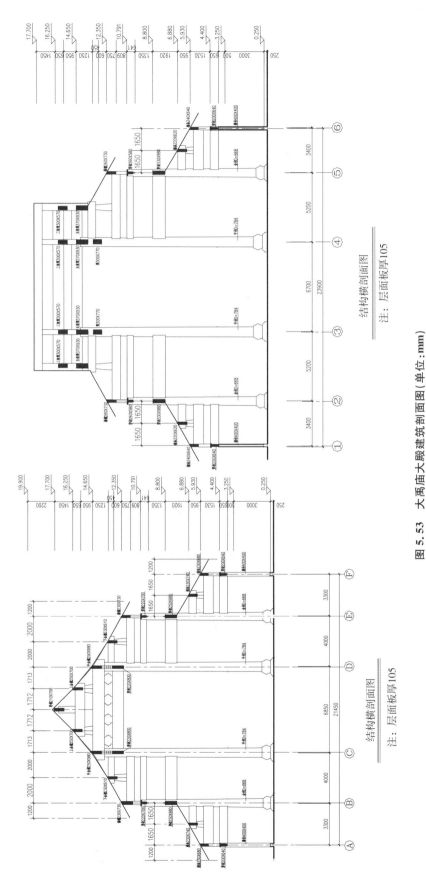

图 5.53　大禹庙大殿建筑剖面图（单位：mm）

2. 检测鉴定

该建筑使用至今已有80多年,远超出现行国家设计规范的合理使用年限。期间经历多次修缮,但原始设计资料不全,修缮资料也不完整。为了解该建筑的安全现状,为加固修缮提供技术依据,对其进行了结构安全性鉴定。绍兴地区抗震设防烈度为6度,设计基本地震加速度值为0.10 g(第一组),该建筑抗震设防类别为丙类。

(1)检测内容

由于缺少原始设计资料,对该建筑先进行了现场量测,包括结构布置、结构形式、截面尺寸、支承与连接构造、结构材料等。然后,对该建筑主体结构的现状进行一般调查,包括结构上的作用,建筑物内外环境的调查;对各种构件(混凝土梁、板、柱、砖墙)的外观结构缺陷进行逐个检查。混凝土柱外观较完整,无明显损伤现象;混凝土梁和板局部存在开裂露筋的现象。

为了对主体结构进行复核计算,需了解材料强度和构件配筋情况。采用钻孔取芯法测得混凝土梁柱的抗压强度最小值为12.4 MPa,混凝土板的抗压强度最小值为10.7 MPa。钢筋的抗拉强度设计值根据检测结果结合其他同一时期民国建筑的钢筋强度值综合考虑取220 MPa。对混凝土主要构件的保护层厚度和碳化深度的检测结果如下:柱的碳化深度约为23~40 mm,保护层厚度约为35~47 mm,虽没有明显锈蚀或开裂现象,但碳化深度已接近保护层厚度;梁的碳化深度约为35~50 mm,保护层厚度约为33~50 mm,碳化深度已接近甚至超过保护层厚度,部分梁纵筋和箍筋出现轻微锈蚀,局部梁已出现开裂露筋的严重现象,如图5.54所示,角梁开裂现象严重;板的碳化深度约为40 mm,保护层厚度约为30 mm,碳化深度已超过保护层厚度,板筋已开始锈蚀,屋面板底部普遍存在渗水、老化、局部剥落、开裂露筋现象,如图5.55所示。

图5.54 混凝土梁开裂露筋

(2)鉴定内容

该建筑仅包含一个鉴定单元,划分为地基基础、上部承重结构两个子单元,上部承重结构中的主要构件包括混凝土柱、梁、板。综合现场检测和计算分析,得出鉴定结论:该建筑主体结构布局合理,传力路线基本明确;地基基础较稳定,未发现明显沉降裂缝、变形或位移等不均匀沉降迹象;梁和板等混凝土构件由于混凝土碳化深度过大且局部破损较为严重,对内部钢筋已丧失保护作用,同时混凝土强度较低,并存在钢筋锈蚀膨胀、混凝土剥落等现象,加之早期设计时构件构造不合理,其承载能力、抗震性能及耐久性均不满足现行规范要求;外墙没有与混凝土主体结构进行可靠连接,且出现渗水现象,不满足现行规范规定

图 5.55 混凝土板开裂露筋

的构造和耐久性要求。

(3) 有限元模拟分析

近代混凝土结构不同于现代混凝土结构,其材料、构造及建筑形式均与现代结构有所不同,一般不能采用常规的结构计算软件(如 PKPM)进行分析,这时需要采用三维有限元计算软件进行计算分析,如 SAP2000、MIDAS 等软件。对绍兴大禹陵禹庙大殿的详细计算分析,可为近代钢筋混凝土结构计算分析提供典型参考。

① 计算参数

采用 SAP2000 有限元软件进行计算分析。结构计算时,结构布置、构件几何尺寸、构件自重等按测绘结果取。活荷载取值:屋面活荷载取 $s_0 = 0.70$ kN/m²,屋面恒荷载取 $s_1 = 2.0$ kN/m²(不包括屋面板自重);基本风压取 $w_0 = 0.45$ kN/m²;考虑 6 度抗震设防。材料强度根据检测结果并结合工程经验取值,梁、柱混凝土强度按 C12.4,板混凝土强度按 C10.7,钢筋的抗拉强度设计值根据检测结果结合其他同一时期民国建筑的钢筋强度值综合考虑取 220 MPa。

② 有限元分析结果

禹庙大殿为空间杆件结构体系,结构主要由柱、梁、檩条、斗拱、屋面板等构件组成,图 5.56 为大殿的 SAP2000 有限元模型,结构阻尼比取 0.05。模型中包含连接节点单元 259 个,杆件单元 570 个。

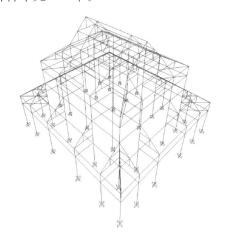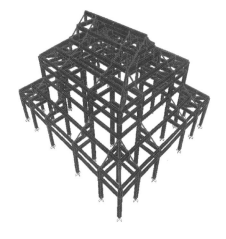

图 5.56 禹庙大殿有限元计算模型

通过对大殿结构的模态分析,得出其前四阶振型,如图 5.57 所示。其前十阶自振频率在 2.764 7~9.017 1 Hz 之间,如表 5.7 所示。

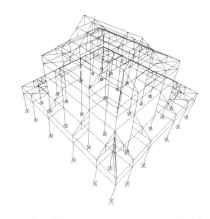 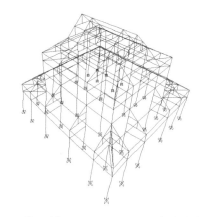

(a) 第一阶振型(T_1=0.361 7 s,面阔向平动)　　(b) 第二阶振型(T_2=0.355 0 s,进深向平动)

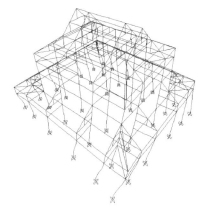 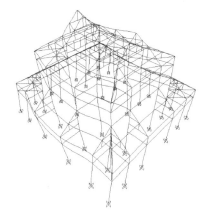

(c)第三阶振型(T_3=0.313 3 s,扭转振动)　　(d) 第四阶振型(T_4=0.176 5 s,进深方向对称弯曲振动)

图 5.57　大殿模态振型

表 5.7　大殿前十阶自振周期和自振频率

振型	自振周期	自振频率	振型	自振周期	自振频率
1	0.361 7 s	2.764 7	6	0.137 0 s	7.299 3
2	0.355 0 s	2.817 0	7	0.125 4 s	7.974 5
3	0.313 3 s	3.191 8	8	0.114 4 s	8.741 3
4	0.176 5 s	5.665 7	9	0.112 8 s	8.865 2
5	0.173 8 s	5.753 7	10	0.110 9 s	9.017 1

从动力分析的结果可以看出,大殿在风荷载或地震荷载作用下,最容易出现的变形依次是面阔向平动、进深向平动或扭转振动,扭转振型出现在第三阶,大殿的整体结构布置符合结构抗震要求。

此外,通过 SAP2000 对大殿结构进行了静力计算,对比构件实际配筋检测结果,大殿构件配筋基本能满足计算要求。大殿中柱、金柱和檐柱轴压均满足规范要求。

最后,综合实际检测鉴定结果以及计算结果进行分析。对于柱构件:虽然承载力和轴压比均满足要求,但耐久性存在问题,考虑到四根中柱的受力最大,而四根角柱在地震时承受双向作用,扭转效应对内力影响较大,受力复杂,故对大殿四根中柱及四根角柱进行加固。对于梁构件:虽然承载力和刚度均满足要求,但耐久性存在较大问题,考虑到梁构件表面基本均有彩画,为最大限度地保护彩画,对主要受力梁进行加固,对非受力梁基本不做处理,仅对裂缝灌注结构胶。对于板构件:由于板破损严重且板筋构造不当,故对屋面板进行全面加固。

3. 加固设计

(1) 加固设计原则

该建筑为全国重点文物保护单位,因此本次加固修缮设计严格按照《文物保护法》《文物保护法实施条例》和《文物保护工程管理办法》的有关规定执行,即不改变建筑原有立面和初始格局,同时在加固修缮设计中确保结构安全。

① 完整真实的原则

最大限度保存原状及历史信息,保护文物建筑的建筑风格和特点,除加固修缮设计中为了更好地保护文物建筑结构安全而采取的加固措施外,其他所有修缮材料均应坚持使用原材料、原工艺、原型制,尤其是混凝土梁枋表面彩画的真实性保存是需要解决的重要问题。

② 可识别的原则

修缮时需要更换添加的部分,遵循可识别原则,根据具体情况采用材料区分、形式简化等方式对增加部分进行标识,以区分原构件。

③ 安全与有效原则

混凝土建筑由于材料自身的老化,结构性能也在不断退化,虽然近期并不存在明显的安全问题,但耐久性加固及对结构本体安全的全面评估是必须的。

④ 最小干扰的原则

在做到加固充分可靠有效治本的前提下,减少其他不必要的加固措施,减少加固对原状的干扰。

(2) 加固内容

根据加固设计原则和综合分析的结果,对各种加固方案进行比较选择,针对不同构件加固补强的要求,采用适应性的加固方法。

① 混凝土柱加固

对大殿四根中柱及四根角柱采用钢丝网聚合物砂浆抹面的方法进行加固。凿除原柱四周 20 mm,挂 $\phi4@50\times50$ 镀锌钢丝网后采用聚合物砂浆抹面 20 mm。这样既使得柱的面层再碱化,避免碳化进一步发展而导致钢筋锈蚀;又适当地提高了混凝土柱的承载力,而且柱的尺寸也没有改变。图 5.58 和图 5.59 分别为混凝土柱加固示意图和现场施工。

② 混凝土梁加固

对大殿主要受力梁同样采用钢丝网聚合物砂浆抹面进行加固。对于梁架构件:凿除原梁两侧及顶面 15 mm、底面 10 mm,挂 $\phi4@50\times50$ 镀锌钢丝网后采用聚合物砂浆抹面 20 mm。对于檩条构件:凿除原梁两侧 15 mm、底面 10 mm,挂 $\phi4@50\times50$ 镀锌钢丝网后采用聚合物砂浆抹面 20 mm。这样一方面大大提高了受力梁的耐久性,另一方面又适当提高了受力梁的承载力,而且没有改变梁的截面尺寸。图 5.60 和图 5.61 分别为混凝土梁加固示意图和现场施工。

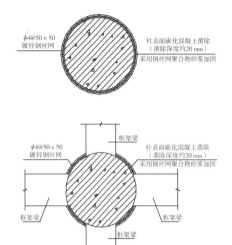

图 5.58　混凝土柱加固示意图　　　　图 5.59　混凝土柱加固现场施工

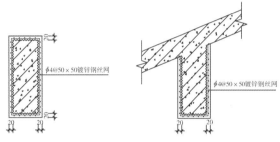

图 5.60　混凝土梁加固示意图(单位:mm)　　　图 5.61　混凝土梁加固现场施工

③ 混凝土板加固

对混凝土屋面板底部采用钢筋网聚合物砂浆抹面进行加固,新增板筋植入两端梁中。板面增设一道刚性防水层和一道柔性防水层。这样不仅可以提高板的承载能力,而且大大提高板的耐久性能。图 5.62 和图 5.63 分别为混凝土板加固示意图和现场施工。

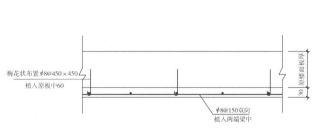

图 5.62　混凝土梁加固示意图(单位:mm)　　　图 5.63　混凝土梁加固现场施工

④ 墙体加固

该建筑外墙采用青砖和石灰砂浆砌筑,外墙内侧为清水墙,而外侧为石灰抹面混水墙。外墙与框架主体构件之间未采取拉结措施,局部墙体出现渗水现象。因此,在本次加固修缮中,对外墙外侧采用单面钢丝网聚合物砂浆抹面进行加固,一方面提高外墙的整体性和主体结构的可靠连接,另一方面解决了外墙的渗水现象。图 5.64 和图 5.65 分别为墙体加固示意图和现场施工。

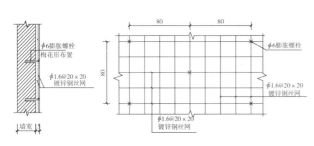

图 5.64　墙体加固示意图(单位:mm)　　　图 5.65　墙体加固现场施工

4. 结语

绍兴大禹陵禹庙大殿是较为典型的民国仿木构钢筋混凝土建筑,这种类型的民国建筑基本都是具有重要历史文化价值的文物建筑,但大多存在混凝土碳化和内部钢筋锈蚀等严重耐久性问题。因此,迫切需要进行加固修缮。笔者希望通过对大禹陵禹庙大殿加固设计的介绍,给同行提供类似工程加固设计方法的参考。希望重点注意以下几点:

(1) 在加固设计前,应对建筑物进行详细的检测和鉴定,为加固设计提供可靠的依据。

(2) 对于仿木构钢筋混凝土建筑,可采用 SAP2000 进行三维建模计算分析,综合检测鉴定结论及计算分析结果,确定需要进行加固修缮处理的结构构件。

(3) 在加固设计中,应充分考虑文物建筑加固修缮的原则要求,选择符合文物保护原则的技术可行、施工方便和经济合理的适应性加固方法。应在满足结构安全和功能使用要求的同时,尽可能保留和利用原构件,并充分发挥其潜能。

(4) 加固设计中应采取有效构造措施保证新老结构之间实现可靠连接,确保共同工作。

(5) 在加固方案中尽量使用无机材料,提高加固后结构的耐久性。

5.8　案例 3　江苏省文物保护单位:南京陵园邮局旧址加固修缮工程

1. 工程概况

南京陵园新村邮局旧址始建于 1934 年,位于南京市东郊中山陵风景区苗圃路西端,南临沪宁高速公路,原为国民政府高级官员别墅区陵园新村内配套建设的专用邮局,是按照中山陵附近的环境进行设计建造的。1937 年冬侵华日军进攻南京,该邮局与陵园新村同遭战火焚毁。1947 年重建,1976 年后曾一度作为南京市邮政局职工住宅,后住户陆续搬迁,建筑逐渐空置荒废至今。陵园新村邮局旧址于 2006 年 6 月被列为南京市文物保护单位,同年被列为江苏省文物保护单位。陵园邮局旧址所处地理位置及其政治地位特殊,它的规划、布局、设计风格具有鲜明的特色,融人文与自然于一体,是中国传统建筑艺术文化与环境美学相结合的典范,具有兼具独特价值和普遍价值的特征,是优秀的民国历史文化遗存。邮局主楼为两层钢筋混凝土结构,采用仿古建筑风格,檐下置蓝色琉璃斗拱,雀替和梁架上均施彩画,屋顶为方形重檐攒尖顶,覆以绿色琉璃瓦。建筑平面呈正方形,长和宽均为 12.85 m,建筑面积约 193 m²,钢筋混凝土框架结构,楼屋面均为现浇钢筋混凝土。底层层高 4.10 m,二层层高 4.70 m,柱基础均为钢筋混凝土独立基础。图 5.66 为陵园新村邮局旧址主楼现状。

图 5.66　陵园新村邮局旧址主楼现状

邮局主楼使用至今已有 70 多年,已超出现行国家设计规范的合理使用年限。出现了较为严重的老化现象,存在结构安全隐患。业主方计划将其改造为南京邮政博物馆,让公众更好地了解南京的邮政历史。为了确保建筑和使用人员的安全,需对此建筑进行加固修缮。

2. 检测鉴定

对该建筑进行了现场测绘和勘查,包括结构布置、结构形式、截面尺寸、支承与连接构造、结构材料等;对主要钢筋混凝土梁、柱和板的配筋情况进行了现场检测;对该建筑主体结构的现状进行一般调查,包括结构上的作用,建筑物内外环境的调查;对各种构件(混凝土梁、板、柱、砖墙)的外观结构缺陷进行逐个检查。根据现场勘查,混凝土柱大部分外观较完整,但局部几根柱出现明显开裂露筋和混凝土剥落的现象,如图 5.67 所示。混凝土梁外观总体较完整,但内部钢筋已开始出现锈蚀的现象,如图 5.68 所示。混凝土板外观较完整,但多数板内部钢筋已开始出现锈蚀,局部出檐的屋面板存在混凝土剥落情况,如图 5.69 所示。

图 5.67　混凝土柱露筋

图 5.68　梁内部钢筋锈蚀

图 5.69　出檐屋面板剥落

对混凝土梁和柱的材性检测采用了钻孔取芯法,共抽取了 1 根柱和 1 根梁,每根柱和梁各取 2 个芯样,共 4 个试样,测得混凝土抗压强度最小值为 13.9 MPa。结构验算时,结构布置、构件几何尺寸、构件自重等按测绘结果取。活荷载取值:屋面活荷载取 $s_0 = 0.70$ kN/m^2,屋面恒荷载取 $s_1 = 5.0$ kN/m^2;基本风压取 $w_0 = 0.40$ kN/m^2;考虑 7 度抗震设防。材料强度根据检测结果并结合工程经验取值,梁、柱、板混凝土强度按 C13.9,钢筋的抗拉强度设计值结合其他同一时期近代建筑的钢筋强度值考虑取 220 MPa。

根据陵园新村邮局主楼结构上述现场检查、检测及安全性鉴定结果,可以得出如下结论:①该建筑的安全性等级为 C_{su},影响整体承载,应采取措施;②由于建造年代久远,柱、梁、板及斗拱等混凝土构件的碳化深度普遍超过保护层厚度,部分构件已经出现严重的钢筋锈蚀甚至胀裂等现象,耐久性遭受严重损伤;③由于原设计(建造)标准偏低,该主楼结构材料实际强度(混凝土)普遍偏低,其混凝土强度低于现行标准的最低要求;④部分梁构件承载力略不满足要求;⑤结合上述鉴定结果和结构特点,同时考虑该建筑系省级文物保护单位,建议结合此次文物修缮,重点对混凝土构件的耐久性进行全面维护,延长耐久年限;对钢筋严重锈蚀的构件进行局部加固(补强),力求达到或基本达到现行标准对安全性的要求。

3. 加固设计和施工

(1)加固设计原则

该建筑为江苏省文物保护单位,因此本次加固修缮设计严格按照《文物保护法》《文物保护法实施条例》和《文物保护工程管理办法》的有关规定执行,即不改变建筑原有立面和初始格局,同时在加固修缮设计中确保结构安全。

① 完整真实的原则

最大限度保存原状及历史信息,保护文物建筑的建筑风格和特点,除加固修缮设计中为了更好地保护文物建筑结构安全而采取的加固措施外,其他所有修缮材料均应坚持使用原材料、原工艺。

② 可识别的原则

修缮时需要更换添加的部分,遵循可识别原则,根据具体情况采用材料区分、形式简化等方式对增加部分进行标识,以区分原构件。

③ 安全与有效原则

混凝土建筑由于材料自身的老化,结构性能也在不断退化,钢筋锈蚀和混凝土剥落均使得该建筑存在较严重的安全隐患。因此,本次加固修缮必须确保结构的安全。

④ 最小干扰的原则

在做到加固充分可靠有效治本的前提下,减少其他不必要的加固措施,减少加固对原状的干扰。

(2)加固内容

根据加固设计原则和综合分析的结果,对各种加固方案进行比较选择,针对不同构件加固修缮的要求,采取适应性的加固方法。

① 混凝土基础加固

该建筑加固修缮后将作为邮政博物馆使用,建筑的使用功能发生变化,活荷载有所增加。对该建筑的柱下独立基础进行现场开挖和尺寸测绘,经过计算分析,该建筑的四根中柱独立基础不满足承载力要求,需进行加固,我们采取了加大截面法进行加固。图5.70为中柱柱下独立基础的加固设计图。

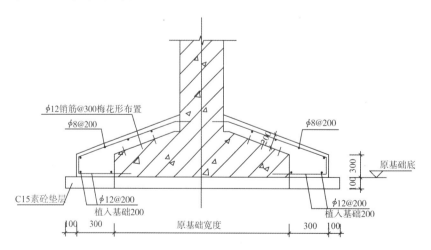

图 5.70 柱基础加固(单位:mm)

② 混凝土柱加固

该建筑为四方重檐攒尖顶钢筋混凝土框架结构,共有四根圆形中柱($D=400$ mm),十二根方形边柱($b\times h=300$ mm$\times$300 mm)。根据现场检测,中柱所配纵筋为 8 根边长为 26 mm 的方钢,箍筋为 $\phi8@152$;边柱所配纵筋为 8 根边长为 26 mm 的方钢,箍筋为 $\phi8@$ 152。经与计算结果比较,柱配筋均满足承载力要求,但考虑到该建筑的柱构件存在严重的耐久性问题,以及当时未考虑抗震构造设置,因此,对该建筑所有混凝土柱采用环向满贴碳纤维布的方式进行加固,不仅解决了混凝土柱的耐久性问题,还解决了混凝土柱的抗震构造问题。外贴碳纤维布前,先凿除酥松混凝土,对钢筋除锈后用聚合物砂浆粉至原有厚度。图 5.71 和图 5.72 分别混凝土柱加固设计图和现场施工图。

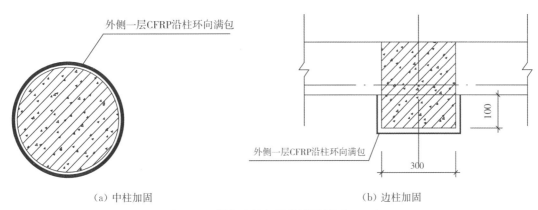

(a) 中柱加固　　　　　　　　　　　　　(b) 边柱加固

图 5.71　混凝土柱加固设计图(单位:mm)

图 5.72　混凝土柱加固现场施工

③ 混凝土梁加固

该建筑为钢筋混凝土框架仿木构建筑,梁和枋均为钢筋混凝土构件。根据计算结果和现场梁钢筋检测结果的比较,部分梁配筋略不满足承载力要求。考虑到该建筑的梁构件存在严重的耐久性问题,以及当时未考虑抗震构造设置,对该建筑中承载力不足的混凝土梁采用梁底通长粘贴一层碳纤维布及环向满贴碳纤维布的方式进行加固,不仅解决了混凝土梁的承载力和耐久性问题,还解决了混凝土梁的抗震构造问题。对于该建筑中承载力满足要求的混凝土梁,采用环向满贴碳纤维布的方式进行加固,同时解决了耐久性问题和抗震构造问题。外贴碳纤维布前,先凿除酥松混凝土,对钢筋除锈后用聚合物砂浆粉至原有厚度。图 5.73 和图 5.74 分别为混凝土梁的加固设计图和现场施工图。

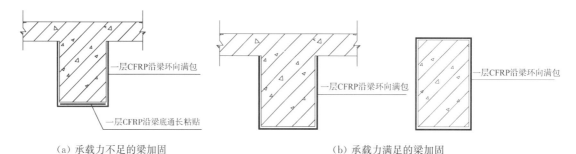

（a）承载力不足的梁加固　　　　　　　　　（b）承载力满足的梁加固

图 5.73　混凝土梁加固设计图

图 5.74　混凝土梁加固现场施工图

④ 混凝土板加固

该建筑楼、屋面均为钢筋混凝土现浇楼板,板厚约 95 mm,根据现场检测,配筋为单层双向布置,短跨方向配筋为 φ9.5@100,长跨方向配筋为 φ12.5@350。将计算结果与实测结果进行比较,板筋承载力能满足要求,但考虑到该建筑的板构件存在严重的耐久性问题,因此,对该建筑的混凝土板采用在板底沿短跨方向满贴一层碳纤维布,在板面重做水泥砂浆面层的加固方法。图 5.75 和图 5.76 分别为混凝土板加固设计图和现场施工。

⑤ 围护墙体加固

该建筑外墙属于围护墙体,采用烧结黏土红砖和石灰砂浆砌筑,经现场检测发现,砂浆的抗压强度仅 0.6 MPa,外墙与框架主体构件之间未采取拉结措施,多片墙体出现渗水现象。因此,本次修缮在外墙内侧采用单面钢筋网聚合物砂浆抹面（双向 φ6@200 钢筋网及单面 40 厚聚合物砂浆）进行加固,一方面提高外墙的整体性和主体结构的可靠连接,另一方面解决了外墙的渗水现象。图 5.77 和图 5.78 分别为围护墙体加固设计图和现场施工图。

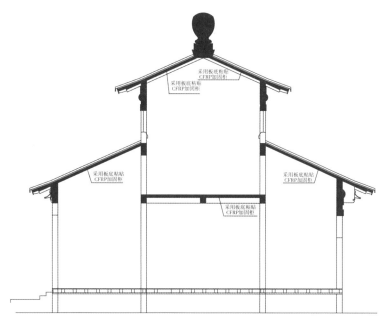

图 5.75　混凝土板加固设计图

图 5.76　混凝土板加固现场施工

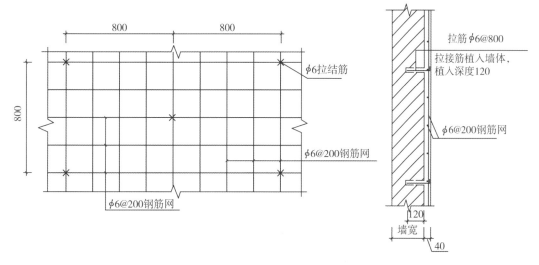

图 5.77　围护墙体加固设计图(单位:mm)

图 5.78　围护墙体加固现场施工图

5.9　案例 4　江苏省文物保护单位:交通银行南京分行旧址加固修缮工程

1. 工程概况

交通银行南京分行旧址位于南京中山东路 1 号,于 1933 年由上海缪凯伯工程司主持设计,1935 年 7 月竣工,其前身是交通银行南京分行,1937 年,日军侵入南京,这里成为汪伪中央储备银行所在地,当时在顶部平台的中央增建了两层。该建筑现为工商银行南京市中山支行。1991 年,国家建设部、国家文物局将中山东路 1 号评为近代优秀建筑。2002 年 10月,江苏省人民政府将其列为江苏省重点文物保护单位。该建筑坐北朝南,长约 35.4 m,宽约 31.5 m,建筑面积约 3 000 m²。主体结构为三层,系钢筋混凝土框架结构,楼屋面为现浇钢筋混凝土。底层和二层层高 4.30 m,三层层高 5.82 m。该建筑中部有矩形的大型采光井,一和二层挑空,三层有横梁结构,四层以上现有两坡顶天窗。建筑物西南角和东北角各有一个钢筋混凝土楼梯。中山东路 1 号是南京民国建筑的优秀代表,具有很高的建筑艺术价值,其平面布局、立面比例造型、施工工艺、细部装饰处理使之时刻呈现出雄浑细致的建筑美感,是具有重要研究价值的当代民国建筑。该建筑立面及平面图分别见图 5.79、图5.80。为了更好地利用中山东路 1 号,业主单位决定将其功能转变为工商银行财富中心,同时开辟出一定空间作为展览和公共使用空间。

2. 检测鉴定

该建筑使用至今已有 80 多年,远超出现行国家设计规范的合理使用年限。期间经历多次修缮,但原始设计资料不全,修缮资料也不完整。为了解该建筑的安全现状,提供加固改造的技术依据,对其进行了结构安全性鉴定。南京地区抗震设防烈度为 7 度,设计基本地震加速度值为 0.10 g(第一组),该建筑抗震设防类别为丙类。

(1)检测内容

由于该建筑的原始设计图纸资料不全,因此先进行了现场量测,包括结构布置、结构形式、截面尺寸、支承与连接构造、结构材料等。然后,对该建筑主体结构的现状进行一般调查,包括结构上的作用,建筑物内外环境的调查;对各种构件(混凝土梁、板、柱、砖墙)的外观结构缺陷进行逐个检查。混凝土柱整体外观较完整,但局部有蜂窝、麻面的现象,且局部柱出现露筋的现象,混凝土梁和板局部也存在露筋的现象,如图 5.81 所示。

图 5.79　交通银行南京分行旧址建筑立面图

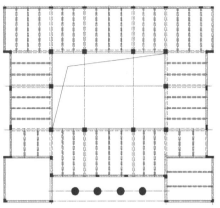

图 5.80　交通银行南京分行旧址建筑底层平面图

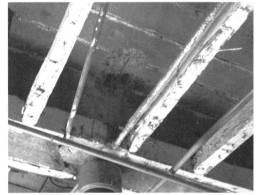

图 5.81　混凝土构件露筋

为了对主体结构进行复核计算,需了解材料强度和构件配筋情况。采用钻孔取芯法测得混凝土抗压强度推定值为 8.3 MPa。采用回弹法对外墙砖的抗压强度进行了检测,测得砖强度等级为 MU10。采用贯入法对外墙砂浆的抗压强度进行了检测,测得砂浆强度等级为 M0.7。对混凝土主要构件的保护层厚度和碳化深度的检测结果如下:柱保护层厚度约为 20～50 mm,梁保护层厚度约为 20～30 mm,板保护层厚度约为 15 mm;碳化深度约为60 mm,已超过保护层厚度,导致混凝土构件内的钢筋出现锈蚀现象,如图 5.82 所示。

(2) 鉴定内容

该建筑仅包含一个鉴定单元,划分为地基基础、上部承重结构两个子单元,上部承重结构中的主要构件包括混凝土柱、梁、板。综合现场检测和计算分析,得出鉴定结论:该建筑主体结构布局合理,传力路线基本明确;地基基础较稳定,未发现明显沉降裂缝、变形或位移等不均匀沉降迹象,但部分柱基础承载力不满足设计要求;柱、梁和板等混凝土构件由于混凝土碳化深度过大且局部破损较为严重,对内部钢筋已丧失保护作用,同时混凝土强度较低,并存在钢筋锈蚀膨胀、混凝土剥落等现象,加之早期设计时构件构造不合理,其承载

图 5.82　混凝土构件内部钢筋锈蚀

能力、抗震性能及耐久性均不满足现行规范要求;外墙没有与混凝土主体结构进行可靠连接,且出现渗水现象,不满足现行规范规定的构造和耐久性的要求。该建筑主体结构计算模型见图 5.83。

3. 加固设计

(1) 加固设计原则

该建筑为江苏省重点文物保护单位,因此本次加固修缮设计严格按照《文物保护法》《文物保护法实施条例》和《文物保护工程管理办法》的有关规定执行,即不改变建筑原有立面和初始格局,同时在加固修缮设计中满足业主对该建筑赋予新功能的要求,确保结构安全。

① 完整真实的原则

加固之前,对该建筑做全面深入的研究,

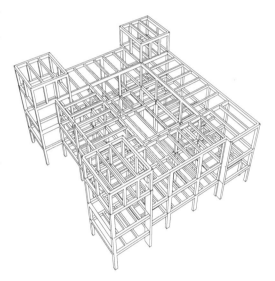

图 5.83　计算模型

包括其原始图纸文档,资料照片以及媒体报道等,力求全面地把握文物建筑完整的面貌和历史,从而在加固过程中真正做到原汁原味、真实有据。

② 可识别的原则

充分尊重文物建筑的历史原状,慎重对待文物建筑的历史缺失和历史增建。尽量保留前者,又要使后者与原状必须保持相当的可识别性。

③ 可读性的原则

保留文物建筑的可读性是延拓文物建筑文化价值的重要工作,发掘文物建筑的历史故事,尽量保留文物建筑的材料、部件和施工及安装方法,是保证文物建筑可读性的重要工作。

④ 最小干扰的原则

在做到加固充分可靠有效治本的前提下,减少其他不必要的加固措施,减少加固对原状的干扰。

(2) 加固内容

根据加固设计原则和现场检测鉴定的结果,对各种加固方案进行比较选择,针对不同构件加固补强的要求,采用优化的加固方法以满足建筑物各项功能要求。

① 基础加固

该建筑框架柱基础均为钢筋混凝土独立基础,内外填充墙基础均为大放脚基础。考虑到本次加固修缮过程中要将该建筑(3)-(7)～(C)-(E)三楼楼面洞口补起来,因此,对于中间框架柱而言,竖向荷载增加,故采用钢筋混凝土增大截面法进行基础加固,以提高基础的承载能力。对于外围框架柱而言,由于楼面和屋面的使用荷载并未增大,且采用的上部结构加固方法对结构重量增加不大,又考虑到老地基土经过70多年,地基承载力有所提高,因此,地基承载力满足要求,基础基本上不需要加固处理,仅对填充墙大放脚基础进行加固,采用新增钢筋混凝土条形基础的方法,以提高填充墙基础的整体性。图5.84和图5.85为框架柱独立基础和填充墙大放脚基础的加固做法。

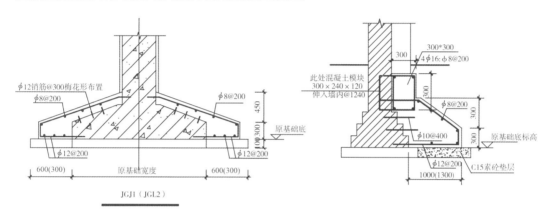

图 5.84　基础加固示意图(单位:mm)

图 5.85　基础加固现场施工

② 混凝土梁、柱加固

对于混凝土梁、柱构件,由于该建筑混凝土强度等级仅为C8,且梁柱构件的碳化深度均已超过保护层厚度,因此内部钢筋均已开始出现不同程度的锈蚀。且在梁柱节点核心区未设置水平箍筋,节点核心区抗震性能非常薄弱。因此,迫切需要对其进行加固处理,采用钢筋混凝土增大截面法对梁柱构件进行加固,在梁柱节点核心区增设加密水平箍筋,以提高构件和节点的承载能力和耐久性能。为了最大限度地保存文物建筑本体,仅将梁柱构件表面保护层凿除,露出箍筋和纵筋,进行钢筋表面除锈处理后,采用加固型混凝土进行浇筑,这种加固材料具有早强高强、自流态免振捣、微膨胀无收缩、耐久性和耐候性好、低碱耐蚀的优点,能满足较小的浇筑尺寸要求。图 5.86、图 5.87 和图 5.88 为混凝土梁、柱加固做法。

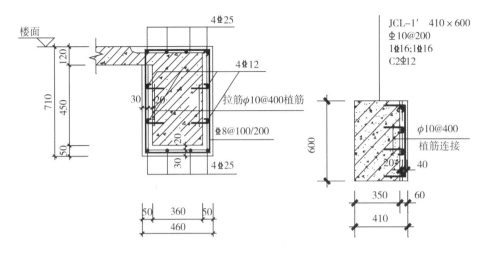

图 5.86　混凝土梁加固示意图(单位:mm)

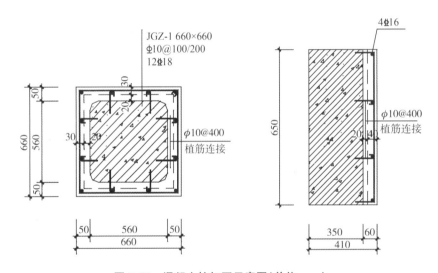

图 5.87　混凝土柱加固示意图(单位:mm)

③ 混凝土板加固

对于混凝土板构件,一方面混凝土强度等级仅为 C8,碳化深度基本等同于板的厚度,板筋已开始出现不同程度的锈蚀;另一方面混凝土板筋构造不合理,仅为单层双向布置。因此,采用置换法进行混凝土板加固,双层双向配筋,以提高板的承载能力、耐久性能和构造合理性。对原楼板采用静力无损切割的方法进行拆除,确保对相邻结构不产生影响。在拆除施工时,板与混凝土梁交接处,部分原板筋保留,长度 30 cm,以增加新老结构的连接性。新增板筋采用植筋的方式与四周混凝土梁进行连接。为了确保植筋连接的可靠性,植筋胶必须满足加固规范的 A 级胶标准;必须有化学成分报告,其化学成分应满足加固规范要求;要求植筋胶的完全凝固时间尽量短;满足相应的耐火等级;通过 200 万次疲劳实验检测;通过动荷载测试和抗老化测试,满足不少于 50 年耐久性的要求;通过无毒性检测,达到实际无毒等级。图 5.89 为混凝土板加固现场施工。

④ 混凝土楼梯加固

该建筑的楼梯为钢筋混凝土梁式楼梯,地面为大理石地面,栏杆为铸铁栏杆,均保留了

图 5.88　梁柱加固现场施工

图 5.89　混凝土板加固现场施工

原有的民国风格。但由于混凝土强度较低,内部钢筋锈蚀,严重影响结构安全,因此,必须对其进行加固。为了不影响楼梯的原有风貌,对其下部进行加固处理,采用钢筋混凝土增大截面法进行加固,采用的加固材料为加固型混凝土。图 5.90 和图 5.91 为混凝土楼梯加固做法。

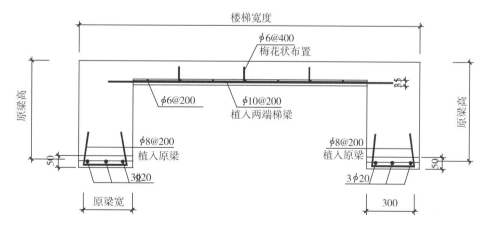

图 5.90　混凝土楼梯加固示意图(单位:mm)

图 5.91　混凝土楼梯加固现场施工

⑤ 墙体加固

该建筑外墙采用烧结黏土红砖和石灰砂浆砌筑,砂浆强度较低,强度等级仅为 M0.7,多处出现碎砖现象,且外墙与框架主体构件之间未采取拉结措施,多片墙体出现渗水现象。因此,在本次加固修缮中,对外墙采用单面钢筋网水泥砂浆抹面进行加固,一方面提高外墙的整体性和主体结构的可靠连接,另一方面解决了外墙的渗水现象。为了便于在门窗洞口内侧安装石材门窗套和提高门窗套的安装效果,采用钢筋网水泥砂浆抹面对墙体加固时,在距离门窗洞口 8 cm 处停止,采用钢板条封闭的方法对洞口进行加强处理。图 5.92 和图 5.93 为墙体加固做法。

4. 结语

南京中山东路 1 号是较为典型的钢筋混凝土结构类型的民国商业建筑,这种类型的民国建筑目前不仅有承载力不足的问题,而且存在混凝土碳化和内部钢筋锈蚀等耐久性问题。因此,迫切需要对其进行加固修缮,笔者希望通过对中山东路 1 号加固设计的介绍,给同行提供类似工程加固设计方法一些参考。该建筑的加固修缮工程于 2011 年竣工,建筑作为江苏省工商银行财富中心使用至今,使用状况良好。图 5.94 为加固修缮后的中山东路 1 号建筑。

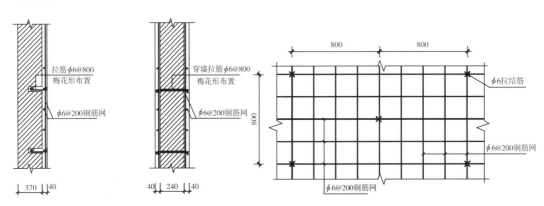

（a）墙体加固大样（单位：mm）

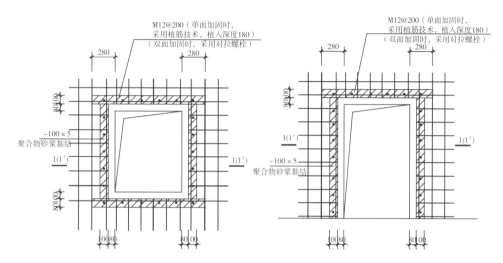

（b）门窗加固大样

图 5.92　墙体加固示意图（单位:mm）

图 5.93　墙体加固现场施工

图 5.94　加固修缮后的中山东路 1 号建筑

复习思考题

5-1 请列举几个著名的混凝土结构建筑遗产。

5-2 近代钢筋混凝土建筑的建筑形式大致有哪几种?

5-3 近代钢筋混凝土建筑的结构类型主要有哪几种?

5-4 近代钢筋混凝土建筑的主要材料与现代钢筋混凝土建筑有何区别?

5-5 造成混凝土建筑遗产耐久性问题的主要原因是什么?

5-6 混凝土结构建筑遗产的常见病害有哪些?

5-7 混凝土结构建筑遗产常见病害产生的内部原因和外部原因分别是什么?

5-8 结构的寿命预测方法主要有哪几类? 混凝土结构建筑遗产的寿命预测一般采取什么方法?

5-9 当混凝土结构建筑遗产中的梁柱构件碳化深度小于钢筋保护层厚度时,可以采取什么保护技术?

5-10 当混凝土结构建筑遗产中的梁柱构件碳化深度接近钢筋保护层厚度时,可以采取什么保护技术?

第六章　地下砖构建筑遗产的保护技术及案例

6.1　概述

在我国现存的文物古迹中,地下砖构建筑遗产主要包括陵墓和构筑物遗址。陵墓在我国属于数目较多的文物古迹,到目前为止,仅明确的帝王陵墓就有一百多座。这些陵墓布局严谨、建筑宏伟、工艺精湛,具有独特的风格,在世界文化史上占有重要的地位。地下构筑物遗址主要指埋藏在地下的一些不具备、不包含或不提供居住功能的人工建造物,如地下管道、防御工事、水池等。

从汉代开始,陵墓普遍采用砖石筑墓室,木椁墓室逐渐被取代。这是中国古代墓制度的一次划时代的变化。这种变化主要是从西汉中期开始,西汉中期,中原一代流行空心砖墓,西汉晚期开始出现石室墓,墓室中雕刻着画像,故称"画像石墓"。墓室的结构和布局仿照现实生活中的住宅。从汉到隋、唐、宋、元、明、清各代,砖石砌筑的墓室和地宫一直在不断发展。南京地区分布有众多的六朝砖墓,这些墓一般建造在丘陵半坡或比较高的地方,先开一大于墓室的长方形土坑,底部铺砖一至四层,而后建造墓室,墓向据葬地地形而定,墓室进口一般都是朝向丘陵的低下部,以利于墓室排水。根据结构类型来分,六朝砖墓主要为穹隆顶墓(如图 6.1 所示)和券顶墓(如图 6.2 所示)两种类型。

图 6.1　穹隆顶墓

图 6.2　券顶墓

6.2　地下砖构建筑遗产的常见病害

砖墓常见的损坏特征主要有:(1)墓顶局部的塌落(如图 6.3 所示),主要由受力或盗墓或施工破坏引起;(2)拱券的变形(如图 6.4 所示),主要是受力不对称引起;(3)墓室转角处砖块破损或开裂(如图 6.5 所示),主要由局部应力集中引起;(4)墓室渗水(如图 6.6 所示),由于局部开裂、破损或材料劣化等引起防水功能失效;(5)菌类藻类繁殖所引起的壁面污损

（如图 6.7 所示），这些劣化现象主要受陵墓的温湿度环境的影响。

图 6.3　墓顶局部塌落

图 6.4　拱券变形　　　　　　　　　　图 6.5　局部砖块破损

图 6.6　砖墓潮湿渗水　　　　　　　　图 6.7　砖墓菌类藻类繁殖

地下构筑物遗址常见的损坏特征主要有：(1)结构局部的塌落(如图 6.8 所示)，主要由受力或施工破坏引起；(2)砖块破损或开裂(如图 6.9 所示)，主要由于材料性能退化或受力造成；(3)菌类藻类繁殖所引起的壁面污损，主要受温湿度环境的影响。

图 6.8　结构局部塌落

图 6.9　砖块破损或开裂

6.3　地下砖构建筑遗产的保护技术

(1)地下砖构建筑遗产的环境保护技术

通过控制地下砖构遗产的温湿度环境，减小菌类藻类的繁殖，从而降低地下砖构遗产内生物劣化的速度，以实现地下砖构遗产的保护目的。

(2)地下砖构建筑遗产的防水保护技术

通过对地下砖构遗产周边的防水隔水处理，阻断地下水和地表水对地下砖构遗产的不利影响。如对周边的地下水进行防水隔水，通常采用设置止水帷幕的方式处理；而对地表水进行防水隔水，通常采用设置防水膜的方式处理。

(3)局部塌落的加固修缮技术

通过有限元模型的计算分析，评估塌落处的安全性和稳定性，如果处于安全状态，可仅做修缮处理，如果处于不安全状态，则需对其进行支撑加固或者补砌处理。

(4)变形拱券的加固修缮技术

通过有限元模型的计算分析，评估变形拱券的安全性和稳定性，如果处于安全状态，可仅做修缮处理，如果处于不安全状态，则需对其进行支撑加固或局部拆除重砌。

（5）砖块破损的加固修缮技术

对于破损面较大的部分建议采用补砌的方式进行加固修缮，补砌部分与原有结构部分适当采用锚杆进行拉结，以保证破损面补砌部分的安全性；对于破损面较小的部分建议在保证安全的前提下保持其现状残损状态。

（6）砖构裂缝的加固修缮技术

在进行裂缝修补前，应根据构件的受力状态和裂缝的特征等因素，确定造成砖构裂缝的原因，以便有针对性地进行裂缝修补或采取相应的加固措施。

6.4 案例1 全国重点文物保护单位：南唐二陵的保护工程

1. 工程概况

南唐二陵位于江苏省南京市中华门外祖堂山西南、江宁县东善桥乡高山南麓的王家坟村，包括五代南唐先主李昪及其妻宋氏的钦陵和中主李璟及其妻钟氏的顺陵，二陵相距约100 m，李昪钦陵居东，李璟顺陵居西，1950—1951年南京博物院对其进行了发掘。1988年南唐二陵被列为全国重点文物保护单位。

李昪钦陵营建时，正是南唐经济繁荣的时期，所以钦陵规模较为宏大。陵的上部是一个圆形的土墩，全长21.48 m，宽10.45 m，高5.3 m。墓道长19 m，宽4 m，墓室分前、中、后三个主室和十个侧室（便房）。前、中室为砖筑，后室石砌，都是仿木结构。墓门和三个室的壁面上砌凿出柱、枋和斗拱，其上彩绘牡丹、宝相、莲花、海石榴和云气图案。后室的顶部绘有天象，铺地的青石板上雕琢山岳江河，象征着"地理图"。石棺座侧还雕有三爪龙和各种花纹，进门处上方横刻"双龙戏珠"图案。门的左右两壁各有一个踩祥云、披甲持剑的石雕武士，雕像表面原有涂金彩绘。

李璟顺陵全长21.9 m，宽10.12 m，高5.42 m，也分前、中、后三个主室及八个侧室，全部是砖结构的，建筑形制与钦陵大致相仿，规模略小。中室稍大，长5.30 m，顶做尖穹隆形。主室的倚柱、立枋、东额、柱头原来都有彩画，由于淤泥和雨水侵蚀，大部分已经剥落，仅墓门东额上有片段牡丹花纹。图6.10为南唐二陵的墓室内部。

（a）钦陵墓道　　　　　　　　　　　　　　　（b）顺陵墓道

（c）穹顶　　　　　　　　　　　　　（d）侧室

图 6.10　南唐二陵的墓室内部

2. 南唐二陵的劣化现象

参考文献《环境监测平台与南唐二陵保护模式的探讨》：南唐二陵终年被土层所包围，陵墓内常年处于高湿状态，温度年波动基本在 5～25 ℃之间。同时，由于陵墓的开放，古墓与室外环境容易发生热质交换。在此条件下，南唐二陵中发生劣化现象将是不可避免的。其发生的劣化现象，除去人为因素及不可避免的自然因素以外，可以分为三类：以微生物菌类等繁殖为主的生物劣化（如图 6.11、图 6.12）、以壁画的脱落及岩类风化等为主的物理劣化（如图 6.13、图 6.14）、以自然劣化和化学反应为主的化学劣化（如图 6.15）。

对于生物劣化而言，在顺陵中藻类菌类繁殖所产生的劣化现象非常严重，前室基本被藻类所布满（如图 6.16），中室中藻类相比于前室明显减少（如图 6.17），在后室中菌类又明显增多，同时后室顶部出现白色菌类繁殖，十间侧室墙面出现大量的菌类。相比于顺陵，钦陵中菌藻类繁殖相对较少，没有出现白色菌类，但侧室中同样出现大量的菌类，同时墓室中局部也开始出现大量菌藻类繁殖现象。

对于物理劣化而言，在长期的保存过程中，南唐二陵因为干湿循环所引起的砖材剥离及颜料层脱落现象都较为明显，此外，还存在拱顶雨水的渗透及陵墓内的冷凝水现象。

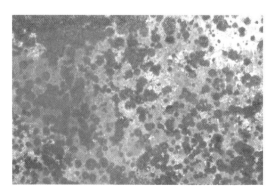

图 6.11　钦陵侧室的菌类繁殖　　　　　　　图 6.12　顺陵前室的藻类繁殖

图 6.13　颜料层的脱落现象

图 6.14　墓室内部的冷凝水

图 6.15　颜料层的褪色现象

图 6.16　顺陵前室

图 6.17　顺陵中室及后室

南唐二陵中发生严重脱落剥离现象较为严重的部位有钦陵前室整体(如图 6.18)、侧室斗拱上方及主室连接斗拱上方(如图 6.19)。总体而言,顺陵较于钦陵稍好一些,钦陵的墓室环境相对于顺陵而言,要干燥一些。

对于化学劣化而言,南唐二陵的化学劣化主要有颜料层与自然环境发生了长期的化学反应从而引起的颜料层自然劣化及变色褪色现象。南唐二陵始建于1 000多年前,面向公众开放已有60余年,变色及材质变质情况在南唐二陵中基本已经普遍化。

图6.18 钦陵前室

图6.19 钦陵中室及后室

3. 劣化现象的控制对策

对于生物劣化而言,影响微生物菌类成长的必要条件主要有四项:养分、水分、氧气、温度。对于养分而言,古墓葬中几乎所有的有机物都可以成为菌类的养分。对于氧气而言,也几乎总是存在。对于温度而言,研究表明:菌类的发育速度与周围的环境温度成正比,降低古墓内的温度,将会降低古墓内菌类的发育速度,但无法完全抑制古墓内菌类的繁殖。对于湿度而言,研究表明:相对湿度降低,菌类的成长速度将放缓,在60%RH以下时,菌类微生物几乎不发育。高湿环境易滋生各种菌类,冷凝水的存在将大大促进菌类的发育繁殖。南唐二陵由于其特殊的湿热环境,完全抑制生物劣化是非常困难的,但作为其控制方法,可采取降低古墓内温度和湿度的方法来抑制古墓内生物劣化的速度。

对于物理劣化而言,南唐二陵中存在颜料层的脱落、结露,砖材表面的粉化、盐析,岩石类风化等。现有研究表明,较高的湿度及多次的干湿交替极易造成墙体表面的物理劣化。要抑制南唐二陵中的物理劣化,应避免古墓中出现高的周期性干湿循环,并降低古墓的湿度。

南唐二陵的化学劣化主要是墓室内颜料层的变色褪色。现有研究表明,一般情况下针对化学劣化的环境控制方法以抑制墓室内CO_2浓度的上涨和降低湿度为主。

4. 防护设计方案的比选

南唐二陵自发掘以来进行了数次维修加固,由于资金不足等原因缺乏总体修缮设计。后室加固采用的是钢筋混凝土结构,前、中室之间用钢结构(钢结构已严重锈蚀)进行了局部加固,前室用木结构进行了加固,在墓室地下修建排水道,虽然解决了排水问题,但没有解决防水渗漏问题。

二陵陵墓内均有不同程度的渗漏现象,严重影响了文物的保存,加速了墓圈结构的风化,必须对其进行防护设计。

南京市文物局要求:经防护设计后,陵墓顶盖和侧壁应能达到防渗、防漏的目的;防护结构在施工和使用期间对陵墓没有不利影响;工程完工后对原陵区的地形、地貌没有影响。

(1) 方案1(图6.20)

① 根据地质勘查报告,各钻孔现场未见地下水,场地内不存在稳定的地下水对渗漏的影响,因此,陵墓的防水、防渗重点在于在墓圈顶面和侧面防止地表水和雨季地面水向墓室

渗漏。

② 通过构筑半围式防渗帷幕防止侧向地表水向墓室渗透,采用预应力钢筋混凝土拱防止顶盖方向雨水向墓室渗漏,在墓室的上方及外侧设 U 形截水沟,将上方的雨水和地表水引走。所有防护工程均置于覆土之中,不影响原陵墓的地形地貌。预应力钢筋混凝土拱由钢筋混凝土板、预应力拉梁和环梁三部分组成。拉梁每 2 m 一道。在拱板上开设 3 个检修孔,为日后对墓圈的维护提供便利。

③ 顶盖采用钢筋混凝土拱板,由拱板承受大部分覆土荷载,对墓圈起卸载作用,初步估算,对钦陵可卸去 4～4.5 m 的覆土荷载,对顺陵可卸去 2～2.5 m 的覆土荷载,采用预应力可防止混凝土的开裂,因而可提高结构的耐久性。

④ 陵墓系砖石穹窿结构,依靠侧向压力维持结构的平衡,因而侧壁的防渗帷幕工程不能采用大开挖的方法施工,顶盖上方的覆土也不能全部挖去。本工程防渗帷幕工程采用高压注浆喷射法。

⑤ 墓顶必须人工开挖,尽量减小对墓圈的影响。

⑥ 严格控制预应力拉梁的张拉顺序,张拉完毕后再进行覆土。

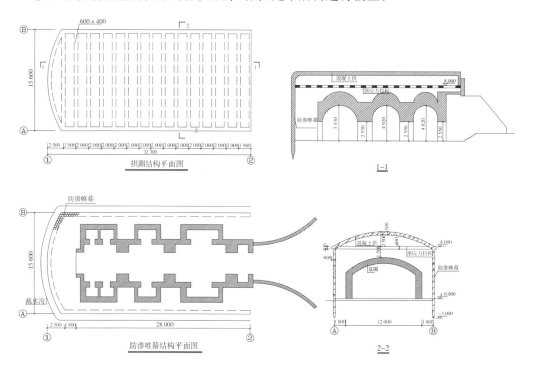

图 6.20　南唐二陵防护设计方案 1(单位:mm)

(2) 方案 2(图 6.21、图 6.22)

① 在墓室三面设计防渗墙,防渗墙采用人工挖孔桩。防渗墙主要是防止地表水侧向墓室内渗漏。

② 在墓室上覆盖防渗土工膜顶部防渗。

③ 在墓室的外侧设置钢筋混凝土 U 形排水沟,将地表水引出场外。

虽然第一种方案防护效果最佳,但施工动作较大,对施工的要求较高,对文物破坏有一定风险,因此,最终选择了第二种防护方案。此外,根据分析结果,需降低墓室内部的温度和湿度,管理方在南唐二陵的侧室放置了空调,如图 6.23 所示。

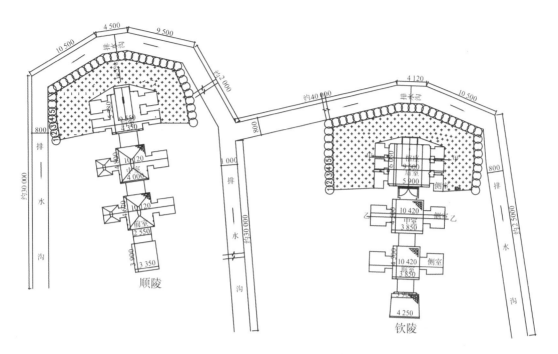

图 6.21　南唐二陵防水平面图(单位:mm)

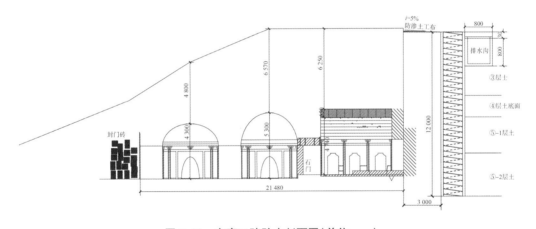

图 6.22　南唐二陵防水剖面图(单位:mm)

6.5　案例 2　江苏省文物保护单位:泰州南门水关遗址的保护工程

1. 工程概况

泰州南门水关遗址为砖石结构,始建于宋代,于 2009 年 12 月 4 日在泰州市区铁塔广场建设工地被发现,随即被保存下来,2010 年 6 月 21 日被泰州市人民政府批准为市级文物保护单位,2011 年 12 月 19 日被江苏省人民政府公布为省级文物保护单位。该遗址为泰州古城墙南门水关,旧时供从南门出入泰州城的船只通行。遗址目前残存现状为相对独立的两个部分:水关券洞两侧厢壁墙体、摆手及砖平台。该水关遗址的发现,确定了古泰州南城墙的具体位置,对研究古泰州城的历史具有重要价值,是泰州历史文化名城的重要实物证据。水关遗址南北长 28.6 m,东西宽 14.15 m。水关券洞两侧厢壁墙体含有早期和晚期墙体结构两个层次,遗址的基础、厢壁、摆手、卷簰、擗水桩一应俱全,而且在早、晚期两个阶段都有

图 6.23　南唐二陵室内空调

体现,反映出来的工艺信息与《营造法式》也有较强的对应性。目前该水关遗址已存在局部塌陷和严重残损,存在安全隐患(图 6.24)。

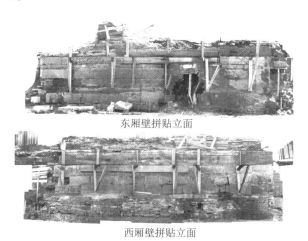

东厢壁拼贴立面

西厢壁拼贴立面

图 6.24　泰州水关遗址现状

2. 残损现状分析

通过现场勘查,早期水关内壁宽度 4.92 m,残高 2.45 m;晚期水关遗址内宽 2.6～3.64 m,残高 4 m 左右。券洞两壁均由石材和青砖两种主要材料砌筑而成,黏结材料主要为黏土砂浆内掺糯米汁,而残存券体则为砖砌。较典型的砖尺寸为 330 mm×175 mm×70 mm、250 mm×115 mm×50 mm 等,较典型的石尺寸为 650 mm×300 mm×290 mm、620 mm×320 mm×290 mm 等。

在遗址两侧厢壁内侧靠近地面部分紧贴大量木桩,高度多在 0.5～0.8 m 之间,木桩钉入地下,主要起加固厢壁和防撞击墙体的作用。在两侧厢壁及摆手墙体的基础石条之下均设有木桩,起支撑上部荷载的作用。

在早期水关东北侧摆手中部位置残存有一座四边形砖台,外侧包砖,中部夯土填实。

泰州水关遗址目前的主要残损状态主要有几种:墙体残损、基础残损、券体残损、木桩残损。

（1）墙体残损

水关两侧厢壁墙体的整体性相对较好,而摆手有较大范围坍塌,西北部摆手残余部分有明显倾覆迹象,东北部摆手残余部分与东墙、西墙基本不相连。墙体外表出现明显的风化、断裂现象,局部夯土已掏空。东侧厢壁立面有一个非常明显的孔洞,尺寸约为 1.9 m高、1 m宽、0.95 m深,孔洞南侧约 0.5 m处砖墙有明显鼓胀;西侧厢壁立面也有一个较明显的孔洞,尺寸约为 0.3 m高、0.4 m宽、0.5 m深。表 6.1 为墙体材料的主要残损统计,图 6.25 为遗址厢壁墙体孔洞残损现状。

表 6.1　墙体材料主要残损统计

位置	石材疤痕	石材严重残损（面积比）	砖材疤痕	砖材严重残损（面积比）	木材残损（防撞木桩）	附着物
东厢壁	局部较明显	约 8%	较多	约 42.3%	较多	中部及下部较多
西厢壁	局部较明显	约 10.7%	较多	约 29.1%	较多	下部及上部较多
摆手	较少	不严重	无砖材	无砖材	较少	基本无

图 6.25　遗址厢壁墙体孔洞残损现状

（2）基础残损

水关遗址基础做法为木桩（地丁）承托石条（局部下衬木方,尤其是早期摆手）,木桩之间为夯土,靠近墙体外表面的木桩之间采用青砖填塞,部分暴露出夯土。根据现场勘查,作为地丁的木桩上部现多有腐朽,木桩周围的空隙导致上部积水下渗,形成冲刷空洞,造成桩土复合地基承载力的下降,对水关遗址结构安全影响极大。图 6.26 为遗址基础残损现状。

（3）券体残损

水关遗址拱券采用砖砌做法,先一层砖卷輂,上设条砖缴背一重,再一层砖覆背,上设条砖缴背一重。其做法不同于《营造法式·石作制度·卷輂水窗》,而基本类似于《〈营造法式〉解读》中砖拱河渠口的上部做法,但较之复杂,多设一重条砖缴背。目前,拱券大部分损毁,仅残留拱脚局部（图 6.27）。

图 6.26 遗址基础残损现状

图 6.27 遗址券体残损现状

（4）木桩残损

水关遗址中发掘出来的木材,包含作为地丁的木桩和墙根处的擗水桩,都有不同程度的腐朽或残损、开裂。发掘之前,地下土壤物理环境相对稳定,地下水位基本稳定在木桩上部,腐朽或残损尚且缓慢,但目前已完全暴露于露天环境中,物理环境变化很大,且由于施工降水引起地下水位下降较多,导致木桩上部暴露在空气中,干湿环境的交替变化更加容易导致木桩上部的腐朽。图 6.28 为遗址木桩残损现状。

3. 结构计算分析

为了更加深入地了解水关遗址的结构安全隐患,采用 Ansys 软件对遗址主体结构进行了非线性有限元数值模拟分析,重点分析回填土、浸水、附加堆载等工况组合作用下主体结构的受力特征和安全性。

（1）简化和假定

泰州水关遗址主体结构由砖、石、夯土复合承重,较为复杂,且残损严重,整体性差,假定对孔洞等进行补砌,将墙体简化为各向同性连续均质材料。几何外观尺寸取现场实际测绘尺寸,内部尺寸按勘查结果,近似按双轴对称考虑,取主体结构整体的 1/4 建立模型。

（2）参数取值

结合检测数据、地勘报告和砌体规范,并按偏保守的原则取值:墙体密度为 2 200 kg/m³,弹性模量为 1 112 MPa,泊松比取 0.2,抗压和抗拉强度分别取 0.8 MPa 和 0.06 MPa;回填

图 6.28　遗址木桩残损现状

土密度为 1 900 kg/m³,弹性模量为 20 MPa,泊松比为 0.35,黏聚力取 10 kPa,内摩擦角取 20°;原状土密度为 1 900 kg/m³,弹性模量为 40 MPa,泊松比为 0.35。水压力(包括侧压力和浮力)作为面荷载直接加在主体结构上。回填土上的附加堆载取 5 kPa。

(3) 有限元模型

① 单元划分

采用商用有限元软件 Ansys(13.0 版本)建立实体模型,并划分单元,有限元网格如图 6.29 所示。单元类型为 SOLID45 单元(回填土和原状土,采用 Drucker-Prager 模型)和 SOLID65 单元(主体结构,采用 William-Warnke 模型,考虑开裂和压溃),单元边长约为 0.5 m,单元数目约为 2.1 万。

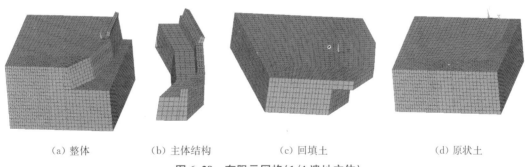

(a) 整体　　　　　(b) 主体结构　　　　　(c) 回填土　　　　　(d) 原状土

图 6.29　有限元网格(1/4 遗址主体)

② 工况类型

对遗址主体结构在 4 个工况组合作用下的裂缝、变形和应力及地基应力进行了非线性分析,4 个工况如下:

a. 自重+回填土压力,主要模拟覆土回填;

b. 自重+回填土压力+水压力,主要模拟覆土回填后,在最高水位下由于回填土透水性不佳、排水不畅等原因造成的不利工况组合;

c. 自重+回填土压力+附加堆载,主要模拟覆土回填后,由于附属建筑荷载、施工临时堆载等造成的不利工况组合;

d. 自重+回填土压力+水压力+附加堆载,考虑 b、c 的组合影响。

③ 有限元分析结果

根据对泰州水关遗址主体结构在 4 个工况组合下的对比计算分析可知,对地基最不利的工况组合是自重＋回填土压力＋附加堆载,引起的基底压力略大于地基承载力,其余 3 种工况组合引起的基底压力都小于地基承载力,但富余量均不足。因此,对主体结构进行加固前,应先加固地基,提高地基承载力。

对主体结构最不利的工况组合是自重＋回填土压力＋水压力＋附加堆载,这种工况组合在摆手端部出现部分裂缝,见图 6.30。裂缝会削弱结构的整体性,降低材料耐久性,带来安全隐患,可能会引起修复后结构局部区段的再次破损。因此,必须控制水位,限制附加堆载。

各种工况组合中,主体结构均没有出现压溃区域,主压应力均具有较大的富余量。主体结构的侧移量也较小,具有较高的整体稳定性。

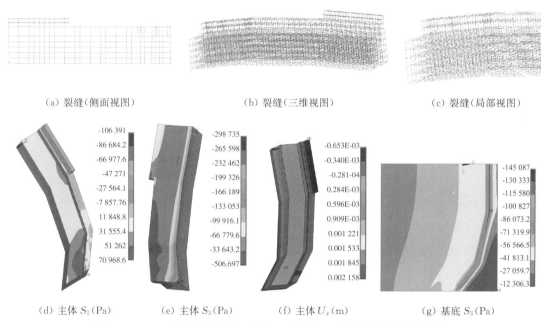

（a）裂缝（侧面视图）　　　　（b）裂缝（三维视图）　　　　（c）裂缝（局部视图）

（d）主体 S_1(Pa)　　（e）主体 S_3(Pa)　　（f）主体 U_x(m)　　（g）基底 S_3(Pa)

图 6.30　工况组合 d(自重＋回填土压力＋水压力＋附加堆载)分析结果

4. 加固修缮设计

（1）设计原则

通过分析,对水关遗址采用现状保护的方式,本着不改变原状,保护文物完整性、真实性、延续性的修缮原则,尽可能多地保存大量真实的历史信息,最低限度地干预文物建筑,避免维修过程中修缮性的破坏,为后人保护、研究文物提供可能与方便。

（2）设计内容

根据设计原则,综合考虑残损特征以及计算结果,参考相关文献,对泰州水关遗址提出如下修缮方法:

① 遗址地基加固方法

水关遗址的木桩上部现多已腐朽,支撑力下降,木桩周围形成空隙导致桩土复合地基承载力下降。且根据计算分析,水关遗址在不利工况作用下基底应力略大于地基承载力。针对以上情况,对遗址地基采取如下加固措施:基础木桩空隙处采用无机材料填充(微膨胀水泥砂浆或水硬性石灰),确保桩土共同工作,对遗址主体四周斜向钻孔灌注水泥浆进行地基加固,注浆孔直径为 120 mm,间距 1 m,压密注浆孔深为基础底面斜向下 3.0 m,如图

6.31 所示。

图 6.31　地基压密注浆加固现场施工

② 遗址墙身加固方法

对于墙体的较大孔洞,采用与原青砖同样厚度、颜色较深的青砖进行补砌,补砌部分与原有青砖相互咬合,且增加钢筋拉结;对于墙体破碎的青砖、局部剥落部位采用替换、补砌的方式予以加固;对于开裂的石块,采用灌注潮湿环境用的结构胶进行加固;对于墙体开裂缝隙、错位拼缝处采用改性石灰砂浆进行灌缝,改性黏土砂浆进行勾缝。图 6.32～图 6.33 为遗址墙身加固做法。

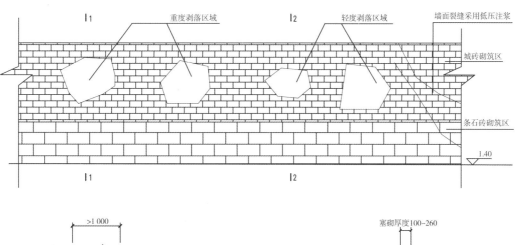

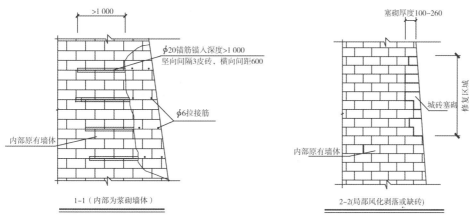

图 6.32　遗址墙身加固做法(单位:mm)

图 6.33　遗址墙身压密注浆现场施工

（3）遗址木桩保护方法

为了保护水关遗址的木桩，先对高出地面的木桩部位采用无色透明的传统生漆做防腐涂刷，然后结合整治效果使整个遗址区域保持高出石板地面 0.9 m 高的水位，确保所有木桩均在水位以下，避免其处于干湿交替环境。为了保证遗址区域常年 0.9 m 高的水位，在遗址四周增设了水泥搅拌桩的止水帷幕，止水帷幕深入不透水层不小于 1 m，以避免遗址区域水体的流失。当水位不够时利用水泵进行补水，水位过高时利用水泵进行抽水。图 6.34～图 6.35 为遗址区域的止水帷幕做法。

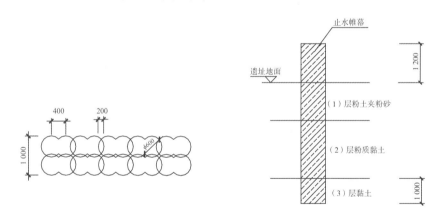

图 6.34　遗址区域止水帷幕做法（单位：mm）

6.6　案例 3　全国重点文物保护单位：金陵大报恩寺古井遗址的保护工程

1. 工程概况

金陵大报恩寺遗址位于南京城南中华门外古长干里，其琉璃塔塔基发现于 2007 年末。2008 年 4 月—8 月，经国家文物局批准，南京市博物馆对该遗址进行了考古发掘，清理出规模宏大的明代大报恩寺皇家建筑基址。2013 年 5 月，金陵大报恩寺遗址被列为第七批全国重点文物保护单位。根据南京市博物馆于 2013 年 4 月 19 日提供的金陵大报恩寺遗址考古发掘图可知，现场共发掘四口古井。几口古井的内径在 0.9～1.7 m 之间，砖质壁厚约 0.1～

图 6.35　遗址区域止水帷幕现场施工

0.2 m,深度约 12 m。现有古井井壁均为青砖制,砌块之间的黏合剂主要为黄土砂浆,未见石灰。图 6.36 为部分古井的发掘现场。

图 6.36　部分古井发掘现场

　　根据现场勘查,这四口古井遗址均有不同程度的损伤,但总体形制保存较好,主要存在的问题有:(1)砖壁青砖之间的黄土砂浆部分流失,且有一定的孔洞空腔;(2)部分砖壁砌块的边角缺损,且有不同程度的缺损;(3)井壁上滋生青苔甚至较大的植株。上述病害为古井实际存在的显见病害,较容易被发现,笔者对这四口古井的结构性能进行了有限元分析,发现了其结构存在的隐在病害,为这四口古井保护技术方案的制定提供了科学依据。

　　2. 结构性能分析

　　为了深入地了解这四口古井遗址存在的结构安全隐患,采用 Ansys 软件对古井主体结构进行了非线性有限元数值模拟分析,重点分析古井遗址在模拟真实荷载作用下的结构性能。古井主体结构有一定残损,整体性差,假定对孔洞空腔等进行了修补,将土体和井壁简化为各向同性连续均质材料。几何外观尺寸按现场实际测绘尺寸取,内部尺寸按勘查结果,近似按双轴对称考虑,取结构整体的 1/4 建立模型。土体外侧边界处理方法为周边加侧向约束,底部加竖向约束,对称面加对称约束。表6.2为四口古井遗址的实际测绘尺寸。

表 6.2 古井尺寸 （单位：m）

编号	内径	壁厚	深度
3#	0.8	0.2	12
6#	1.7	0.2	12
7#	1.2	0.15	12
8#	0.9	0.1	12

（1）参数取值

固定参数：取古井深度外加 6 m 厚的土层进行分析,其中上层土 9 m,土体外径 6 m。土体密度为 1 900 kg/m³,上层压缩模量 6 MPa,弹性模量按压缩模量放大 5 到 10 倍取值,考虑到碎石夹层,取上限值,这里取 60 MPa,泊松比取 0.35,黏聚力取 40 kPa,内摩擦角取 3°;下层压缩模量 11 MPa,弹性模量取 80 MPa,黏聚力取 60 kPa,内摩擦角取 4°。井壁密度取 2 200 kg/m³,弹性模量为 1 112 MPa,泊松比取 0.2,抗压和抗拉强度分别取 0.8 MPa 和 0.06 MPa。地面的附加堆载取 5 kPa。由于古井水位内外持平,水压平衡,不考虑地下水影响。

（2）有限元模型

① 单元划分

采用商用有限元软件 Ansys（13.0 版本）建立实体模型并划分单元,有限元网格如图 6.37 所示。典型模型的单元类型为 5 820 个 SOLID45 单元（土层,采用 Drucker-Prager 模型）和 120 个 SOLID65 单元（井壁,采用 William-Warnke 模型,考虑开裂和压溃）。单元边长约为 0.5～1 m,单元总数约为 6 000。

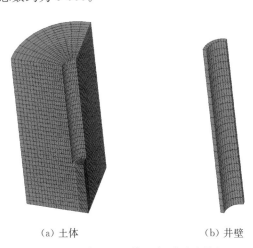

（a）土体　　　　　　　（b）井壁

图 6.37　有限元网格（1/4 遗址主体）

② 工况类型

对四口古井遗址结构在自重＋土压力＋附加堆载工况组合作用下的裂缝、变形和应力进行了非线性分析。

③ 结构现状的有限元分析结果

计算分析表明：3# 古井土体的变形以深度方向的变形为主,侧向变形较小。在自重、土压力和附加堆载作用下,土体在洞口底部 1~1.2 m 范围内出现塑性区,最大等效塑性应变值为 0.009 3。由于土体和井壁的变形不协调,井壁顶部 1 m 范围内有局部开裂。

6♯古井土体的变形以深度方向的变形为主,侧向变形较小。在自重、土压力和附加堆载作用下,土体在洞口底部 1~1.2 m 范围内出现塑性区,最大等效塑性应变值为 0.011 1。由于土体和井壁的变形不协调,井壁顶部 0.7 m 和井壁底部 0.3 m 范围内有局部开裂。

7♯古井土体的变形以深度方向的变形为主,侧向变形较小。在自重、土压力和附加堆载作用下,土体在洞口底部 1~1.2 m 范围内出现塑性区,最大等效塑性应变值为 0.009 2。由于土体和井壁的变形不协调,井壁顶部 0.7 m 和井壁底部 0.3 m 范围内有局部开裂。

8♯古井土体的变形以深度方向的变形为主,侧向变形较小。在自重、土压力和附加堆载作用下,土体在洞口底部 1~1.2 m 范围内出现塑性区,最大等效塑性应变值为 0.005 7。由于土体和井壁的变形不协调,井壁顶部 0.7 m 范围内有局部开裂。

图 6.38 和图 6.39 分别为 8♯古井和 6♯古井的结构现状分析结果。综合以上分析结果,古井外侧土体的变形以深度方向的变形为主,侧向变形较小。在自重、土压力和附加堆载作用下,土体在洞口底部 1~1.2 m 范围内出现局部塑性区。井壁在环向主要受压,拉应力较小,在竖向由于土体和井壁的刚度和变形的不协调,井壁顶部 1 m 和井壁底部 0.5 m 范围内有局部开裂。因此,建议对四口古井遗址进行加固处理。

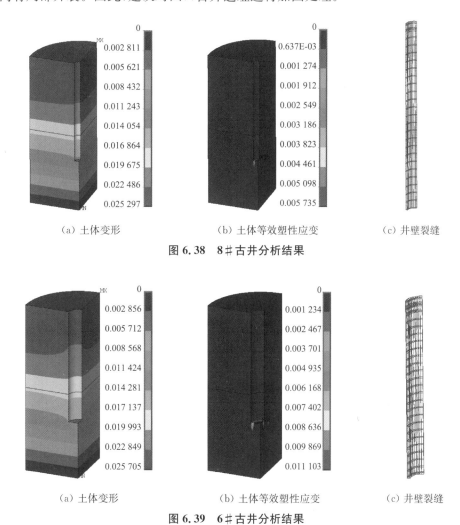

　　（a）土体变形　　　　　（b）土体等效塑性应变　　　　（c）井壁裂缝

图 6.38　8♯古井分析结果

　　（a）土体变形　　　　　（b）土体等效塑性应变　　　　（c）井壁裂缝

图 6.39　6♯古井分析结果

3. 保护技术分析

（1）保护原则

根据保护规划要求，将对古井遗址采用现状保护的方式，本着不改变原状，保护文物完整性、真实性、延续性的修缮原则，尽可能多地保存真实的历史信息，最低限度地干预文物本体，为后人保护、研究古井遗址提供可能与方便。

（2）保护方案

根据保护原则，综合考虑古井构造特征以及计算分析结果，参考相关文献，对古井遗址提出以下保护方法。分别在井口往下 0.5 m、井底往上 0.5 m 处设置一排水平锚杆，采用 316 不锈钢，每隔 45° 1 根，直径 20 mm，长度 3 m，如图 6.40 所示。

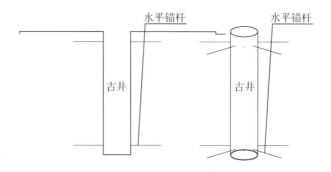

图 6.40　采用锚杆加固的保护方案

（3）保护方案计算分析

对加固结构模型在自重＋土压力＋附加堆载工况组合作用下的变形和应力进行了非线性分析。

计算结果表明：3♯古井土体的变形以深度方向的变形为主，侧向变形较小。在自重、土压力和附加堆载作用下，土体在洞口底部的最大等效塑性应变值为 0.005 1，明显小于未加固模型的值。井壁未开裂，最大主拉应力为 0.01 MPa。锚杆最大 Mises 应力为 22.9 MPa。

6♯古井土体的变形以深度方向的变形为主，侧向变形较小。在自重、土压力和附加堆载作用下，土体在洞口底部的最大等效塑性应变值为 0.007 7，明显小于未加固模型的值。井壁未开裂，最大主拉应力为 0.03 MPa。锚杆最大 Mises 应力为 33.9 MPa。

7♯古井土体的变形以深度方向的变形为主，侧向变形较小。在自重、土压力和附加堆载作用下，土体在洞口底部的最大等效塑性应变值为 0.007 3，明显小于未加固模型的值。井壁未开裂，最大主拉应力为 0.03 MPa。锚杆最大 Mises 应力为 7.67 MPa。

8♯古井土体的变形以深度方向的变形为主，侧向变形较小。在自重、土压力和附加堆载作用下，土体在洞口底部的最大等效塑性应变值为 0.003 7，明显小于未加固模型的值。井壁未开裂，最大主拉应力为 0.03 MPa。锚杆最大 Mises 应力为 6.52 MPa。

图 6.41 和图 6.42 分别为 8♯古井和 6♯古井在实施保护方案后的分析结果。综合以上分析结果，在井壁的底部和上部各增设一排水平锚杆，可以有效地阻止井壁的开裂，确保井壁的结构安全性和稳定性。

（4）参数分析

为了明确各参数对古井结构性能的影响，对主要影响参数进行了计算分析。主要参数有古井壁厚、古井内径和古井深度。图 6.43、图 6.44 和图 6.45 分别为古井壁厚、古井内径、古井深度对井壁最大主拉应力和土体最大等效塑性应变的影响结果。

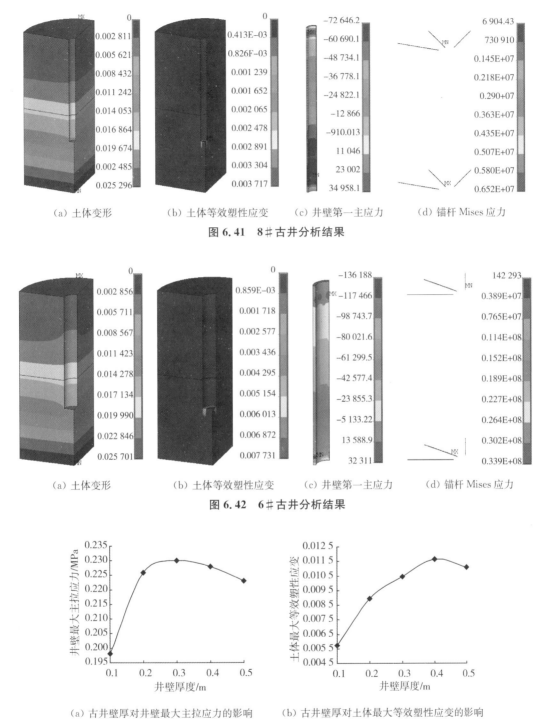

|（a）土体变形|（b）土体等效塑性应变|（c）井壁第一主应力|（d）锚杆 Mises 应力|

图 6.41　8♯古井分析结果

|（a）土体变形|（b）土体等效塑性应变|（c）井壁第一主应力|（d）锚杆 Mises 应力|

图 6.42　6♯古井分析结果

（a）古井壁厚对井壁最大主拉应力的影响　　　（b）古井壁厚对土体最大等效塑性应变的影响

图 6.43　古井壁厚的影响结果

　　计算分析表明：井壁最大主拉应力和土体最大等效塑性应变随着古井壁厚的增大，先增大后减小；井壁最大主拉应力和土体最大等效塑性应变随着古井内径的增大而增大，几乎呈线性关系；井壁最大主拉应力和土体最大等效塑性应变随着古井深度的增大而增大，几乎呈线性关系。

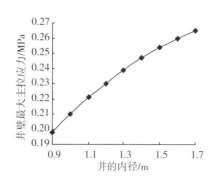 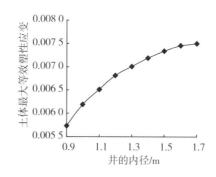

（a）古井内径对井壁最大主拉应力的影响　　　（b）古井内径对土体最大等效塑性应变的影响

图 6.44　古井内径的影响结果

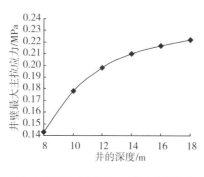 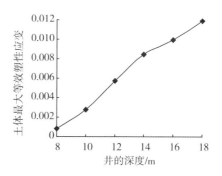

（a）古井深度对井壁最大主拉应力的影响　　　（b）古井深度对土体最大等效塑性应变的影响

图 6.45　古井深度的影响结果

4. 结语

通过对金陵大报恩寺四口古井遗址结构性能及保护技术研究的介绍,给类似文物的保护设计分析提供一些参考。

（1）在保护设计前,应对古井遗址在真实环境和荷载作用下的结构性能进行分析,找出其存在的安全隐患,为保护设计提供科学依据。

（2）未加固的古井遗址在自重＋土压力＋附加堆载的作用下,井壁底部和上部存在开裂区,容易发生井壁开裂。

（3）在井壁的底部和上部各增设一排水平锚杆,可以有效地阻止井壁的开裂,确保井壁的结构安全性和稳定性。

（4）井壁最大主拉应力和土体最大等效塑性应变随着古井壁厚的增大,先增大后减小;井壁最大主拉应力和土体最大等效塑性应变随着古井内径和古井深度的增大而增大,几乎呈线性关系;井壁最大主拉应力和土体最大等效塑性应变随着古井深度的增大而增大,几乎呈线性关系。

复习思考题

6-1　请列举几个著名的地下砖构建筑遗产。

6-2　地下砖构建筑遗产主要包括哪几种类型?

6-3　六朝砖墓的墓顶结构形式包括哪两种?

6-4　砖墓建筑遗产的常见病害及其成因是什么?

6-5　地下构筑物遗址的常见病害及其成因是什么?

6-6　地下砖构建筑遗产的保护技术包括哪些?

6-7　如何对地下砖构建筑遗产进行防水保护处理?

第七章　砖石古塔建筑遗产的保护技术及案例

7.1　概述

　　古塔是与牌坊、歇山殿齐名的中国代表性古建筑,是我国古代人民智慧和汗水的结晶,它记录了我国古代的历史文化和营造工艺。在古代,塔常常高高突出于其他建筑,而且造型及塔身装饰精美,所以古塔在民间素有"宝塔"的美誉。我国是世界文明古国,历史悠久,存世的古建筑很多。我国现存的古塔主要有木构和砖石构两类,但是由于木结构很容易受到自然环境和人为破坏的影响而不易长时间保存,因此现存古塔大部分都为不易破坏的砖石结构,只有少数木构古塔或者只将木构用于塔身的装饰。据不完全统计,现存的砖石古塔数量为 3 000～3 800 座。现存的砖石古塔数量众多并且形式多样,给我们留下了跨越十几个朝代的珍贵历史财富。这些砖石古塔的主要建筑形式有楼阁式塔、密檐式塔、喇嘛塔等。

　　砖石古塔的结构形式有实心、空心、双筒式,还有中间为立柱的单筒式。按内部构造的不同分为以下几种:空筒式结构、壁内折上式结构、壁边折上式结构、穿壁式结构与穿心绕平座式结构、错角式结构、回廊式结构、穿心式结构、实心结构、扶壁攀登式结构、螺旋式结构、混合式结构。图 7.1 和图 7.2 分别为砖石古塔的代表苏州虎丘塔和西安大雁塔。

图 7.1　虎丘塔

图 7.2　大雁塔

7.2　砖石古塔建筑遗产的常见病害

1. 砖石古塔的倾斜

砖石古塔的基础形式一般比较简单,这是由于古代建筑设备和技术条件的限制。除少数古塔采用木桩基础外,多数古塔的基础采用石板砌筑或砖块砌筑的基础形式,尺寸一般比塔身平面稍大一点,而形状与塔身平面形状基本一致。基座材料有方砖、毛石、砖皮土芯等。砖石古塔一般在建造时很少对塔下地基进行加固处理,因此,许多砖石古塔的地基存在软土厚薄不均的情况,容易造成塔体的偏心和倾斜。此外,由于砖石古塔的长细比较大,材料密度很大,导致塔体的偏心弯矩较大,倾斜方向的地基受力增大,加速了塔体的进一步倾斜,形成恶性循环。所以,砖石古塔倾斜的纠偏加固是保护古塔十分重要的环节。从目前所搜集到的资料来看,国内的许多砖石古塔均存在不同程度的倾斜问题,如表 7.1 所示。

表 7.1　国内一些砖石古塔的倾斜情况(纠偏前)

塔名	倾斜方向	倾斜角度/倾斜量	塔名	倾斜方向	倾斜角度/倾斜量
大秦寺塔	东北	3°15′8″	瑞州古塔	东北	1.7 m
八云塔	东北	1°36′25″	定林寺塔	西北	7°30′
耀县塔	西南	1°24′27″	净光寺塔	东北	4°20′
兴平北塔	东北	0°16′37″	虎丘塔	西北	3°59′
大像寺塔	东北	3°36′48″	绥中塔	东北	12°
报本寺塔	东北	4°35′48″	镇海塔	西北	1.25°
圣寿寺塔	东北	0°19′32″	万寿塔	西北	1.17 m
万佛寺塔	东北	2°42′48″	延安宝塔	西北	0.3 m
兴福寺塔	东北	1.325 m	奎光塔	东北	1°29′19″
兰州白塔	西北	8 mm	元魁塔	东南	68 cm
文峰塔	东北	1.7 m	法华塔	东南	78 cm
玉煌塔	西南	3°	慧光塔	西	1.1 m
天马山护珠塔	东南	7°	温州江心西塔	东南	7°

2. 砖石古塔的震害

砖石古塔属高耸结构,体形简单且构件单一,属静定结构,从多道抗震防线来看,其抗震能力远低于超静定结构。塔身采用砖石砌体,黏结材料一般为黄土泥浆和石灰浆两类,由于长期的风化及腐蚀,砖和黏结材料的强度均较低,在地震或其他荷载作用下易出现不同程度的损坏。笔者通过对汶川地震中砖石古塔震害资料的调研整理得出震害的特征主要如下:

(1)塔刹震落或震歪

位于塔顶的塔刹一般质量比较集中,自身高度也比较高,塔刹在地震作用下由于鞭梢效应将产生较大的地震力,因此塔刹震害比较普遍。如汶川地震中,邛崃回澜塔宝顶倾斜,第四层外部形成裂缝(见图 7.3)。回澜塔又名镇江塔,为四川省文物保护单位,十三级六边形楼阁式砖塔,通高 75.48 m,名列全国第三高砖塔,是四川省境内最高的古塔。此外,汶川地震也造成简阳圣德寺白塔(见图 7.4)塔顶脱落,吊落的砖块打破塔体并损坏四周的附属物。圣德寺白塔属砖石仿木结构、四周攒尖顶、十三级密檐式佛塔,为国内仅见的抱厦和舍利塔造型。

图 7.3　邛崃回澜塔　　　　　　　　　图 7.4　简阳圣德寺白塔

(2) 塔身顶部震塌

地震中,塔体上部产生较大的层间位移角,容易坍塌。在汶川地震中,这种震害特征尤为显著。例如安县文星塔在此次地震中,塔体几乎完全倒塌(图 7.5)。文星塔原名文星阁,阁身全用土砖砌筑,共 13 层,高 28 m,始建于清道光十六年(1836 年),为四川省重点文物保护单位。

(a) 震前　　　　　　　　　　　　(b) 震后

图 7.5　安县文星塔

四川阆中古城明代白塔(图 7.6)在此次地震中,震塌 6 层。白塔是古城风水坐标,400

多年来保存完好,是四川省重点文物保护单位,共有 12 层,高 32 m,始建于明代。

（a）震前　　　　　　　　　　　　　　（b）震后

图 7.6　阆中白塔

四川盐亭笔塔(图 7.7)在此次地震中,大部分垮塌,仅余约 9 m。笔塔始建于清光绪十四年(1888 年),为重檐歇山式楼阁塔,七层六面,高 30 m。因其高标夺目的形体像一管指向蓝天的巨笔而得名。塔基周长 36.8 m,用巨石砌成三级台阶。塔身用青砖和精工烧成的筒瓦以及预制饰件砌成,塔顶装置三连宝葫芦状塔刹。

（a）震前　　　　　　　　　　　　　　（b）震后

图 7.7　盐亭笔塔

四川广元来雁塔(图 7.8)在此次地震中,五层以上全部倒塌。来雁塔共 13 层,高 36 m,

呈八卦形,每层八角,始建于清同治十一年(1872 年),1985 年被列为县级重点文物保护单位。

(a) 震前　　　　　　　　　　　　　(b) 震后

图 7.8　广元来雁塔

　　四川中江北塔(图 7.9)在汶川地震中损毁严重,10 层以上全部垮塌,塔身开裂。中江北塔始建于北宋神宗熙宁年间,距今已有近千年的历史,十三级的砖塔在地震中直接损毁近四级。

(a) 震前　　　　　　　　　　　　　(b) 震后

图 7.9　中江北塔

四川苍溪崇霞宝塔(图 7.10)在汶川地震中,顶部三层已完全倒塌。崇霞宝塔为明天启六年(1626 年)修建的楼阁式六棱形白塔,塔身共 9 层,通高约 25 m,除塔座和第一层塔柱为石料建成外,其余八层均为特制大砖修建。1988 年,广元市政府公布其为市级文物保护单位。

（a）震前　　　　　　　　　　　　　　　　（b）震后

图 7.10　崇霞宝塔

四川崇州市街子古镇字库塔(图 7.11)在汶川地震中顶部倒塌。字库塔建于清道光年间,由石条、石墩和青砖建成。塔高 15 m。塔呈六方体形,共五层。

（a）震前　　　　　　　　　　　　　　　　（b）震后

图 7.11　字库塔

四川绵竹回漾塔(图7.12)在汶川地震中顶部倒塌。回漾塔建于清同治四年(1865年),高27 m,墙厚约1 m,共13层。重庆黔江文峰塔(图7.13)在汶川地震中也损坏严重,塔顶的塔刹和第5层塔身已全部垮塌,第4层约1/3的塔体垮塌,第3层也有小部分垮塌,所垮塌石构件坠入山谷。文峰塔始建于清道光二十九年(1849年),石结构楼阁式,五层一塔刹,高15.5 m,素面塔身,呈六边形。

图7.12 绵竹回漾塔   图7.13 重庆黔江文峰塔

四川阆中市保宁镇玉台山石塔(图7.14)在汶川地震中受损严重,塔顶震落、损毁,塔身变形。玉台山石塔始建于唐初(七世纪初),塔全用石建造,通高8.25 m,塔基呈四方形,塔身呈圆钵状。2006年被国务院公布为全国重点文物保护单位。

(a)震前   (b)震后

图7.14 玉台山石塔

（3）沿塔竖向中轴线劈裂及角部裂缝

地震时,古塔沿竖向中轴线和角部位置容易开裂,究其原因,主要有以下四点:(1)古塔竖向地震反应显著,对塔体破坏很明显;(2)很多古塔的地基和场地不是很好;(3)地震作用下,在悬臂杆中和轴处将产生最大剪应力,而古塔一般沿中轴线习惯开设门窗洞,更增大了剪切破坏的可能性;(4)地震作用时,角部位置容易产生应力集中。汶川地震中,这种震害特征也较为显著。

都江堰奎光塔(图 7.15)在汶川地震中,虽然没有出现坍塌,但塔身多处开裂。奎光塔始建于明代,重建于清道光十一年(1831 年),青砖结构,楼阁式。塔身为平面六角形,十七层,高 57 m。20 世纪 80 年代初,奎光塔出现明显倾斜,塔体下部东侧砖体被压酥,西侧严重拉裂。2001 年,经都江堰市政府批准,对该塔进行了纠偏处理,并对其基础及 1～6 层进行了加固处理。汶川地震中,正好是 6 层以上部位出现裂缝。

（a）震前　　　　　　　　　　　　　　（b）震后

图 7.15　奎光塔

汶川地震导致四川广安白塔(图 7.16)墙体多处开裂。广安白塔又名"舍利"宝塔,南宋淳熙至嘉定(公元 1174 年—1224 年)年间建。位于广安城南 2 公里渠江聋子滩侧,四方形,通高 36.7 m。塔身为砖石结构,仿木楼阁式建筑,共 9 层。1～5 层为石结构,6～9 层为方砖结构,彩裱 3 层。

受汶川地震影响,四川邛崃石塔寺石塔(图 7.17)塔顶开裂,塔始建于南宋乾道八年(公元 1172 年),塔体通高 17.8 m,全部用红色砂岩砌筑,平面四方形,为 13 层密檐式。由塔基、塔身和塔刹三部分组成,为全国重点文物保护单位。

此外,汶川地震也波及了四川省外的一些砖石古塔,例如银川海宝塔(图 7.18),在汶川地震后,塔体部分墙面出现裂缝,该塔第 4～9 层的四面拱门上均发现有裂缝,塔内第 6 层裂缝较宽,南北两边拱门裂缝宽 3 mm 左右。南拱门砖缝松动,有 30 cm 左右长的明显裂缝,北拱门有一条长 10 cm 左右的裂缝。海宝塔始建年代不详,据史载为赫连勃勃(大夏国王,公元 407—424 年)重修,系楼阁式 9 层 11 级砖砌方形塔,总高 53.9 m,造型独特别致,每层四面置券门,券门的两侧设凹檐,塔刹是绿色琉璃桃形四角攒尖刹顶。

汶川地震也造成山西运城安邑千年古塔(图7.19)裂度加大,安邑古塔始建于宋代,原有13层高,属楼阁式八角形砖塔,历史上曾经历过三次大地震,导致塔身出现裂缝,塔高由86 m降为71 m,但古塔依然耸立不倒。汶川地震发生时,古塔摇晃了两分钟左右,致使塔顶上的土砖掉落、塔门堵塞,塔身的裂缝也进一步加大。

图7.16 广安白塔

图7.17 邛崃石塔寺石塔

图7.18 银川海宝塔

图7.19 运城安邑千年古塔

（4）塔身倾斜

汶川地震中,塔身出现倾斜现象也较为普遍,倾斜的原因主要有以下几点。①地基的不均匀沉降:古塔建造时,场地由于基础不均匀、各方向土层厚度不等,已产生倾斜。②地基承载能力不足:大多数砖石古塔,基础面积小、重量大,在偏心受压作用下,地基承载能力不足,导致倾斜。③地下水位的差异变化:地下水位发生变化,使塔体压缩产生不等的沉降量,从而使塔体倾斜。④ 边坡松弛及滑坡蠕动。⑤偏心受压导致恶性循环。⑥地震导致土体断层或液化,因此出现不均匀沉降。

汶川地震造成四川南部县神坝砖塔(图 7.20)地基沉陷,塔身严重倾斜。神坝砖塔,1864 年兴建,高 14 m,为七层六角形仿木结构浮雕砖塔,具有奇特的艺术风格。

汶川地震使得德阳龙护舍利塔(图 7.21)塔身倾斜,塔身外墙粉饰脱落。龙护舍利塔又名孝泉舍利塔,为密檐式四方砖塔,外形十三层,高 37 m,是四川省现存唯一的一座元代砖塔,1991 年被四川省人民政府核定公布为省级文物保护单位。

图 7.20　南部县神坝砖塔

图 7.21　德阳龙护舍利塔

受地震影响,四川蓬溪鹫峰寺塔(图 7.22)塔身倾斜、开裂,外墙粉刷脱落。此塔始建于南宋嘉泰四年(1204 年),以砖砌成,塔高 32 m,分 13 级,正方四角造型,现为全国重点文物保护单位。

汶川地震也导致岳池白塔(图 7.23)塔身倾斜,岳池白塔又名文明塔。于清嘉庆二十二年(1817 年)开始修建,塔高约 30 m,共 9 层,呈密檐式 6 棱锥体。

（5）塔身的斗拱、塔檐掉落

汶川地震中,一些古塔的斗拱、塔檐部位塌落,主要是由于这些装饰件与结构主体的连接不牢靠。例如在汶川地震中,简阳圣德寺塔的部分塔檐坍塌,塔东面第十二、十三级和北面第十三级塔檐坍塌,塔角的十六只风铃掉落五只,垂带式梯踏崩裂。地震导致岳池白塔 1～5 层塔檐断裂、垮塌。

图 7.22　蓬溪鹫峰寺塔　　　　　　　图 7.23　岳池白塔

7.3　砖石古塔建筑遗产的保护技术

1. 砖石古塔的纠偏加固技术

古塔的纠偏加固技术的难度和风险性远远高于正常的地基基础施工技术,是一个世界性难题。例如,意大利比萨斜塔的纠偏工程历时 17 年,共耗资 4 000 万美元才宣告完成。我国工程人员主要在以下几个方面对古塔纠偏加固技术进行了研究:周围环境状况的研究、古塔现状测绘、塔体材料性能试验、古塔结构可靠性诊断的方法研究、纠偏技术、维修加固等。目前,国内外技术人员对古塔纠偏加固技术的研究主要是针对实际工程,采用的技术也是各种各样,大多数工程都取得良好的纠偏效果。

凌均安在文献中介绍了兰州白塔的纠偏加固情况。为了较好地纠偏塔体,甘肃文物管理部门采取了先进的观测手段和严密的保护措施,并且针对白塔倾斜和塔体损坏严重的情况,通过结构加强、基础托换和掏土加压的组合纠偏法来完成纠偏工作。在稳定基础方面,采用结构围箍加固、钢筏托换基础、掏土加压纠偏和压力灌浆的方式。陈平等在对陕西眉县静光寺塔纠偏时,考虑塔体自身状况,决定采用"成孔—软化"的技术方案。其基本思路是:先在塔南侧基础下面钻排孔,通过排孔注水使孔间土软化,这样塔的南侧就会下沉,从而使塔整体回倾。纠偏后,塔身回倾达 70％。丘秉达对广州六榕寺塔进行了纠偏加固,对塔身墙体的维修采用了新工艺、新材料,其中超厚墙体通过灌浆加固,外部墙体利用碳纤维加固,这样既保持了六榕寺塔的原有外貌,又彻底改变了六榕塔的受力状况从而排除了结构安全隐患。这种加固修复方式符合古建筑"修旧复旧"的文物维修原则。1981 年至 1986年期间,中国工程界采用"围、灌、盖、调、换"的加固技术,对苏州虎丘塔进行了全面的纠偏加固,以强化地基为主、塔体纠偏为辅,基本控制了塔基沉降,稳定了塔身倾斜。虎丘塔倾斜纠偏加固的成功实施为我国的古塔保护加固提供了成功的案例,对我国古今建筑的加固修缮具有十分重要的参考价值,也为人类文化遗产的保护提供了很好的借鉴。1990 年,意大利政府成立了拯救比萨斜塔国际委员会,1992 年初,国际委员会决定在沉降较小的北侧采用分期分批地进行增加铅锭堆载促沉法对其进行纠偏,使得比萨斜塔 800 年来第一次开始回倾。之后在塔北侧地基下钻孔取土并严密监测斜塔动向。至 2007 年 6 月 27 日宣告完工,斜塔已回到 1838 年的倾斜角度。

对倾斜古塔的修复加固主要分为以下几个步骤:工程实施前周密调查研究,分析判断倾斜原因,提出纠偏可行性方案。由国内大多数古塔的倾斜现状来看,其倾斜原因主要有以下几个方面:

(1)地基的不均匀沉降:由于古代匠师缺乏处理地基的知识,古塔常建造于软弱地基之上而且没有详细地质勘查资料,许多古塔常常未设基础或基础埋深很浅。所以,很多古塔的地基土层由于在各方向的土层厚度分布不均原因导致地基土体的压缩性有较大差异。古塔建造在饱和黏土层、淤泥或淤泥质土等欠固结土层等软弱地基上,或存在暗沟、墙基驳岸等软硬异常区,这些因素均会造成古塔的不均匀沉降。

(2)地基承载能力不足:古代匠人在设计建造古塔时,往往更多地考虑塔体的造型和美观效果,限于当时条件,缺乏对古塔的结构受力和地基基础受力的分析。而我国大多数砖石古塔的重量大且基础面积小,导致很多古塔的基础出现承载能力问题。古塔基底土层由于受力过大产生塑性区;膨胀土和湿陷性黄土、冻土等特殊土类在相应的不利条件下产生较大的沉降变形;岩溶、土洞、潜蚀、塌陷、振动液化的影响;地基土受污染侵蚀丧失强度和承载力等,都会引起古塔的倾斜。

(3)地下水位的差异变化:多数古塔基础下水文地质条件复杂,因受地貌、地质、构造及岩性等因素的制约,地下水的贮存条件差异较大,而地下水作为岩土体的组成部分,直接影响岩土体的性能和行为。同时地下水的储存状态与渗流特性对古塔基础变形、承载能力、稳定性与耐久性都起着不可忽视的作用。塔基各方向的地基土含水量的差异变化,使古塔地基土压缩产生不等的沉降量,从而造成古塔的倾斜。

(4)边坡松弛及滑坡蠕动:我国是一个多山的国家,滑坡在我国是一种常见的山区地质灾害。不良的工程地质条件及岩体结构条件是影响边坡稳定性和促使边坡滑动的主要原因。影响边坡稳定的因素有很多,如人为的切坡脚开挖、大量降雨、边坡的地下开挖以及大爆破等。绝大多数滑坡都是由于降水作用引起的,边坡岩/土体的不良水理性质是影响边坡稳定性的最重要的地质因素之一。我国砖石古塔大多依山而建,地形坡度较陡,遭遇地质灾害因素有可能产生古塔倾斜或顺坡滑动的现象。

(5)偏心受压导致恶性循环:古塔长细比大、偏心弯矩大,对地基十分敏感,因而,古塔下部地基条件不良很容易导致古塔产生不同程度的倾斜,古塔一旦倾斜后,倾斜方向的地基受力和压缩变形会增大,会进一步加速塔体倾斜,形成恶性循环。

(6)地震影响:我国是多地震国家,许多砖石古塔都经受过地震而发生了坍塌和不同程度的损坏。由于砖石为脆性材料,在地震作用下易出现裂缝,塔体结构的抗剪性能降低,使结构松弛,并且裂缝扩展会使塔体局部塌落或整体坍塌。

古塔的纠偏加固原则:古塔的维修加固应严格遵照"不改变文物原状"的原则进行,既要以科学的方法防止其损毁,延长其寿命,又要最大限度地保存其历史、艺术、科学价值。古塔常用的纠偏加固方法见表 7.2。

表7.2 古塔常用的纠偏加固方法

古塔倾斜损坏原因	加固纠偏方法与措施	注意事项
① 地基不均匀沉降 ② 基础承载力不足	① 基础加固,加大基础面积 ② 围箍加固 ③ 基础托换、钢筏托换基础 ④ 桩基础加固 ⑤ 掏土加压纠偏 ⑥ 压力灌浆	① 应遵循古建筑维修加固的原则和模式 ② 桩基加固时,考虑机械挖桩的不利影响,尽量采用人工挖孔桩 ③ 施工过程中一定要采取监测措施
地下水位差异变化	① 地下水的回灌 ② 做好总体平面和竖向设计,改善塔体周围排水系统 ③ 采取防水地坪、散水等排出塔檐雨水的措施	① 应视基础下地质情况而定 ② 控制回倾速率 ③ 经常性的保养维护工作包括瓦顶除草、补漏、疏通水道、清理杂草树木等
边坡松弛、滑坡蠕动	① 设置抗滑桩、锚索框架梁 ② 全部拆除、异地重新组合	① 抗滑桩可以用木桩或混凝土桩 ② 迁建工程非万不得已不要做,应谨慎选择新的地址,尽可能与原环境相似
屋顶、局部构件的破坏	① 屋面防渗防漏 ② 揭瓦亮椽,更换屋顶木构件及漆饰	遵循古建筑维修原则,要"修旧如故"
墙体裂缝、开裂	① 局部换砖 ② 纤维布加固补强 ③ 压力灌浆	局部换砖造价高、维修期长、外观破坏较大

2. 砖石古塔的抗震加固技术

根据参考文献,对砖石古塔抗震加固后需要达到的目标是:当古塔遭受低于本地区设防烈度的多遇地震影响时,结构基本不损坏;当遭受本地区设防烈度的地震影响时,可能损坏,经一般修理仍可继续使用;当遭受高于本地区设防烈度的罕遇地震影响时主要承重体系不坍塌,并不发生重大的毁坏,经大修后仍可恢复原状。笔者根据国内外对砖石古塔加固的经验,结合计算结果,对砖石古塔抗震加固提出几点建议:

(1)古塔的地基和基础加固:古塔若位于不良场地,如山坡、断层破碎带、岩溶或土洞等场地,应先对地基进行加固。对塔体基础可采用钢筋混凝土基础进行整体性和承载力的加固。

(2)裂缝灌浆:古塔墙体裂缝不仅影响外观,而且降低了塔体的整体性,使其抗震能力大大降低。对已有裂缝可采用压力灌浆处理,浆液可采用水硬性石灰浆液、化学浆液或混合砂浆。

(3)塔体加箍:箍的形式可采用钢板箍、钢筋混凝土箍、砖筋箍、碳纤维箍等,加箍的作用主要是防止竖向裂缝开展并局部提高砌体的抗剪强度,同时增强塔体的整体性,提高其抗震性能。

(4)构造加固:增设构造柱和圈梁,增强塔体的整体性,提高其抗震性能,为保持古塔外貌,构造柱与圈梁应设在塔内。

7.4　案例1　江苏省文物保护单位:南京定林寺塔纠偏加固及修缮工程

1. 工程概况

定林寺塔(图7.24)位于南京市江宁区方山北麓,始建于南宋乾道九年(公元1173年),七级八面,为仿木结构楼阁式砖塔,底层边长约1.64 m,直径约3.46 m,向上逐层收缩,高约12.3 m,底层平面和塔身剖面分别见图7.25和图7.26。2001年9月,测得塔身倾斜角度为7°32′。

图7.24　定林寺塔

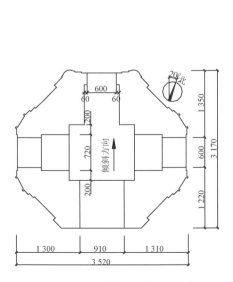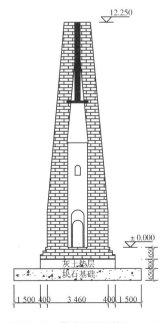

图7.25　底层平面(单位:mm)　　　　**图7.26　塔身剖面(单位:mm)**

2. 倾斜原因

(1) 古塔基础恰好位于低强度和高强度的土层分界线附近,场地北面软弱土层比南面厚(图7.27),多年的差异沉降是造成塔身向北倾斜的因素之一。

(2) 古塔塔基位于冲洪积层之上(图7.28),南侧30~200 m内有两条大的环状滑移面,②层粉质黏土之下为软~可塑的③层青灰色粉质黏土,两者之间为滑面。且基岩南高北低,给土层向北滑移提供了地质因素,这是塔身向北倾斜的因素之二。

(3) 地层结构面南高北低,地下水由南向北渗流,由于地表水渗入和地下水侵蚀造成基底土流失较为严重,这是塔身向北倾斜的因素之三。

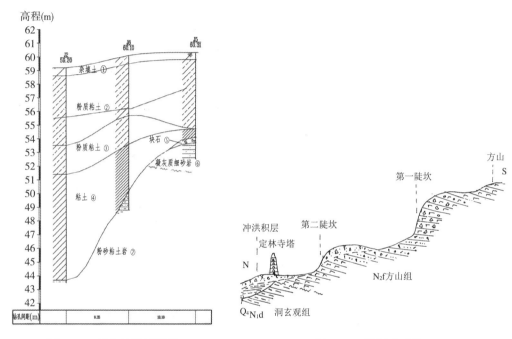

图 7.27　基底地质剖面图　　　　**图 7.28　周围地质状况**

3. 纠偏方法

(1) 设置环形分布的人工挖孔桩

人工挖孔桩采用环形布置,古塔北侧土层较厚,桩长较长,南侧土层较薄,桩长较短,利用桩顶刚度较大的环形压顶梁可有效地协调长短桩之间的变形,形成类似框架的空间体系(图7.29),可有效地约束基底土体的滑动,人工挖孔桩对山地作业比较适合且对土体扰动较小。

(2) 注浆固土、纠偏

塔基下水土流失比较严重,对基底土体进行注浆加固,以达到压密土体的目的。由于纠偏量不是很大(1°~2°),先考虑以较高的压力注浆抬升塔体偏压一侧以达到纠偏的目的。当压密注浆无法达到设计的纠偏度时,在人工挖孔桩过程中进行冲水掏土纠偏(图7.30)。

(3) 防水和排水措施

为阻挡坡上水对基底土的侵蚀,在塔体南侧约20 m处开挖一条截水沟。为保证排水效果,截水沟须挖至第②层土,长度须延伸至冲洪积层边缘。由于人工挖孔桩桩距较小,致使人工挖孔桩所围区域内土体排水不畅,为防止该区域内大气降水渗入地下后排水不畅造成土体承载力下降,须在该区域做防水地坪。具体布置详见图7.31。

（4）止滑挡土

从场地地质状况图可以看出从定林寺塔沿坡而上存在两个陡坎,这两个陡坎都是造成大规模山体滑坡的地质条件。因此,若要彻底治理滑坡,必须对这两个陡坎进行治理。可考虑使用锚杆(索)对土体进行加固。

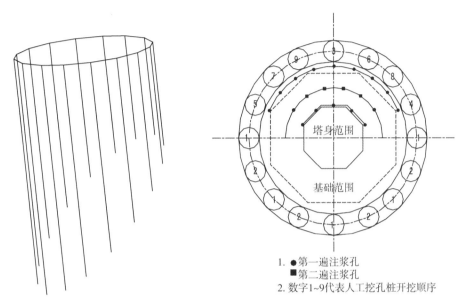

1. ●第一遍注浆孔
　■第二遍注浆孔
2. 数字1~9代表人工挖孔桩开挖顺序

图7.29　人工挖孔桩及压顶梁轴线图　　**图7.30　人工挖孔桩及压密注浆顺序布置**

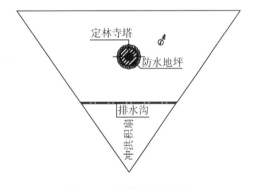

图7.31　防排水措施示意

4. 纠偏效果

南京方山定林寺塔经过纠偏后,已由倾斜角度最大时的7°32′变为倾斜5°25′,仍保持倾斜古塔的风貌。

5. 加固修缮

纠偏后的定林寺塔仍保持一定的斜度,为了增加砖塔的强度和整体性,我们对其进行了压力灌浆。为了达到最佳的保护效果,我们对浆液配比进行了试验,选择了三种不同配比的灌注浆液进行试验(见表7.3),最终选用强度适中、性能稳定、颜色匹配的配比C组。图7.32～图7.33分别为压力灌浆施工和修缮完成后的定林寺塔。

表 7.3　定林寺塔灌浆配比试验

配比	901 胶	白灰	白水泥	砂子	水	抗压强度
A 组	200 g	500 g	1 250 g	3 000 g	600 g	6.2 MPa
B 组	300 g	500 g	1 500 g	3 000 g	600 g	9.6 MPa
C 组	200 g	1 000 g	1 250 g	3 000 g	600 g	9.0 MPa

图 7.32　压力灌浆施工

图 7.33　修缮后的定林寺塔

复习思考题

7-1　请列举几个著名的砖石古塔建筑遗产。

7-2　砖石古塔建筑遗产的主要建筑形式有哪些?

7-3　砖石古塔建筑遗产的主要结构形式有哪些?

7-4　砖石古塔建筑遗产的常见病害有哪些?

7-5　砖石古塔建筑遗产的倾斜原因主要有哪些?

7-6　砖石古塔建筑遗产易受震害的原因是什么?

7-7　砖石古塔建筑遗产震害的主要特征有哪些?

7-8　对倾斜古塔的纠偏加固主要有哪几个步骤?

7-9　请简述砖石古塔建筑遗产的抗震加固技术。

第八章 石拱桥建筑遗产的保护技术及案例

8.1 概述

我国石拱桥的建造历史可以追溯到1 400年以前,它是中国古建筑文化的瑰宝,不仅是历史交通要道的物质承载,更是古代劳动人民的智慧展现。我国现存有大量的石拱桥,其中最古老的石拱桥为赵州桥,它建于隋代。明清时期建造并保留下来的石拱桥最多。现存的石拱桥建筑遗产可以根据拱肩形式、拱券形式、桥孔数、砌筑方法、拱厚墩厚等进行形制的划分。从拱肩形式上分类,石拱桥可以分为敞肩式和实肩式。敞肩式石拱桥的大拱上垒架有小拱,可以减轻拱桥的自重,从而减小拱券厚度和墩台尺寸,还可以减少水流阻力,增大桥梁的泄洪能力;实肩式石拱桥则没有小拱。图8.1为敞肩式石拱桥赵州桥,图8.2为实肩式石拱桥蒲塘桥。

图8.1 赵州桥

图8.2 蒲塘桥

根据拱券形式分类,石拱桥可以分为曲线拱桥和折边拱桥。其中曲线拱根据拱轴线可以分为圆弧拱、半圆拱、马蹄拱、椭圆拱等,折边拱根据折边数可以分为三折边、五折边和七折边。圆弧拱的拱心夹角小于180°,桥孔低,不便于通航;半圆拱的拱心夹角为180°,形状简单,施工方便,跨度大小因地制宜,但不宜过大;马蹄拱的拱心夹角大于180°,桥孔高,便于通航,但比较陡,影响行人行走;椭圆拱一般以长轴为拱跨,跨度较大,若以短轴为拱跨,则呈蛋形;折边拱由墓拱演化而来,施工简单,用料较少,但不够坚固。根据桥孔数分类,石拱桥可以分为单孔桥和多孔桥。多孔桥的孔数基本为奇数。多孔拱桥的某孔主拱受到荷载时,可以通过桥墩的变形或拱上结构的作用将荷载由近及远地传递到其他孔的主拱上,这样的多孔拱桥称为连续拱桥。《清官式石桥做法》中,桥孔都是奇数,中间孔最大,其他孔在拱脚平齐的基础上,孔径依次递减。根据拱厚墩厚分类,石拱桥由于南北方水文地质条件的不同可以分为厚拱厚墩石拱桥和薄拱薄墩石拱桥。北方河流具有季节性涨落特点,洪水流速大,冲刷严重,冬季有流冰现象,桥上车运荷载大,还有南方一些洪水流速较大的地区,会采用厚拱厚墩石拱桥,并设有分水尖和破冰棱;南方地区水网密集,水位稳定,交通运输依靠船只,桥上荷载小,但土质较差,故会采用薄拱薄墩石拱桥以减轻自重。

　　石拱桥的砌券方式有很多种,茅以升先生在《桥梁史话》中将其大致分为"并列"及"纵联"两种。并列砌券[图8.3(a)]是指"许多独立拱券枋比并列而成",即一般以拱券石较长之边沿拱轴线向放置,每道拱券之间简单并置。这种砌筑方式在其拱轴方向用石块较少,但是在桥宽方向拱券石之间往往缺少联系。横联砌券[图8.3(c)]则是指"诸拱券在横向交错砌筑",而在《中国古桥技术史》中将"纵联"更名为"横联",实为同一概念。其一般将石块的短边沿拱轴线向放置,桥宽方向石块则交错砌筑,如砖墙砌筑一般,故一般这种砌筑方法较为"联实",使拱桥基本上成为一体。基于上述两种类型,还有一系列派生变化而发展出来的类型。为了解决并列砌券缺乏横向联系的问题,发展出分节并列、横联分节并列、镶边横联、框式横联等砌法。分节并列[图8.3(b)]是指在拱轴线方向分节,相邻两节之间拱轴线方向的缝不对齐,但每一节中券石是简单并置的,这既解决了并列砌券横向联系不足,又解决了横联砌券拱轴线方向券石数太多这一问题。但是由于拱券石宽度有限,其错缝距离较小,为解决这一问题,在节与节之间置入横向整条长石,使得其接触面积大大增加,形成横联分节并列式砌券[图8.3(f)],唐寰澄在《中国古代桥梁》一书中也称其为"联锁"砌券。另外,还有两侧按"列"砌法砌筑一道拱券,内部采用横联的砌法,谓之"镶边"[图8.3(d)]。如若置入横向长石与两侧券石形成"框架",则谓之框式横联砌法[图8.3(e)]。综上所述,石拱桥中拱券砌法多样,但大致可分为三类(图8.3):第一类为无横向联系的拱券,如并列砌券;第二类为券石交错砌筑产生横向联系的拱券,如分节并列、横联及镶边横联砌券;第三类为用通长的条石解决横向联系的拱券,如横联分节并列砌券、框式横联砌券。

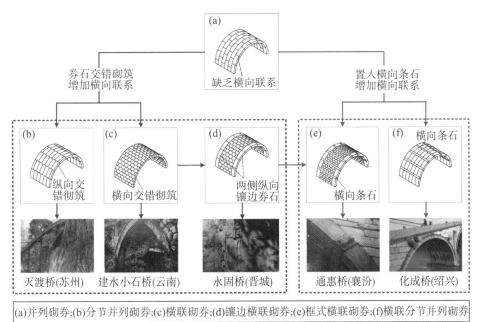

(a)并列砌券;(b)分节并列砌券;(c)横联砌券;(d)镶边横联砌券;(e)框式横联砌券;(f)横联分节并列砌券

图8.3　石拱桥的不同砌券方式

8.2　石拱桥建筑遗产的常见病害

　　石拱桥的常见病害主要包括自身材料因素导致的病害、物理因素导致的病害、化学因素导致的病害、生物因素导致的病害、人为因素导致的病害和结构受力因素导致的病害,具体归纳如下。

1. 自身材料因素导致的病害

石拱桥砌筑用的石材质量是影响风化程度的内在因素。石材质量由岩石的种类、孔隙率、胶结物类型等决定。天然石材有三种基本类型：火成岩，如花岗岩；沉积岩，如砂岩；变质岩，如大理石。花岗岩坚硬，最不容易风化，其次是大理石，砂岩最容易风化。对于多孔性物质，如同种质地的石材，其孔隙率越高，结构越疏松，机械强度越低，风化程度越高。某些石材内部存在一定量的胶结物，当石材的胶结物为泥质时，受环境影响，泥质会时胀时缩反复作用，也很容易被风化。图 8.4 为石灰岩的典型风化特征。

图 8.4　拱桥石材的典型风化特征

2. 物理因素导致的病害

物理因素是指温湿度、水分、可溶性盐的物态变化等因素对岩石所产生的破坏，主要针对的是露天石质文物。天气炎热的时候，石拱桥的表面温度可以达到六七十度，而在夜晚又有可能急剧降低，岩石周期性的膨胀和收缩导致石材内部出现拉应力，产生裂缝破坏；石材内部存在空隙，水分长期留在其中，会助长植物生长及微生物的滋生，对石材的强度等产生不利影响。盐在石材微孔中结晶会产生很大的压力，即结晶压力。结构内层的盐溶解在水中扩散到表面，由于风的作用使得水蒸发加快，从而促进盐积累。当石拱桥所处的环境干湿循环变化比较快时，更会加速盐结晶的循环，使石材出现粉化或鳞片状脱落，如图 8.5 所示。

图 8.5　拱桥石材的鳞片状脱落

3. 化学因素导致的病害

石拱桥所在环境的大气污染程度对其风化有很大影响。大气中的二氧化硫、氮氧化物等酸性有害气体会形成酸雨、酸雾,溶蚀石拱桥,使原有石材变成疏松、粉末状的石膏,腐蚀机理如下所示:

$$2CaCO_3 + 2SO_2 + O_2 + 4H_2O \Longrightarrow 2CaSO_4 \cdot 2H_2O + 2CO_2$$

同时,某些化学反应生成的产物在原处会形成坚硬的皮层,有的最终呈泡状脱落,有的形成顽固的黑垢,严重影响文物的外观,如图8.6所示。

图8.6 望柱及石栏板风化黑垢

4. 生物因素导致的病害

生物及其代谢产物对石拱桥的危害虽然没有物理及化学因素的影响大,但是前者对后者有促进作用。对很多地区的石拱桥进行调研后发现,拱券及侧墙附近有自然生长的杂草,或者桥头树木的树根顺着石材的裂缝挤入石拱桥内部,这些都会对石拱桥使用寿命造成不利影响:①植物的存在会吸收水分,延长水分在岩体表面的储存时间,增加水和石材的作用时间;②树木杂草的根系腐烂变质时会分泌出酸性物质,加速石材的溶解作用;③树木杂草的根系会使裂缝不断扩大,产生一定的破坏作用,如图8.7所示。

图8.7 石拱桥拱券及侧墙附近的植被生长

5. 人为因素导致的病害

人们的某些生产实践或社会活动会对文物造成破坏,如战争、火灾、盗窃、船体撞击等,会对文物造成某种程度的人为破坏。行人、车辆产生的长期荷载随着砂浆风化流失也会使桥面石块松动,雨水从松动处的缝隙流入桥体,再从拱券石或侧墙石的缝隙中流出,造成安全隐患。在文物修复和保护工作中,由于处理方法不恰当、技术设施不完善、操作不熟练等原因,偶尔也会出现保护性破坏,图 8.8 为石拱桥的侧壁撞击损坏及桥面块石松动。

图 8.8　石拱桥侧壁撞击损坏及桥面块石松动

6. 结构受力因素导致的病害

石拱桥在长期使用后,石材风化和砂浆流失导致其结构性能下降,在外荷载没有减小或增加的情况下,桥体拱券和侧墙容易出现开裂现象;另外,桥墩基础的不均匀沉降也会导致桥体的受力重分布,容易产生新的裂缝,如图 8.9 所示。

图 8.9　石拱桥的拱券局部压溃及开裂变形

8.3　石拱桥建筑遗产的保护技术

1. 清理石构件表面及勾缝处水泥砂浆

许多石拱桥都存在人为涂抹水泥砂浆的现象,在石拱桥修缮时,需要清理石构件表面的水泥砂浆,凡被水泥砂浆抹面的部位,均存在不同程度的风化酥碱现象。在进行水泥砂浆抹面清理时根据砂浆与石材结合情况可采用人工扁铲剔凿、人工打磨、角磨机打磨等不同方法,将水泥砂浆清除,最后人工清理干净,为下一步石材的保护创造条件。

2. 归安歪闪变形的石构件

许多石拱桥都存在歪闪变形的石构件,在对歪闪变形的石构件进行重新归安时,要先对其进行编号,尽可能地避免拆除残损石构件,如果非要拆除,一定要采取相应的加固措施,以确保整个石构件的安全。按照编号进行原位归安,石材灰缝和勾缝均采用水硬性石灰。

3. 修补残缺的石构件

对于局部残缺的石构件应采用石粉胶进行修补。修补前先将残缺表面酥松部分剔除干净,用预先配好的石粉胶进行修补,修补完成后再在表面进行剁斧和做旧处理,以与周边石材风貌协调。石粉胶由同石质石粉掺和云石胶,适当采用无机颜料调色配成,正式修补前应进行小样试验,以使其风貌和效果满足文物保护要求。

4. 替补严重残损或缺失的石构件

对残损严重的石构件和缺失的石构件可进行替补修复,替补用的石材应采用原材料、原形制的石料,替补后的石材要做到与周边原有石构件的风貌协调,石材灰缝和勾缝均采用水硬性石灰。

5. 嵌补石材灰缝

许多石拱桥都存在石材灰缝石灰砂浆流失的现象,容易造成石材的松动,使得传力不畅,在对石拱桥进行修缮时,对这些砂浆流失的灰缝可采用水硬性石灰灌浆和勾缝处理。

6. 加固桥体拱券

拱券是石拱桥的主要承重结构,许多石拱桥存在拱券开裂或压溃的现象,需要对其进行加固。当承载力不够时,可以采用拱背粘贴碳纤维布加固、拱脚内侧增设撞券石的方式进行加固。粘贴碳纤维布加固是基于层压方式,在拱背一侧采用环氧树脂黏合剂粘贴碳纤维布,用以限制拱背的变形,提高其承载能力。加固前先将脱落的拱券石补齐归位,更换残损特别严重的石料。

7. 加固侧墙

由于石拱桥侧墙承受内部填土产生的侧推力,在自身材料性能劣化和内部填土渗水的因素下,容易出现侧墙鼓胀变形的现象,在对石拱桥进行修缮时,针对侧墙部分,应先检查侧墙石料的风化残损情况,更换残损严重的石料,归正鼓胀变形的侧墙,在填土内部采用对拉锚杆加固两边的侧墙,侧墙石材灰缝和勾缝均采用水硬性石灰。

8. 表面防护石构件

许多石拱桥的石构件都存在风化酥碱的现象,一方面会造成石材截面面积减小,承载力降低,另一方面也会造成石材雕刻图案不清晰,文物价值降低。在对石拱桥进行修缮时,先将石构件表面清理干净,再在表面涂刷防护剂。防护剂应无色透明,具有较好的耐久性防护效果,不会对文物本体产生不利影响,正式涂刷前应进行小样试验,以使其风貌和效果满足文物保护要求。

8.4　案例1　全国重点文物保护单位:蒲塘桥加固修缮工程

1. 工程概况

蒲塘桥(图8.10)位于南京市溧水区洪蓝街道蒲塘村,建成于明正德七年(1512年),距今已有500多年历史。蒲塘桥是九孔连续石拱桥,净宽5.7 m。桥下有八个带分水尖的桥墩,其上九孔中,中心孔最大,跨径10.6 m,两侧各孔逐渐收小。石材为当地产凝灰质砂岩,拱券采用横联分节并列式的方法砌成。蒲塘桥先后被列为县级、市级和省级文物保护单位,2013年被公布为第七批全国重点文物保护单位。

20世纪30年代初修建公路时,蒲塘桥作为公路桥使用。抗日战争初期,桥梁曾被炸药破坏,在桥面上留下一个大凹坑(后经修补)。后来交通量急剧增加,特别是重型车辆经常通行,超过了该桥的荷载能力,致使桥的侧墙局部鼓胀变形,拱券石多处断裂,部分拱券向外侧倾斜,桥面渗水严重,威胁桥梁的安全。因此,迫切需要对该桥实施修缮。

图 8.10 蒲塘桥现状

2. 形制分析

蒲塘桥建成至今,桥梁形制依然保存完整,按照《中国古建筑瓦石营法》一书中相关官式石桥的内容,对蒲塘桥的基本形制和各部分尺寸进行梳理分析。

(1)蒲塘桥桥孔和金刚墙的形制

蒲塘桥为九孔石桥,桥长 91.7 m,中孔宽为 9.85 m,分水金刚墙宽度有两种尺寸,中孔以西分水金刚墙(含中孔东侧的分水金刚墙)宽 17.2 mm,中孔以东分水金刚墙宽 10.5 mm,不符合"石券桥的桥洞宽、金刚墙宽及雁翅直宽定法表"中"分水金刚墙宽为 1/2 中孔宽或略小"的规律。中孔:河宽=1:9.34,不完全符合"石券桥的桥洞宽、金刚墙宽及雁翅直宽定法表"中"中孔:河宽=1:13"的规律,但考虑到该桥两端雁翅大部分已被泊岸填土覆盖,原先的河道一定比现在的河道要宽,因此,该桥原先的中孔与河宽的比值基本接近官式石桥做法。次孔宽至梢孔宽依次递减,东侧平均每孔宽递减 0.87 m,西侧平均每孔宽递减 0.84 m,也基本符合"次孔比中孔减 2 尺"的规律及"按河口实际宽度及使用功能核定"的原则。

(2)蒲塘桥的桥长、桥宽及桥高的形制

蒲塘桥直长 91.7 m(约 27 丈半),宽 6.68 m,按照"石券桥桥长、桥宽及桥高表",不完全符合"桥长 9 丈以上,长 9 丈得宽 2 丈,自 9 丈以上,每长 1 丈递加 5 寸"的原则。蒲塘桥举架高约为 3.0 m,为桥身直长的 3.27%,基本接近"五孔桥以上或桥长 10 丈以上:3%桥身直长"的原则。

(3)综合评价

蒲塘桥的形制和构造部分符合《中国古建筑瓦石营法》一书中明清官式石拱桥的做法,同时部分考虑了因地制宜的民间做法。

3. 残损分析

结合现场调研,发现影响蒲塘桥使用安全和结构安全的主要问题包括:

（1）自然发生的问题。桥梁结构已使用数百年,结构性能和材料性能明显下降,如桥梁石材表面风化和老化,灰浆软化流失后侧墙和拱券松动、石材开裂等。

（2）结构受力的问题。如重载和性能退化共同导致桥梁结构的开裂和变形等。

（3）日常维护不到位引发的问题。如桥面石块破损松动、桥面及侧墙面的植被、部分桥孔下部淤泥堆积等。

（4）人为引起的问题。如部分灰缝采用掺红色颜料的水泥砂浆进行勾缝,古桥栏杆的刻字,金刚墙外侧增加了水泥粉刷等。

具体的病害与成因分析如下:

（1）石材风化

根据调研,蒲塘桥所采用的石材为当地的红色凝灰质砂岩,是一种压实固结的火山碎屑岩,疏松、多空、表面有粗糙感。由于凝灰岩的多孔特性,水分易长期留存在凝灰岩的孔隙之中,加速石材的冻融破坏和生物侵蚀破坏,使石材出现粉化或鳞片状脱落等风化现象,影响石材的强度。此外,蒲塘桥所处的大气环境为酸雨区,化学作用也加速了石材风化。图8.11为蒲塘桥石材受风化侵蚀的典型特征。

图 8.11　蒲塘桥石材风化侵蚀

（2）灰浆流失

蒲塘桥石块之间存在灰浆流失现象,原因在于冻融作用、生物作用和化学作用的侵蚀影响,植物根系的存在也会使灰浆的裂缝不断扩大,加速灰浆的剥落和流失。灰浆的流失掏空了石块之间的灰缝,影响桥体结构的整体受力性能,造成石材的松动,同时易造成内部灰土的二次流失和结构构件的鼓胀变形。图8.12为蒲塘桥拱券石之间的灰浆流失现象。

（3）石材开裂

蒲塘桥历经500多年的风霜,石材出现不同程度的性能劣化现象。20世纪30年代起,蒲塘桥开始承受汽车交通荷载,超重荷载加速了石材的劣化,承重部位的石材如拱券石、撞券石出现了开裂现象。石材的开裂会引起结构应力重分布,导致局部区域出现应力过大现象,影响桥梁结构的安全。图8.13和图8.14为蒲塘桥拱券石与撞券石的开裂现象。

（4）桥面空鼓松动

蒲塘桥的桥面石板出现松动导致雨水渗入,雨水冲刷使得部分灰土从侧墙和拱券的灰缝中流失,桥面石板出现了大面积空鼓现象,再加上交通和人行荷载的作用,桥面石板出现松动和断裂破损现象,影响行人和文物的安全。图8.15为蒲塘桥桥面石板松动情况。

图 8.12　拱券石之间的灰浆流失

图 8.13　拱券石开裂　　　　　　　　**图 8.14　撞券石开裂**

图 8.15　桥面石板松动

（5）侧墙鼓胀变形

蒲塘桥的侧墙局部由于石材风化破损和灰浆流失严重,在内部灰土的侧压力作用下已出现鼓胀变形,影响桥梁结构的安全性。图 8.16 为蒲塘桥局部的侧墙鼓胀现象。

图 8.16　侧墙鼓胀

（6）侧墙植被生长

蒲塘桥的桥身存在自然生长的杂草或者树木根系,顺着石材的裂缝挤入拱桥内部,一定程度上对石拱桥产生不利影响：植物的存在会吸收水分,延长水分在石材表面的停留时间,增加水和石材的作用时间；树木杂草的根系腐烂变质时会分泌出酸性物,加速石材的溶解作用；树木杂草的根系会使裂缝不断扩大,最终产生较大的破坏作用。图 8.17 为蒲塘桥桥体植被生长现象。

图 8.17　桥体植被生长

（7）望柱与石栏板连接松动

蒲塘桥的望柱与栏板作为石拱桥上的安全设施,保障着来往行人和车辆的安全。由于日积月累的冻融作用与人为因素,望柱与栏板的连接处也出现了脱榫,易出现栏板侧翻的可能。图 8.18 为蒲塘桥望柱与石栏板连接节点的松动现象。

4. 结构性能分析

为了解目前结构性能的真实状况,为修缮设计提供科学依据,对蒲塘桥的主体结构进行安全性现状分析。石拱桥为特种结构类型,具有复杂的几何形状。考虑到我国尚未制定可供参考的规范验算该类型石拱桥结构的强度与刚度,且一般的计算软件亦无法对该类结构进行

图 8.18　望柱与石栏板连接节点松动

计算分析,因此非常有必要选用能够模拟实际工况下真实结构响应信息的有限元分析方法完整获取石拱桥在复杂外力作用下结构内部的应力分布与挠度变形等受力性能,以准确评估石拱桥的结构安全状态。

(1) 有限元模型

本次安全评估分析采用大型商用有限元软件 Ansys(13.0 版本)建立有限元模型,将石砌体简化为各向同性连续均质材料,几何外观尺寸按现场实际测绘尺寸建立模型,材料强度根据现场无损实测获得。根据测绘数据和《砌体结构设计规范》(GB 50003—2011),并按偏保守的原则取值,砌体的密度取 2 200 kg/m³,弹性模量按砌体规范表取值为 1 524 MPa,抗压强度根据实测值查表取值为 1.75 MPa,抗拉强度取值为 0.17 MPa。内部填土的密度取 1 800 kg/m³,弹性模量按压缩模量放大 5 到 10 倍取值,这里取 40 MPa。由于研究对象为砌体结构部分,且考虑到填土已充分固结,因此仅在部分分析中砌体考虑非线性,而填土按线弹性简化处理。恒载为自重+500 kg/m² 的石板重,分项系数为 1.2。活载为 350 kg/m² 的行人荷载,分项系数为 1.4。考虑 4 种工况:①恒载;②恒载+全桥均布活荷载;③恒载+半桥均布活荷载(一半桥宽);④恒载+半桥均布活荷载(一半桥长)。

为了方便对比,仅进行线弹性分析。划分网格之后的模型如图 8.19 所示,采用 SOLID45 单元,九跨桥模型的单元总数为 3 762,由填土和砌体部分叠加而成,为方便查看,后续的附图一律隐藏填土部分,仅显示石砌拱券部分。

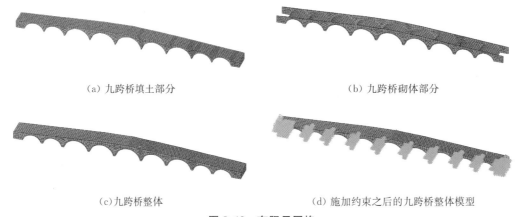

(a) 九跨桥填土部分　　　　　　　　　　(b) 九跨桥砌体部分

(c)九跨桥整体　　　　　　　(d) 施加约束之后的九跨桥整体模型

图 8.19　有限元网格

(2) 荷载分析

工况①:恒载

工况①分析结果如图 8.20 所示。在恒载作用下主拉应力最大值为 0.167 MPa,位于跨中拱券底部[图 8.20(a)];主压应力最大值为 1.170 MPa,位于主拱拱脚[图 8.20(b)]。

工况②:恒载+全桥均布活荷载

工况②分析结果如图 8.21 所示。在恒载和全桥均布活荷载作用下,主拉应力最大值为 0.257 MPa,位于跨中拱券底部[图 8.21(a)];主压应力最大值为 1.630 MPa,位于主拱拱脚[图 8.21(b)]。

工况③:恒载+半桥均布活荷载(一半桥宽)

工况③分析结果如图 8.22 所示。在恒载和半桥均布活荷载(一半桥宽)作用下,主拉应力最大值为 0.225 MPa,位于跨中拱券底部[图 8.22(a)];主压应力最大值为 1.500 MPa,位于主拱拱脚[图 8.22(b)]。

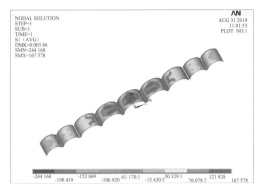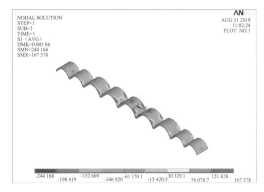

（a）第一主应力

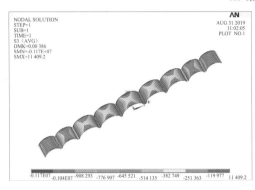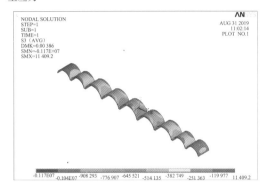

（b）第三主应力

图 8.20　工况①分析结果

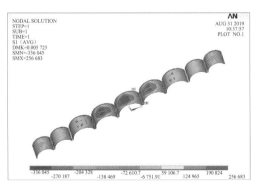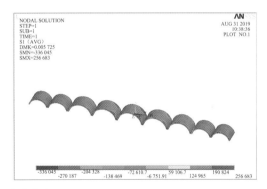

（a）第一主应力

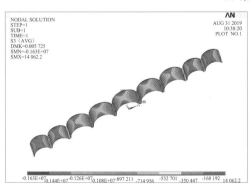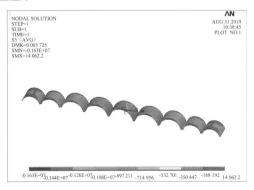

（b）第三主应力

图 8.21　工况②分析结果

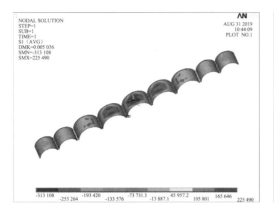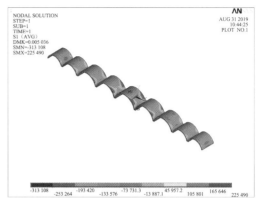

（a）第一主应力

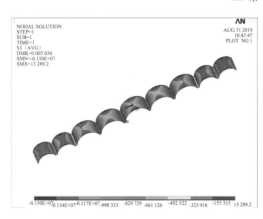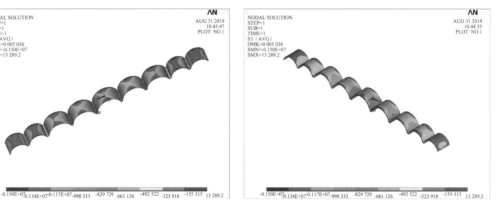

（b）第三主应力

图 8.22　工况③分析结果

工况④:恒载+半桥均布活荷载(一半桥长)

工况④分析结果如图 8.23 所示。在恒载和半桥均布活荷载(一半桥长)作用下,主拉应力最大值为 0.244 MPa,位于跨中拱券底部[图 8.23(a)];主压应力最大值为 1.590 MPa,位于主拱拱脚[图 8.23(b)]。表 8.1 为不同工况下的应力结果。

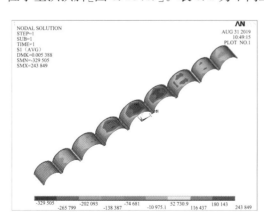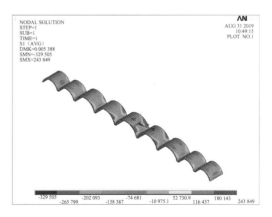

（a）第一主应力

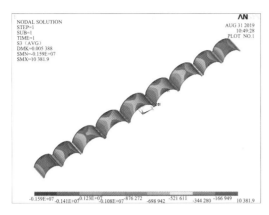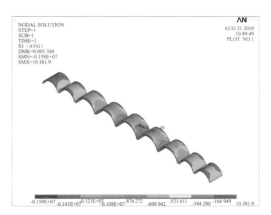

（b）第三主应力

图 8.23　工况④分析结果

表 8.1　不同工况下的应力结果 （单位：MPa）

工况	主拉应力最大值	主压应力最大值
恒载	0.167	1.170
恒载＋全桥均布活荷载	0.257	1.630
恒载＋半桥均布活荷载（一半桥宽）	0.225	1.500
恒载＋半桥均布活荷载（一半桥长）	0.244	1.590

（3）结论与建议

从 4 种工况的对比可见，在仅为恒载工况下，最大主压应力值和最大主拉应力值均满足规范条件，在其他工况条件下，石拱桥最大主压应力值均小于抗压强度，在恒载与活载组合的工况下，跨中拱券底部的最大主拉应力值略超过抗拉强度。结果表明，该桥在无桥面活荷载的情况下处于安全状态，鉴于目前仅允许进行现状整修，建议相关管理单位在现状整修后控制人行流量，并加强使用过程中的安全状态监测。

5. 保护技术分析

基于对本次文物保护工程的最小干预修缮原则，本次现状修整采用以延续现状、缓解损伤为主要目标的保护措施，强调保持蒲塘桥的原真性和完整性。综合残损分析和有限元分析结果，提出对蒲塘桥的修缮方案：对缺失的石块进行补砌、流失灰浆黏结剂的石块之间采用水硬性石灰进行灌注和勾缝；对于鼓胀变形严重、石块破损严重和石材开裂严重的侧墙区域进行局部拆砌；对于桥面空鼓松动部分，采取局部编号拆解，空鼓部位采用原状灰土夯实填补；对于桥体开裂轻微的区域，对裂缝进行注浆加固；对于桥体石材风化的问题，重点对桥面望柱顶端雕饰部分和四个螭首进行全面的防风化处理，提高其耐久性。具体的修缮方法如下：

（1）拱券、侧墙、券脸、撞券石及金刚墙的修缮

对于保存相对完整的拱券、侧墙、券脸、撞券石及金刚墙等部位，选择维持原物，先进行外表面清洗，然后根据不同损坏程度进行修缮。施工步骤如下：

① 清除拱券石灰缝内杂草和植被。

② 采用低压旋转水枪喷洗外表面，对外表面进行全面的清洗。全面清洗前先在不重要的部位试验，确定水压刚好能清洗外表污渍且不伤及内部石块表面。

③ 清理石块表面，石块根据风化深度修补，对表面风化深度不足 10 mm 的石块按现状

保留,深度在 10~20 mm 的石块粘相近颜色的石粉胶进行修补。图 8.24 为石粉胶制作及桥体修补。

（a）石粉胶制作　　　　　　　　　　　　　　　　（b）桥体修补

图 8.24　石粉胶制作及桥体修补

对深度大于 20 mm 的石块或破损严重的石块,先剔平清理残损表面,采用相同材料的石块嵌补。图 8.25 为石拱桥侧墙及底部拱券石块嵌补过程。

（a）侧墙　　　　　　　　　　　　　　　　　　　（b）底部拱券

图 8.25　桥体石块嵌补

表面修缮完成后在条石缝道内重新勾缝,勾缝材料采用水硬性石灰。图 8.26 为桥墩金刚墙的修补现场。

（2）桥面系的加固修缮

蒲塘桥桥面为长方形红色石板,石板表面粗糙,铺装平整规则,局部采用水泥砂浆勾缝,桥面石块出现多处松动和砂浆流失的病害。施工步骤如下:

① 谨慎清除不当修缮中所使用的水泥砂浆勾缝。

② 编号拆解松动、沉降或者砂浆缺失的桥面石板,待下部灰土填充层回填夯实后按原有编号重新铺装。图 8.27 为桥面石板编号拆解。

图 8.26　桥墩金刚墙的修补现场

图 8.27　桥面石板编号拆解

　　③ 桥身内填土流失的部位采用与蒲塘桥原工艺、原材料相同的 3∶7 灰土进行分层回填夯实,回填的三七灰土的配比为:消石灰∶沙子∶黄土的重量比约为 1∶1∶7,控制最优含水率 22%,石灰采用Ⅲ级标准以上,有效钙加氧化镁含量 70% 以上,使用前 1～2 d 消解并过筛,粒径不大于 5 mm,黄土的塑性指数 10～20 为宜,不含有机杂质,土料应过筛,粒径不大于 15 mm。压实系数不小于 0.94。图 8.28 为桥身灰土回填夯实过程。

　　④ 按拆解编号回铺桥面石板,在条石缝道内重新勾缝,勾缝材料采用水硬性石灰。图

8.29 为桥面石板原位铺装过程。

⑤ 其他未松动的石板维持原样。

图 8.28　桥身灰土回填夯实

图 8.29　桥面石板原位铺装

（3）栏板和望柱的修缮

栏板和望柱现状保留完整，修缮措施为清洗表面污渍，清除植物，采用水硬性石灰修补望柱与栏板相接处的裂缝。图 8.30 为望柱与栏板间的裂缝修补现场。

图 8.30　望柱与栏板间的裂缝修补

（4）石材表面防风化

仅对桥面望柱顶端雕饰部分和四个螭首采用耐久性好且性能稳定、无色透明的无机硅憎水剂喷涂石材表面进行防风化处理，施工前先做小样试验，图 8.31 为不同防水剂处理下的石材吸水率对照实验。谨慎对望柱等雕饰石构件进行防风化处理，先在不显眼部位进行小范围现场试验。图 8.32 为现场防水剂试验。试验标准和检验指标：憎水剂无色透明且哑光，不改变文物的表面颜色，符合Ⅱ型水性渗透型无机防水剂的技术要求，抗冻性、耐碱性和耐酸性符合界面渗透型防水剂的技术要求。

修缮后的蒲塘桥风貌如图 8.33 所示。

图 8.31　吸水率对照试验

图 8.32　现场防水剂试验

图 8.33　修缮后的蒲塘桥

6. 结语

蒲塘桥作为南京市最大的也是唯一的明代九孔石拱桥,具有极其重要的文物价值。笔者在现场调研、残损分析和有限元分析的基础上,结合《文物保护工程管理办法》,最终提出了针对蒲塘桥这一类型的石拱桥的保护策略及具体施工方法,可为其他文物石拱桥的加固修缮工程提供参考。

(1) 该类型石拱桥的典型残损主要包括石材风化、灰浆流失、石材开裂、桥面空鼓、侧墙鼓胀、植被生长、望柱与栏板连接松动等。

(2) 蒲塘桥在仅有恒载工况作用下,最大主压应力值和最大主拉应力值均满足规范条件,表明该桥在无桥面活荷载的情况下处于安全状态。在其他工况作用下,存在部分跨中拱券底部最大主拉应力略超出抗拉强度的情况。

(3) 石拱桥石材防护用的憎水剂应无色透明且哑光,不会改变文物的表面颜色,符合水性渗透型无机防水剂的技术要求,抗冻性、耐碱性和耐酸性符合界面渗透型防水剂的技术要求。

8.5 案例2 溧水区文物保护单位:永昌桥加固修缮工程

1. 工程概况

永昌桥(图 8.34)地处秦淮源头的溧水区宝塔路,始建于明万历年间,为纵联分节三孔石拱桥,东西走向。永昌桥桥长约 29.6 m,宽 5.68 m,中孔矢高约 4.4 m,孔宽约 8.2 m;次孔矢高约 3.1 m,孔宽约 5.8 m(矢高按从分水尖至孔顶端下口高度计算),拱券和侧墙的砌块平均厚度为 0.17 m。永昌桥主要采用的石材是南京本地的石灰岩青石,使用时间已逾 400 年,存在明显风化现象,结构性能出现大幅度下降。由于永昌桥后期被人为加厚了桥面,恒荷载增加,并承受了汽车荷载,出现了侧墙鼓胀、拱券石块脱落和部分石材开裂等严重影响整体结构安全的不利情况,亟须对其进行加固修缮,而后继续将其作为人行景观桥发挥交通作用。

图 8.34 永昌桥现状

目前,学界和工程界尚未从建筑形制、构造工艺和结构性能相结合的交叉视角研究明代石拱桥的科学保护技术。本书将以典型的明代石拱桥永昌桥为例,通过现场检测、形制构造、残损成因和数值模拟分析,研究适合明代石拱桥永昌桥的加固保护方法。

2. 形制分析

永昌桥建成至今,虽经过桥面人为改造,但基本形制依然保存完整。参考《中国古建筑瓦石营法》中关于明官式石拱桥的内容,对永昌桥的基本形制进行研究。

(1)永昌桥桥洞、金刚墙的形制

永昌桥为三孔桥,桥长 29.6 m,中孔孔宽为 8.2 m,次孔孔宽为 5.8 m,分水金刚墙宽为 1.6 m,永昌桥中孔:河宽=1:3.6,次孔比中孔孔宽少 2.4 m,但基本符合"按河口实际宽度及使用功能核定"的原则。分水金刚墙宽度达不到中孔宽的 1/2,但也基本符合略小的原则。

(2)永昌桥桥长、桥宽及桥高的形制

永昌桥桥长 29.6 m(约 9 丈),宽 5.68 m,基本符合"长 4 丈得宽 1 丈,自 4 丈以上,每长

1 丈递加 2 尺"的原则。

永昌桥举架高约为 1.3 m,为桥身直长的 4.4%,基本接近"三孔桥以下或桥长 10 丈以内:6%桥身直长"的原则。

（3）综合评价

永昌桥的形制基本符合明官式石拱桥的内容。

3. 残损分析

结合现场调研,将影响永昌桥使用安全和结构安全的残损分为四类:石材风化、砂浆流失、植物侵蚀、人为破坏。

（1）石材风化

根据现场调研,永昌桥主体结构采用的石材为当地的石灰岩青岩,属于沉积岩的一种,其风化类型主要是物理因素造成的剥蚀和化学因素及生物因素造成的溶蚀。而且永昌桥所处地区的气候环境导致石材表面易生长石生藻类,加速了溶蚀作用对石材的影响。风化作用导致了石材的力学性能劣化,甚至引起石材的原有结构改变,丧失了结构承载能力,严重削弱了拱桥的结构性能。

（2）砂浆流失

砂浆作为石材之间的黏结物,可以将石材黏结为一个整体,提高石材的整体受力性能,同时作为石材之间的传力中介,均匀传递压力,使石材受力均匀。由于风化和雨水的侵蚀,砂浆大量流失,石材之间的灰缝被掏空,引起了部分石材如拱券石的脱落,影响了拱券的整体受力性能,可能造成拱券的坍塌。这些被掏空的灰缝会带来更多的雨水侵蚀以及植物侵蚀,加速拱券结构性能的退化。

（3）植物侵蚀

现场观察到桥体上已长出了小树和一些草本植物。植物侵蚀会对石拱桥主体结构产生破坏,减少古桥的使用寿命:①植物树根在灰缝中或者石材裂缝中逐渐生长,挤入拱桥内部挤压石材,导致灰缝和石材裂缝的宽度不断发展,引起石材局部破碎甚至整体开裂;②植物的生长使水分在石材表面的储存时间延长,有利于微生物的生成,微生物也会不停地分泌酸类物质,大大加速石材的生物化学风化作用。

（4）人为破坏

永昌桥历史久远,随着交通工具的发展,被人为地改变了桥梁使用功能。譬如在新中国成立后,永昌桥被人为加厚了桥面并且有重型车辆通过,荷载增加导致侧墙鼓胀变形;附近居民的生产生活也对桥梁造成了一定程度的破坏,比如西侧次孔被人为堆积了很多填土垃圾,增加了基础的附加荷载,使桥梁产生安全隐患。

4. 结构性能分析

（1）有限元模型

明代石拱桥永昌桥除存在显见的残损病害外,还可能存在一些隐形的结构安全隐患,为弄清楚这些具体的结构安全隐患,采用有限元软件 Ansys 对其进行结构性能分析。首先对永昌桥采用三维激光扫描仪进行精确测绘,并且在现场进行材料强度的检测,然后根据测绘得到的几何尺寸和检测得到的材性参数,采用有限元软件 Ansys(14.0)建立永昌桥的有限元模型。考虑到永昌桥主体结构已有残损,整体性较差,在有限元分析时,假定对该桥进行了残损修补,将各类材料都简化为连续均质的各向同性材料。

① 建立模型

建立有限元模型时,除裂缝分析时拱的主体结构采用 SOLID65 实体单元以外,其他情况下拱的主体结构皆采用 SOLID45 实体单元,基础约束采用固接形式。在重要度分析中,由于永昌桥是完全对称的,同时选用整体结构和整体结构的 1/4 进行建模分析。

 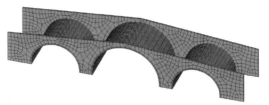

图 8.35　整体有限元模型网格划分　　　　图 8.36　砌体部分有限模型网格划分

② 网格划分

由于拱桥的立面形状较为复杂,为了使网格划分更为规则、均匀,在控制了每个单元的尺寸的基础上,采用自由及扫掠网格划分模式。图 8.35 和图 8.36 分别为永昌桥整体结构和砌体部分的有限元网格划分。

③ 材料性质

在石材强度、灰浆强度的实测数据上,参考《砌体结构设计规范》(GB 50003—2011)按偏保守的原则进行参数取值,见表 8.2。

表 8.2　主要材料的参数取值

材料	抗压强度/MPa	抗拉强度/MPa	弹性模量/MPa	强度/(kg/m³)
砌体	1.75	0.07	1 524	2 200
填土	—	—	40	1 800

考虑到研究对象砌体部分为主要承重结构且填土已充分固结,因此填土按线弹性简化处理。

④ 施加荷载

考虑到现状的柏油桥面会在修缮时移除,故恒载的施加分为两种情况。a. 现状工况:自重+1 350 kg/m² 的柏油桥面重+500 kg/m² 的石板重;b. 修缮工况:自重+500 kg/m² 的石板重。恒载的分项系数为 1.2。修缮后永昌桥仅承受行人荷载,因此活载取值为 350 kg/m²,分项系数为 1.4。在荷载的影响分析中,考虑 4 种工况:工况①:恒载;工况②:恒载+全桥均布活荷载;工况③:恒载+半桥均布活荷载(一半桥宽);工况④:恒载+半桥均布活荷载(一半桥长)。在裂缝分析中,由于材料参数取值较为保守,现状工况的荷载作用已经超过石拱桥的极限承载能力,会引起计算不收敛,因此施加的荷载仅为修缮工况的恒载+全桥均布活荷载。

(2) 结构性能

① 荷载的影响分析

划分网格后,整体有限元模型的单元总数为 16 880 个,由桥体内填土和砌体部分叠加而成。考虑到方便对比,简化为线弹性分析,分析结果见表 8.3。

表 8.3　荷载影响分析　　　　　　　　　　　　　　　(单位:MPa)

工况	最大主拉应力(现状)	最大主压应力(现状)	最大主拉应力(修缮后)	最大主压应力(修缮后)
工况①	0.46	1.93	0.28	1.38
工况②	0.53	2.10	0.33	1.54

续表 8.3

工况	最大主拉应力（现状）	最大主压应力（现状）	最大主拉应力（修缮后）	最大主压应力（修缮后）
工况③	0.45	1.91	0.27	1.37
工况④	0.59	1.80	0.27	1.34

在现状和修缮后这两种情况的四种工况荷载的作用下，主拉应力最大值都出现在靠近主拱的外侧顶端附近，超过砌体的抗拉强度，主压应力最大值都出现在主拱拱脚附近。从 4 种工况的对比可见，活载的影响较大，在全部荷载的影响中超过 10%；活载布置方式的影响较大，不同布置方式对主拉应力和主压应力最大值的影响超过 10%。

② 重要度分析

弄清楚该石拱桥哪些部位最重要可以为进一步的重点保护提供依据。此处选择基于杀死单元法得到各单位的体积重要性系数评价结构单元的重要度，进而知道哪个部位对石拱桥的结构安全影响最大。

$$I = \begin{cases} 0 & \dfrac{1-\dfrac{U_0}{U_f}}{V} \leqslant 0; \\ \dfrac{1-\dfrac{U_0}{U_f}}{V} & \dfrac{1-\dfrac{U_0}{U_f}}{V} > 0 \end{cases} \quad (8.1)$$

式中，I 为单位体积重要性系数，U_0 为原结构的应变能，U_f 为某单元发生残损之后的结构应变能，V 为发生残损单元的体积。利用 Ansys 自带的 APDL 语言编程计算得到 I，其结果见图 8.37～图 8.38。

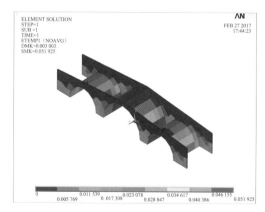

图 8.37 整体模型的单位体积重要性系数分布

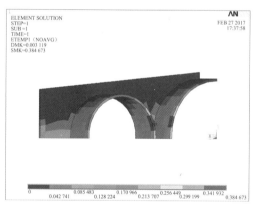

图 8.38 1/4 模型的单位体积重要性系数分布

结果显示，结构单元呈离中部越近越重要，离底部越近越重要的趋势，而大拱的拱脚部位是整个结构中最重要的部分，因此对缺陷也最为敏感。施工前期应优先检查大拱拱脚部位砌体残损情况，并采取相应的保护措施。

③ 裂缝分析

为了解结构开裂之后由于应力重分布导致的结构不利部位转移，对永昌桥进行了非线性分析，考虑砌体部分的开裂和压溃，分析结果见图 8.39、图 8.40。

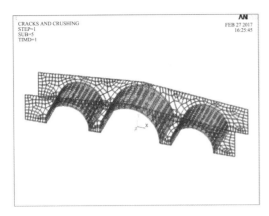

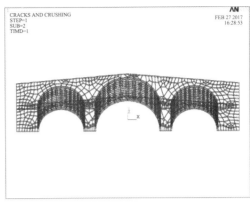

图 8.39　裂缝分析的斜俯视图　　　　　　　图 8.40　裂缝分析的斜仰视图

结果显示,永昌桥在考虑恒载＋全桥均布活荷载的作用下砌体无压溃的迹象,但裂缝较多。从图 8.39 可见,由于砌体的抗拉强度很低,在局部位置(大跨拱脚)损伤程度相对严重,且桥沿着横向的联系较弱,产生很多顺桥纵向的裂缝。从图 8.40 可见,砌体部分侧壁的裂缝有两种类型:a. 类似于连续梁负弯矩区的裂缝;b. 由于侧壁抵抗竖直方向变形的刚度相对于拱体而言要大,因此拱体变形时会把侧壁拉裂。

5. 石拱桥保护技术分析

(1) 拱券结构保护方案比较

基于永昌桥的结构性能分析,考虑了拱背套钢筋混凝土拱法和拱背粘贴碳纤维布法两种方法对拱券进行加固,并在 ASNYS 中模拟了两种加固方法对于拱背力学性能的改善情况。横载和活载的选取考虑了修缮后的使用状况,即去除后加的柏油桥面,恢复人行桥。在拱背套钢筋混凝土拱法的有限元分析中,选择 SOLID 45 单元模拟钢筋混凝土,弹性模量取 3.0×10^4 N/mm²;在拱背粘贴碳纤维布法的有限元分析中,选择 SHELL41 单元模拟碳纤维布,弹性模量取 2.49×10^5 N/mm²;混凝土和碳纤维布与石材表面的连接方式简化为节点耦合。为了方便比较,选取最大主拉应力作为对比对象,分析结果见表 8.4。

表 8.4　不同加固方法下最大主拉应力对比　　　　　　　　　　　(单位:MPa)

位置	0	50 cm 混凝土	100 cm 混凝土	150 cm 混凝土	0.4 mm 碳纤维	0.6 mm 碳纤维	0.8 mm 碳纤维
大拱	0.191	0.012	0.008	0.008	0.167	0.154	0.142
小拱	0.176	0.024	0.014	0.002	0.159	0.150	0.142

结果显示,在 50 mm 钢筋混凝土拱背的保护下,大小拱的主拉应力分别减小了 94％、86％;在拱背粘贴 0.8 mm 厚的碳纤维布时,可以使大、小拱的拱背的最大主拉应力分别减小 20％、24％。虽然拱背套钢筋混凝土拱法在力学性能上对拱背的改善最大,能最大限度地保护拱背,但根据《中国文物古迹保护准则》中最低限度干预和不改变原状的保护原则要求,对永昌桥的拱券加固方案优先选用拱背粘贴碳纤维法加固。拱背粘贴碳纤维布加固拱桥的原理是基于层压方式,将拱背一侧的砌体与浸透了树脂粘胶的碳纤维布结合成一体,限制拱背的变形,从而减小砌体所承受的应力。

结合碳纤维布自身特点和工程实际需求,最终的修缮施工方案为拱背纵向间距 300 粘贴 5 层碳纤维布(0.167 mm 厚,200 mm 宽),横向间距 400 粘贴 2 层碳纤维布(0.167 mm

厚,200 mm 宽)加固。

（2）石拱桥加固修缮施工工法

根据场地情况、残损现状、加固修缮方案的分析,永昌桥加固修缮的施工主要有 10 道工序:①导流明渠;②脚手架搭设;③桥台修缮;④压浆治理;⑤填料卸载;⑥拱券加固;⑦侧墙修缮;⑧填料回填和桥面恢复;⑨栏杆恢复;⑩石材防护。

① 导流明渠

永昌桥位于秦淮河源头,因此工程土方主要为导流明渠。施工期间经历丰水期,围堰需考虑迎水防冲,围堰采用机械回填黏土,人工麻袋装土护坡。

② 脚手架搭设

为确保安全和施工的便利,需在桥四周、河道上搭设脚手架。为了提高脚手架根部的稳定性,需先将拟搭设脚手架部位底部的杂物如石块等清理干净,再采用人工投掷块石的方式挤淤,平整后在其上部铺摆石块 3～4 层。搭设时,应注意按要求校正步距、纵距、横距和立杆垂直度,每搭设一层立杆需检查合格后再搭设横杆和纵杆,同时同步搭设剪刀撑或斜撑。脚手架外侧的防护栏杆高度不应小于 1 m,挡脚杆板不应小于 40 cm,脚手板应铺满、铺稳。

③ 桥台修缮

查勘原桥台石料,如有损坏应对损坏部位采用原材料、原尺寸予以更换,更换石块松动处后,灌水硬性石灰。

④ 压浆治理

拱券和侧墙存在砌体开裂、砌缝脱落、空洞以及植物侵蚀等病害,为提高拱桥的整体受力性能,高压灌注水硬性石灰处理已有的裂缝和缺陷。压浆前应清理压浆部位如灰缝内的杂草和植被,再埋设注浆管和排气管并密封。需做试验确定砂浆配合比、压力参数等。

⑤ 填料卸载

为确保施工安全,应先对基础进行加固,再从每孔的两侧对称向中间拆除桥面铺装层如柏油桥面、外倾栏杆等,然后再卸载填料。

⑥ 拱券加固

首先应将脱落的拱券石补齐归位,更换风化特别严重的石料,再在拱券背部粘贴碳纤维布加强拱券的整体结构性能以及限制拱券的变形。粘贴碳纤维布的施工工艺主要分为以下 6 个部分:

a. 表面处理:用手提砂轮机除去石材表面层(如风化物、填土、污物和浮浆浮块等),打磨至石材表面裸露;打磨完后用高压气枪清除粉尘及其他松动物质,确保表面平整无灰尘,充分干燥。

b. 贴合面整平:用灰刀将加固砂浆抹在不平整的石材表面,消除所有不平整处和缝隙。

c. 底胶涂刷:在底层树脂的有效操作时间内,用滚动毛刷将其均匀涂在石材表面,保证所有部位均有底胶,待干燥后,进入下一步工序。

d. 碳纤维布粘贴:按设计要求,预先裁剪好碳纤维布,若碳纤维布需纵向搭接时,确保搭接长度不小于 15 cm;在浸渍树脂的有效操作时间内,用滚筒毛刷将其涂在涂有底胶树脂的石材表面上并用橡胶刮板均匀抹平;将碳纤维布铺到涂有浸渍树脂的石材表面上,并沿纤维方向用刮刀或脱泡滚筒刮平,去除气泡,待整段碳纤维布与石材表面完全贴合后,再用脱泡滚筒反复碾压,确保气泡完全排出、浸渍树脂充分浸透纤维丝。图 8.41 为拱背粘贴碳纤维的现场照片。

e. 第二层浸渍树脂涂刷：碳纤维布浸透刮平后，应再涂刷一层浸渍树脂，并用橡胶刮板、脱泡滚筒重复上一步骤，保证碳纤维布完全浸透。

f. 间隔不小于 12 小时的时间，重复 d、e 工序粘贴下一层碳纤维布，直至达到设计要求。

图 8.41　拱背粘贴碳纤维

⑦ 侧墙修缮

侧墙保存基本完整，有扶壁石墙加固，局部出现鼓胀变形。首先应检查侧墙石料的风化情况，更换风化严重的石料，再重新归正鼓胀变形的侧墙，接着采用对拉锚杆加固两边的侧墙，然后在侧墙块石缝道内重新用水硬性石灰勾缝。待勾缝砂浆达到强度后压注水硬性石灰，再对孔洞及侧墙表面进行清理、封孔。最后拆除后增的扶壁石墙。

⑧ 填料回填和桥面恢复

桥身内腹料更换为 3∶7 灰土进行分层回填夯实，回填时适量掺水，确保达到最优含水率，夯实系数不小于 0.94。在桥面上恢复青石板，青石板下做 100 厚 C20 细石混凝土垫层（内配 A8@200 三级钢筋，双向单层）和高分子防水卷材。

⑨ 栏杆恢复

栏杆现已完全缺失，参考《中国古建筑瓦石营法》和周边现存同时期、同风格的石拱桥——溧水蒲塘桥和高淳沛桥的石栏板做法进行恢复。

⑩ 石材防护

石桥年代久远，砌体石材存在不同程度的风化，需在砌体表面涂刷石材防护剂，防止石材进一步风化、剥落（在前述的专项整治措施中应及时更换风化特别严重的石料）。石材防护处理前，应用钢刷清理石材表面已风化部分，然后在石材表面均匀涂刷无机硅憎水剂。需先做试验选择合适的憎水剂，确保透气性、渗透性、耐久性以及防水性符合要求。

修缮后的永昌桥风貌如图 8.42 所示。

图 8.42　修缮后的永昌桥

6. 结语

永昌桥为典型的明代三孔石拱桥,使用至今存在严重的结构安全隐患。笔者对其进行了现场测绘、残损勘查、结构性能分析和方案比选,最终提出了适合该石拱桥的保护技术,可为同类型石拱桥的保护工程提供参考。

(1)该类石拱桥的典型残损主要为石材风化、砂浆流失、植物侵蚀和人为破坏。该类石拱桥除显见的残损病害外,还可能存在隐形的结构安全隐患。

(2)在荷载的影响分析中,主拉应力最大值都出现在靠近主拱的外侧顶端附近,主压应力最大值都出现在主拱拱脚附近。人行活荷载对该类石拱桥的影响较大,在全部荷载的影响中超过 10%;活载布置方式的影响较大,不同布置方式对主拉应力和主压应力最大值的影响超过 10%。

(3)在重要度分析中,该类型石拱桥结构单元呈离中部越近越重要,离底部越近越重要的趋势,而大拱的拱脚部位是整个结构中最重要的部分,因此对缺陷也最为敏感。

(4)在裂缝分析中,该类型石拱桥在考虑恒载＋全桥均布活荷载的作用下砌体无压溃的迹象,但裂缝较多。大跨拱脚的损伤程度相对较严重,且桥沿着横向的联系较弱,产生很多顺桥纵向的裂缝。

(5)基于《中国文物古迹保护准则》中最低限度干预和不改变原状的保护原则要求,拱背粘贴碳纤维加固法可作为该类石拱桥拱券加固的优选方法。

复习思考题

8-1　请列举几个著名的石拱桥建筑遗产。

8-2　石拱桥建筑遗产按拱券形式分可以分为哪几类?

8-3　敞肩式石拱桥和实肩式石拱桥的区别是什么?

8-4　请简述石拱桥建筑遗产的拱券砌筑类别。

8-5　石拱桥建筑遗产的常见病害有哪些?

8-6　造成石拱桥建筑遗产常见病害的因素有哪些?

8-7　在进行石材表面清理时可采用哪些方法?

8-8　造成石拱桥拱券开裂的原因有哪些,应采取哪些措施进行加固修缮?

8-9　请简述石拱桥侧墙加固的具体做法。

8-10　石构件表面防风化处理时有哪些注意要点?

第九章　建筑遗产的平移托换技术及案例

9.1　概述

建筑遗产的平移是指在保持房屋整体性和可用性不变的前提下,将其从原址移到新址,包括纵横向移动、转向或者移动加转向。建筑遗产的平移对技术要求较高,而且具有很大的风险性。它要求在对结构不造成损坏的前提下,通过平移和转动,使移位后的建筑物能满足规划、市政要求。平移一般是由于旧城区改造、道路拓宽、历史性建筑保护等原因而进行的。

建筑遗产的平移施工步骤是:首先在新位置修建新基础,在新、旧基础之间修建轨道,轨道上摆放滚轴,然后对上部结构进行加固托换,结构托换完成后将建筑物和上部结构分离,这样整个上部结构就形成一个可移动体,支撑在轨道梁上的移动装置(滚轴)上,通过千斤顶施加推力或拉力,建筑物在轨道上缓缓移动,到位后将墙、柱和新基础连接(图9.1)。

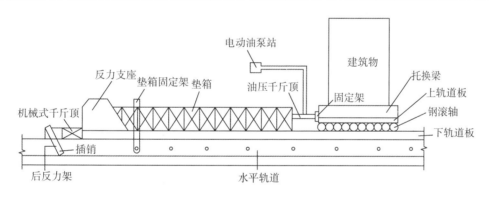

图 9.1　建筑物整体平移技术

在建筑遗产平移工程的设计和施工中,关键的技术环节包括轨道技术、托换技术、切割技术(上部结构和基础分离技术)、同步移动技术、就位连接技术。

建筑物的平移技术始于 20 世纪初。1901 年,由于校园扩建,美国艾奥瓦州立大学对三层高、建筑面积约 3 000 m² 的科学馆进行了整体平移,滚动装置采用直径 6 英寸(152.4 mm)的圆木滚轴,托换采用木梁托换,移动过程中为了绕过另一栋楼,还采用了转向技术,旋转了 45°。二战前,苏联的莫斯科市已整体平移了 20 多栋高层的大型楼房,其中仅在扩建高尔基大街时就平移了 9 栋大楼。

在我国也有许多建(构)筑物移位成功的案例,如:

(1) 1987 年上海外滩天文台平移工程,利用托盘工艺将天文台从原处整体移位到离原地 24.2 m 的位置。

(2) 1992 年晋江市糖业烟酒公司综合楼成功平移。

（3）1995 年河南孟州市市政府办公楼成功平移。

（4）1998 年广东阳春大酒店楼房成功平移。

（5）2000 年 7 月，大连远洋供应公司综合楼通过智能控制液压同步顶进技术，成功实现了平移。

（6）2000 年 12 月，山东临沂市 L 形的国家安全局办公楼，建筑面积 3 500 m²，共 9 层，高 34.5 m，上有 35.5 m 高的铁塔，总重约 60 000 kN。其主楼实现了自东向西平移 96.9 m、再向南平移 74.5 m，累计成功移动 171.4 m。

（7）2001 年 5 月，江苏省南京市因拓宽马路，对建筑面积达 5 424 m²、总重量约为 80 000 kN 的江南大酒店，成功实现了平移，解决了带伸缩缝建筑的一体托换和同步控制的难题。

（8）2001 年 6 月，上海市在静安区的开发过程中，为保护原位于愚园路 81 号的刘长胜故居，把这栋自重 12 000 kN 的四层楼向东移动了 79.5 m。

（9）广州锦纶会馆是一栋建于清代雍正元年，集中了岭南古建筑的特色，具有近 300 年历史的会馆，且为广州市唯一幸存的会馆。其结构虽基本完好，但墙体是岭南特色的"空斗墙"，结构整体性较差，在工程技术人员的努力下，2001 年 8 月对其成功进行了平移（图 9.2）。

（10）2002 年，山东省东营市孤岛镇永安商场实现旋转移位。该商场为四层框架结构，基础为桩基础，高 18.3 m，建筑面积 4 811.5 m²，总重 57 738 kN。移位施工时以西北角为圆心成功地顺时针旋转 20°，旋转半径最大达到 74.6 m，旋转最长距离为 26.04 m，解决了结构荷载托换、新老基础不均匀沉降、移动弧形轨迹难控制三大技术难题，开创了国内外建筑物以固定端为轴心进行旋转移位的先河。

（11）2003 年 4 至 7 月，一栋建于 1931 年，长 48.76 m，宽 27.56 m，高 21 m，3 层（局部 4 层）、建筑面积约 2 600 m² 的优秀近代保护建筑——上海音乐厅，在液压悬浮式滑动技术、计算机控制的液压同步顶升和移位技术的共同作用下，被整体顶升 3.38 m、移位 66.46 m（图 9.3）。

图 9.2　广州锦纶会馆平移　　　　　　图 9.3　上海音乐厅平移

（12）广西梧州市人事局的综合大楼，10 层，高 36 m，总面积约 8 836 m²，重 130 000 kN 以上。2004 年 5 月 25 日，在 14 台液压千斤顶和数量众多的滚轴同时作用下，整栋大楼向北移动了 30.3 m。

（13）位于山东省济南市纬六路的"老洋行"楼，建于 20 世纪 20 年代，是济南市现存的唯一一座南欧风格的老建筑。2005 年 9 月 28 日，通过布设双上轨道梁、钢滚轴及下轨道梁，并同步使用多台液压千斤顶，该老建筑被牵引平移到新位置（图 9.4）。

（14）2004 年，河南安阳至林州的高速公路开工建设，因慈源寺南北地下均为煤矿采空区,拟建的高速公路只能从寺院中部通过,为保护这一优秀的历史文化建筑,河南省政府决定对慈源寺进行整体迁移保护(图9.5)。

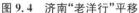

图9.4　济南"老洋行"平移

图9.5　河南千年慈源寺平移

9.2　建筑遗产的平移托换技术

1. 主要内容

(1) 荷载计算:计算承重结构作用于托换底盘梁系结构上墙体的线荷载或柱子的集中荷载值。

(2) 结构计算:包括托换底盘梁系的结构设计,截面计算、配筋计算以及结构的连接构造措施。

(3) 下轨道设计:下轨道即原建筑物的基础受力验算和补强设计。

(4) 临时轨道基础设计:移位过程中临时轨道基础的受力、变形验算及补强设计。

(5) 地基基础设计:①移位路线的地基,按永久性进行设计,安全系数可取永久性设计时的80%;②移位后的地基基础设计若出现新旧基础的交错,应考虑既有建筑地基承载力的提高造成新旧基础间地基变形的差异,必要时应做加固处理。

(6) 滚动支座设计:①滚动支座一般采用钢板焊接制作,根据所受的各种力,选用不同规格的材料;②滚动支座要设有限位卡;③滚动支座的间距及数量应根据支承力的大小设计。

(7) 移动装置的设计:①移动装置有牵引式及顶推式两种,一般牵引式用于荷载较小的小型建筑物,顶推式用于较大型的建筑物,必要时可两种方式并用;②托换梁系作为移动的上轨道梁,基础作为下轨道梁,移位前应进行下轨道梁的修整和找平;③上、下轨道梁系应同时根据移位荷载的滚动压力进行设计。

2. 施工要点

(1) 移位施工首先要有施工组织计划、完善指挥及监测系统,做好水平及垂直变位的观测。

(2) 托换时分段置入上、下钢板及滚动支座,控制施工的准确度,保证钢板的水平。

(3) 严格按设计要求进行上轨道梁的钢筋混凝土浇筑施工。要建立严格的施工管理及质量检测体系。

(4) 结构托换及移动路线施工完毕并达到设计强度,经验收后方可开始移动。

(5) 推顶施工或牵引力要有测力装置,确保提供有效牵引力,严格按设计要求施工。

(6) 移位时要控制适当的前进速率,保持匀速前进,并设置限制滚动装置。移位到位时应立即进行结构的连接并分段浇捣混凝土,竣工后要进行变形观测,并准备好竣工验收资料。

3. 一般工序

整体移位准备→整体托换→置入行走机构→设置反力支座→安装油压千斤顶→确定顶推力参数→平移推进(千斤顶推进、千斤顶回程、置入垫箱、安装反力座)→偏位监测→偏位调整→就位。

9.3 案例 1 南京某民国建筑遗产的分段平移工程

1. 工程概况

南京某民国建筑为三层钢筋混凝土结构,建筑面积 3 153.6 m²。由于其现在位置正好位于在建的遗址公园区域内,影响了遗址区的考古发掘和在建遗址公园格局的完整性,因此,业主方会同省市文物局商讨,拟将该民国建筑向南边迁移约 142 m,迁移至南侧新址,最大限度地保证该民国建筑的原真性。图 9.6 为该建筑平移前的现状外貌。

图 9.6 南京某民国建筑现状外貌

2. 方案比选

迁移保护方案可以是整体平移,也可以是分段平移。建筑物的整体平移是指在保持房屋整体性和可用性不变的前提下,将其从原址移到新址,包括纵横向移动、转向或者移动加转向。这是一项技术要求较高、具有一定风险性的工程,要求通过平移和转动,不仅使移位后的建筑物能满足规划、市政方面的要求,而且不能对结构造成损坏。建筑物的分段平移是指在保持房屋结构整体和外观基本不变的情况下,根据其结构布置和平移要求,综合考虑平移过程中结构的刚度、临时加固、施工安全、工程造价等因素,在平移前将结构进行分段并加固后,平移至新址再对分段结构进行连接恢复。两者比较详见表 9.1。

表 9.1 两种迁移方案比较

比较项目	整体平移	分段平移
保护文物原真性	能够完整保护文物原真性	能够完整保护文物原真性
施工难易程度	运用新技术回避传统工艺建造中可能的原真性改变,体量较大,施工组织难度较高	体量较小,质量更容易控制,平移安全性能大大提高,施工相对简便
结构安全性	建筑物整体体量较大,平移过程对建筑产生的损伤较大	建筑物分段体量较小,平移过程对建筑产生的损伤较小

比较项目	整体平移	分段平移
经济性	平移施工时在结构转交处、楼梯间等薄弱部位容易发生破坏,为了满足平移施工结构刚度和安全要求,需要增设大量连接支撑,临时加固费用较高	将不规则结构在其薄弱部位进行分割,变成多段规则结构,能有效减少平移前加固工作量,临时加固费用较低
工期	结构体型大,重量大,要求平移轨道的地基有较高的承载力,同时平移轨道需要覆盖结构整体范围,施工量较大,工期较长	体型和重量大大减小,平移轨道地基承载能力可根据分段重量进行降低;根据分段结构形式和平移要求,可共用部分平移轨道,减小平移轨道的施工工作量,工期缩短
交通影响	影响较大	影响较小
环境保护	建设工程污染小,破坏平移路线中的树木较多,约为 50 棵	建设工程污染小,破坏平移路线中的树木较少,约为 16 棵

根据该建筑新的选址及平移路线场地条件勘查,为尽量减小对平移路线上树木的破坏以及提高平移过程中建筑本体的结构安全度,经综合考虑,建议采取分段平移方法。

3. 平移方案设计

（1）平移概况

房屋平移的基本原理是将房屋上部结构与基础脱开后托换到移动装置上,用千斤顶施加推力或拉力,使建筑物和滚动装置在轨道上行走,到房屋新址后与新基础进行就位连接。

根据对该栋民国建筑迁移路线和拟迁移新址的地质勘查,确认平移路线及新址具有适合本次平移所需要的地基承载力,但在正式平移前,需进行地基承载力的静载试验,并进行地基压实处理。

（2）平移步骤

将该民国建筑分段平移,分 C1 段和 C2 段,如图 9.7 所示。

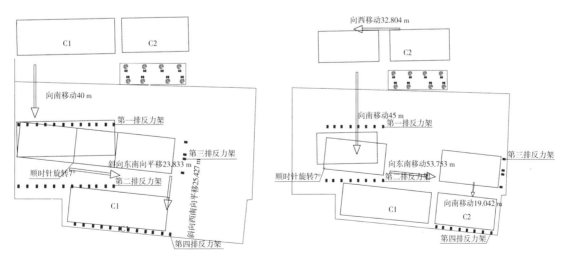

图 9.7　该民国建筑分段平移过程图

① 将 C1 段向南平移 40 m,顺时针旋转 7°,斜向东南向平移 23.833 m,斜向西南向平移 25.427 m;

② 将 C2 段向西平移 32.804 m,向南平移 45 m,顺时针旋转 7°,向东南向平移 53.753 m,向南向平移 19.042 m;

③ 将 C1 段和 C2 段建筑上部结构连接恢复,将结构与新基础连接。

(3) 平移前结构的整体性加固

考虑到该建筑建造年代较早并且未设置抗震构造,结构整体性和刚度较差,为保证平移过程中的结构安全和平移对结构的刚度要求,需要对该结构进行临时加固处理。

结构平移前的临时加固分三步进行,如图 9.8 所示:

① 首先拆除结构外部围护结构及室外楼梯、台阶等附属设施。

② 在结构外围新增钢梁、钢柱将原有建筑整体包裹并形成整体。新增环套柱锚入上托盘轨道梁中。在新增换套梁、柱间增设斜向 X 支撑。

③ 根据分段平移要求,在结构分段处采用静力切割将结构整理分离,并在分离部位增设临时钢梁、钢柱与加固梁、柱形成整体。

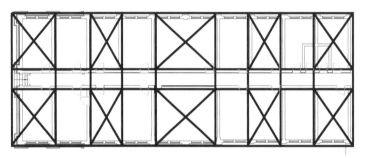

(a) C2 段结构临时加固平面

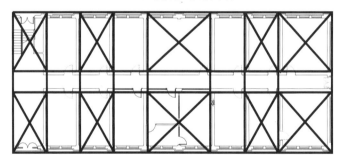

(b) C1 段结构临时加固平面

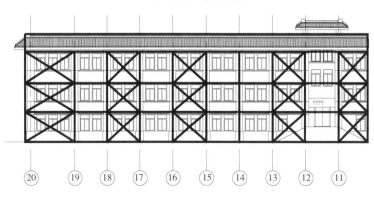

⑳ ⑲ ⑱ ⑰ ⑯ ⑮ ⑭ ⑬ ⑫ ⑪

(c) C2 段结构临时加固立面

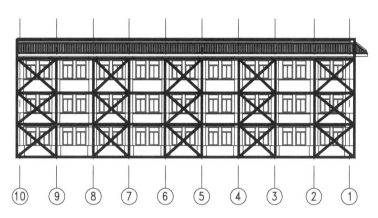

(d) C1 段结构临时加固立面

(e) C1 段和 C2 段的施工现场

(f) 行保楼临时性加固的现场施工

图 9.8　该建筑临时性加固示意图

（4）上轨道梁设计

平移轨道分为下轨道和上轨道，下轨道是在结构旋转及平移线路上连接新、旧基础用于支撑滚轴的结构。上轨道梁是平移结构底部，设置在滚轴上部用于托起上部建筑的结构。轨道一般由下轨道梁和铺设的钢板组成。轨道梁起安全支撑作用，钢板起减小摩擦和防止滚轴受力不均匀引起的局部承压破坏的作用。

本建筑物为砖混结构，为保证结构安全，上轨道梁在墙体两侧设置夹梁，并间隔一段距离将墙体打通采用横向梁将夹梁连接成整体的方法进行上托盘轨道梁施工。上轨道梁必须确保上部集中荷载可靠地转换到上轨道梁。上轨道梁承受的荷载通过位于梁底部均匀布设的滚轴传至下轨道梁上,上轨道梁的受力近似于倒置的框架梁。柱托换采用钢筋混凝土梁直接包柱的托换方式,新、旧混凝土交界面打齿槽并植筋,确保柱力传递的可靠性。上轨道梁设计见图 9.9、图 9.10,现场施工照片见图 9.11。

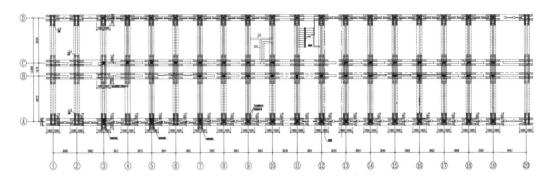

图 9.9　上轨道梁平面布置图

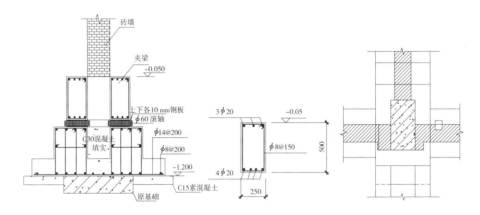

图 9.10　上轨道梁大样图(单位:mm)

图 9.11　上轨道梁的现场施工

（5）下轨道梁设计

下轨道梁在原结构基础顶部以及结构旋转及平移线路上进行设置。下轨道梁类似于柱下条形基础,承受上轨道梁通过滚轴传来的移动荷载。本工程原基础为柱下独立基础,将其连起来,再在上面新做下轨道梁,这种方法既简单方便,又受力可靠。下轨道梁设计见图 9.12、图 9.13,图 9.14 为现场施工照片。

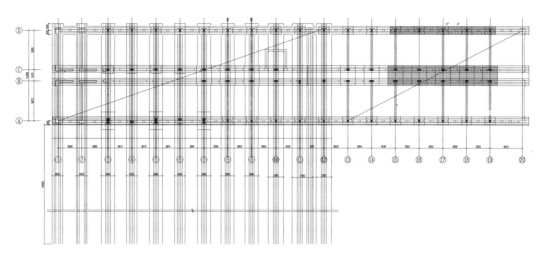

图 9.12 下轨道梁平面图

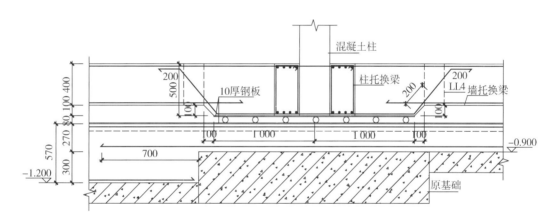

图 9.13 下轨道梁大样图

图 9.14 下轨道梁的现场施工

（6）滚轴设计

本工程滚轴摆放方式采用点式集中摆放方式（图 9.15）,这种方式使用的滚轴数量较少,对上轨道梁产生的弯矩作用最小,因此是最经济的方式。

滚轴采用 60 mm 直径的钢管混凝土,钢管为 $\phi60\times7$,内灌微膨胀混凝土,强度等级为 C40,两端用 5 mm 厚钢板焊接封口,滚轴间距 300 mm。每个滚轴抗压承载力设计值 $F=11DLf_t=11\times60\times250\times1.71\approx282$ kN。上轨道钢板厚度为 10 mm,下轨道钢板厚度为 10 mm,钢板与下轨道梁之间铺 2 mm 粉细砂。图 9.16 为现场施工图。

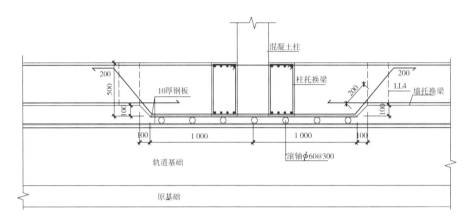

图 9.15　滚轴布置图

图 9.16　滚轴的现场施工

(7) 千斤顶及反支座设计

轨道梁施工完成后,为了尽量减小对原结构的损伤和扰动,采用无损静力切割技术对该建筑上部结构与基础进行分离。无损静力切割设备可选用水钻。结构分离完成后,开始进行可移动反力支座的安装。

考虑到本次平移结构单体多,平移路线长,因此移动装置采用千斤顶顶推和高强钢绞线牵引结合的方式,平移前先进行反力架的材料的加工制作,按设计要求进行钢滚轴和反力支架的材料加工,在下轨道梁上每隔 0.6 m 设一组预留孔,以便安装移动反力支座。反力支座采用可移动的钢结构制作,这种支座是可拆卸的,和钢筋混凝土相比更方便快捷,而且经济。每轴安放千斤顶。图 9.17 和图 9.18 分别为千斤顶与钢支座的设计图和现场施工图。

(8) 平移监测

为了及时了解各种作用的大小及其对整个建筑物(包括承重结构和装修)的影响,并进行有效的控制,需要对平移施工中的各个关键环节进行系统科学的实时监测,从而保证平

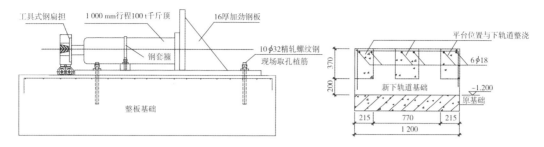

图 9.17　千斤顶与钢支座设计图(单位:mm)

图 9.18　千斤顶顶推和钢绞线牵引的现场施工

移工程的顺利进行。监测内容包括平移工程中的静动态实时监测。

① 平移前期关键参数的测试试验项目:所有房屋的结构构件和非结构构件完好情况勘查;地基处理静载试验;上部结构和基础切断时托换结构的沉降差测试;轨道平整度监测;平移加载参数的现场测定。

② 房屋移动过程中的实时监测内容:轨道沉降的监测;上部结构沉降差的监测;移动速度和行程监测;移动动力大小监测;房屋倾角监测;关键部位的裂缝监测。

(9) 精确就位的控制方法

在距离就位点还有 3 m 距离时,进入建筑物移位就位距离以内,其移位姿态控制等级要提高一个等级;当距离为 3~1.5 m 时,调整跑偏警戒值为 10 mm,一旦建筑物跑偏超过此限值就立即采取纠偏措施;当距离为 1.5~0 m 时,调整跑偏警戒值为 5 mm,一旦建筑物跑偏超过此限值就立即采取纠偏措施。在就位阶段运用假定圆心法进行建筑物移位姿态调整的过程中应该结合该建筑物移位以来每一个行程的数据进行分析,以便更加准确地找出假定圆心的位置,指导建筑物精确就位。

(10) 平移施工

本工程的施工要点有:①移位施工首先要有施工组织计划,完善指挥及监测系统,做好水平及垂直变位的观测;②托换时分段置入上、下轨道钢板及滚动支座,控制施工的准确度,保证钢板处于水平状态;③严格按设计要求进行上轨道梁的钢筋混凝土浇筑施工,要建立严格的施工管理及质量检测体系;④结构托换及移动路线施工完毕并达到设计强度,经验收后方可开始移动;⑤顶推施工要有测力装置,确保提供有效顶推力,严格按设计要求施工;⑥移位时要控制适当的前进速率,保持匀速前进,并设置限制滚动装置;⑦移位到位时应立即进行结构的连接并分段浇捣混凝土;⑧竣工后要进行变形观测,并准备好竣工验收资料。

本工程的施工程序是:移位准备→置入行走机构→采用无损静力切割分离→设置钢结构反力支座→安装液压千斤顶→确定顶推力参数→平移推进(千斤顶推进、千斤顶回程、置入垫箱、安装反力座)→偏位监测→偏位调整→就位。

本工程采用 PLC 同步控制系统,该系统由液压系统(油泵、油缸等)、检测传感器、计算机控制系统等几个部分组成。液压系统由计算机控制,可以全自动完成同步位移,实现力和位移控制、操作闭锁、过程显示、故障报警等多种功能。

4. 结语

该工程在设计和施工上达到了预想的施工效果,说明本书所述整体平移的设计和施工合理,可为民国钢筋混凝土建筑的平移提供经验:

(1)滚轴采用点式集中摆放的方式,对上轨道梁产生的弯矩作用最小,是最为经济合理的方式。

(2)反力支座采用钢结构支座,既方便快捷,又经济可靠。

(3)采用 PLC 同步控制系统,可以最为精确地实施建筑物同步位移,对整个建筑物的影响最小,安全可靠。

(4)整个平移过程需做好偏位监测和沉降观测,确保平移过程顺利完成。

9.4 案例 2 镇江某混凝土建筑的整体平移工程

1. 工程概况

镇江某临街商业房位于镇江市学府路,该楼为两层钢筋混凝土框架结构,东西向长 116.6 m,南北向长 12 m,共 2 层,总建筑面积为 2 780 m²。由于该楼所处位置不满足规划要求,位于道路规划红线范围以内,需对其进行处理。若拆除重建,工程造价约 170 万元;若对该楼进行整体平移,工程造价约 70 万元,可节约造价约 100 万元。因此,有关方面决定对该楼进行整体平移,即向南平移 2.2 m(图 9.19)。虽然该建筑并非建筑遗产,但对框架结构建筑遗产的整体平移具有参考价值。

2. 平移设计

建筑物整体平移的步骤是:先在新位置修建新基础,在新旧基础之间修建轨道,在轨道上摆放滚轴;然后对上部结构进行加固托换,托换完成后将建筑物和上部结构分离,这样整个上部结构就形成一个可移动体,支撑在轨道梁上的移动装置(滚轴)上;通过千斤顶施加推力或拉力,建筑物在轨道上缓缓移动,到位后将墙、柱和新基础连接。

建筑物整体平移过程时间很短,因此平移过程中平移构件的受力荷载可考虑为临时荷载,平移构件的受力计算采用荷载的标准值。

建筑物整体平移工程中,关键的技术环节包括轨道技术、托换技术、切割技术(上部结构和基础分离技术)、同步移动技术、就位连接技术。

本整体平移工程的设计内容主要有:(1)荷载计算;(2)上轨道设计;(3)下轨道设计;

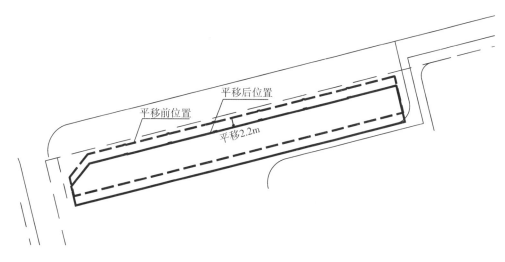

图 9.19　该楼平移前后总平面图

(4)新基础设计;(5)滚轴设计;(6)千斤顶顶推力及反力支座设计等。

(1)上轨道梁设计

本建筑物为框架结构,上部所有填充墙均未砌筑,因此,平移构件的荷载计算采用上部结构的自重标准值。上部的所有荷载均集中至底层框架柱,必须确保上部集中荷载可靠地转换到上轨道梁。上轨道梁承受的荷载通过位于梁底部均匀布设的滚轴传至下轨道梁上,上轨道梁的受力近似于倒置的框架梁。柱托换采用钢筋混凝土梁直接包柱的托换方式,新旧混凝土交界面打齿槽并植筋,确保柱力传递的可靠性。上轨道梁设计见图 9.20、图 9.21,现场施工照片见图 9.22。

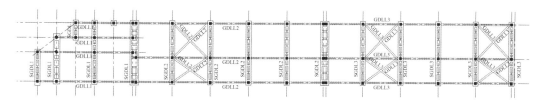

图 9.20　上轨道梁平面布置图

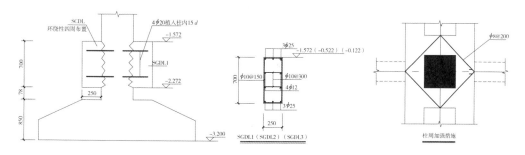

图 9.21　上轨道梁大样图(单位:mm)

(2)下轨道梁设计

下轨道梁类似于柱下条形基础,承受上轨道梁通过滚轴传来的移动荷载。本工程原基础为柱下独立基础,将其连起来,再在上面新做下轨道梁,这种方法既简单方便,又受力可

图 9.22　上轨道梁现场施工

靠。下轨道梁设计见图 9.23、图 9.24,图 9.25 为现场施工照片。

(3) 滚轴设计

本工程滚轴摆放方式采用点式集中摆放方式(图 9.26),这种方式的滚轴数量较少,对上轨道梁产生的弯矩作用最小,因此是最经济的方式。

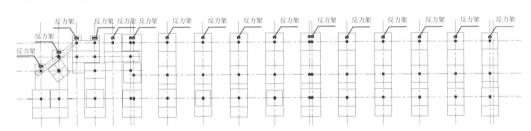

图 9.23　下轨道梁平面图(单位:mm)

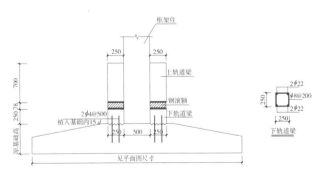

图 9.24　下轨道梁大样(单位:mm)

图 9.25　下轨道梁现场施工

滚轴采用直径 60 mm 的钢管混凝土,钢管为 $\phi 60 \times 5$,内灌微膨胀混凝土,强度等级为 C40,两端用 5 mm 厚钢板焊接封口,滚轴间距 400 mm。每个滚轴抗压承载力设计值 $F = 11DLf_t = 11 \times 60 \times 250 \times 1.71 \approx 282$ kN。上轨道钢板厚度为 8 mm,下轨道钢板厚度为

10 mm,钢板与下轨道梁之间铺 2 mm 厚粉细砂。图 9.27 为现场施工图。

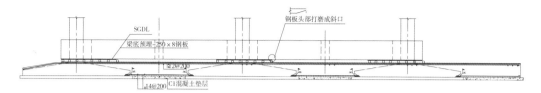

图 9.26　滚轴布置图(单位:mm)

图 9.27　滚轴现场施工

(4) 千斤顶顶推力及反力支座设计

本工程滚轴滚动摩擦系数取 0.07,最大千斤顶顶推力取 200 kN,采用的千斤顶最大出力 1 000 kN,行程 15 mm。

反力支座采用可移动的钢结构支座,这种支座是可拆卸的,和钢筋混凝土支座相比更方便快捷,而且经济(图 9.28)。图 9.29、图 9.30 分别为千斤顶与钢支座的现场施工图。

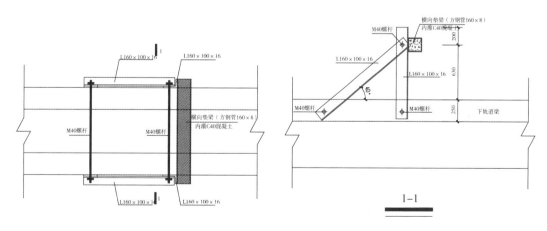

图 9.28　钢结构支座(单位:mm)

图 9.29 千斤顶现场同步顶推

图 9.30 钢支座现场施工

（5）就位连接设计

就位连接是整体平移工程的最后一个关键环节。本工程的就位连接主要指柱与新基础的就位连接。柱中纵筋与新基础中的预埋钢筋焊接，扩大后浇混凝土范围，从柱托换节点外边缘扩大 150 mm，扩大范围内增设锚固钢筋，钢筋数量等同于原柱纵筋数量，具体做法见图 9.31，图 9.32 为现场施工照片。

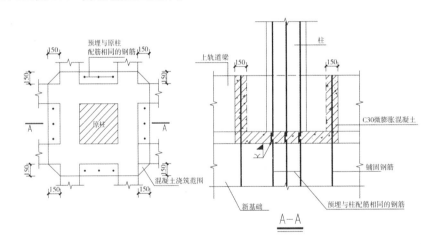
图 9.31 就位连接（单位：mm）

（6）沉降观测

在平移过程中对建筑物的沉降进行了观测。在上轨道梁上共布设了 8 个沉降观测点，观测结果为最大沉降量 2.8 mm，最小沉降量 2.0 mm。沉降结果表明建筑物平移过程中上、下轨道梁刚度均可以满足受力要求，对上部结构受力没有附加影响。

（7）平移施工

本工程的施工要点有：①移位施工首先要有施工组织计划、完善指挥及监测系统，做好水平及垂直变位的观测；②托换时分段置入上、下轨道钢板及滚动支座，控

图 9.32 就位连接现场施工

制施工的准确度，保证钢板处于水平状态；③严格按设计要求进行上轨道梁的钢筋混凝土浇筑

施工,要建立严格的施工管理及质量检测体系;④结构托换及移动路线施工完毕并达到设计强度,经验收后方可开始移动;⑤顶推施工要有测力装置,确保提供有效顶推力,严格按设计要求施工;⑥移位时要控制适当的前进速率,保持匀速前进,并设置限制滚动装置;⑦移位到位时应立即进行结构的连接并分段浇捣混凝土,竣工后要进行变形观测,并准备好竣工验收资料。

本工程的施工程序是:整体移位准备→置入行走机构→采用电镐切割分离→设置钢结构反力支座→安装液压千斤顶→确定顶推力参数→平移推进(千斤顶推进、千斤顶回程、置入垫箱、安装反力座)→偏位监测→偏位调整→就位。

本工程采用PLC同步控制系统,该系统由液压系统(油泵、油缸等)、检测传感器、计算机控制系统等几个部分组成。液压系统由计算机控制,可以全自动完成同步位移,实现力和位移控制、操作闭锁、过程显示、故障报警等多种功能。

3. 结语

该工程平移施工过程仅用1天时间,2.2 m全部平移到位。工程总工期50天,总投资70万元,和拆除重建相比,既缩短了工期,又节约了总造价。目前工程早已竣工,结构状况良好,这说明本书所述整体平移的设计和施工合理,可为框架建筑的整体平移提供参考。

9.5　案例3　金陵大报恩寺御碑遗址的隔震托换工程

1. 工程概况

金陵大报恩寺遗址位于南京城南中华门外古长干里,北抵秦淮河,南至雨花台。2008年4—8月,经国家文物局批准,南京市博物馆对该遗址进行了考古发掘,清理出规模宏大的明代大报恩寺皇家建筑基址。金陵大报恩寺御碑遗址共有两处,分处大报恩寺遗址中轴线南北两侧,南侧为明永乐年间所立御碑,北侧为明宣德年间所立御碑。南碑龟趺身上的御碑目前已缺失,龟趺身上多处开裂;北碑龟趺身上的御碑虽然保留,但表面被水泥砂浆面层和型钢包裹,且龟趺的头部已缺失,身上多处开裂。南北两块御碑均存在严重的安全隐患,因此,迫切需要研究南、北御碑的保护措施。图9.33和图9.34分别为南碑和北碑的测绘及现状图。

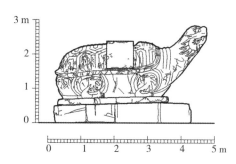

图9.33　南碑测绘图及现状

2. 南碑结构性能计算

为了深入地了解南碑遗址潜在的结构安全隐患,采用Ansys软件对遗址主体结构进行了非线性有限元数值模拟分析,重点分析南碑在自重、变形、地震等工况作用下,主体结构的受力特征和安全性。

（1）简化和假定

南碑和北碑石材根据南京当地石材特性和时代特征被判定为石灰岩。主体结构有一定残损,整体性差,假定对裂缝、孔洞等进行了修补,将其简化为各向同性连续均质材料。

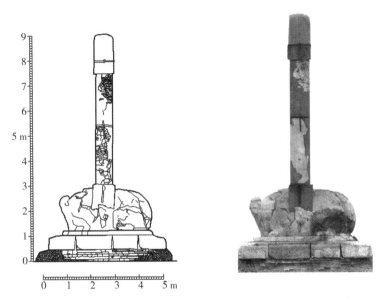

图 9.34　北碑测绘图及现状

按现场实际测绘尺寸建立模型。

（2）参数取值

材料参数按偏保守的原则取值,石灰岩的密度取 2 660 kg/m³;静弹性模量是 21～84 GPa,取 30 GPa;垂直于石灰岩层理方向时,抗压强度为 60～140 MPa,平行于层理方向时,抗压强度为 70～120 MPa,这里假定为各向同性均质材料,取 60 MPa;取石灰岩抗拉强度为其抗压强度的六十分之一,即 1 MPa。

（3）有限元模型

采用商用有限元软件 Ansys(13.0 版本)建立南碑实体模型,并划分单元,南碑有限元网格如图 9.35 所示。共 18 313 个 SOLID 65 单元(采用 William-Warnke 模型,考虑开裂和压溃)。单元边长约为 0.5 m。

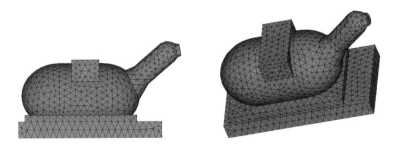

图 9.35　南碑有限元网格

（4）静力分析结果

南碑静力非线性分析结果如图 9.36 所示。南碑在自重作用下的变形很小,最大变形为0.3 mm。南碑主拉应力最大值位于龟颈上部,为 0.18 MPa,小于石灰岩抗拉强度。南碑主压应力最大值位于龟颈下部,为 0.18 MPa,小于石灰岩抗压强度。南碑在自重作用下未见开裂和压溃。

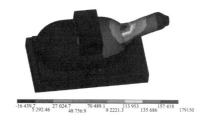

（a）龟趺变形　　　　　　　　　（b）龟趺应力

图 9.36　南碑静力分析结果

（5）动力分析结果

南碑前三阶模态如图 9.37 所示。其中，第一阶振型为龟趺头部的水平摆动（$f_1 =$ 102.27 Hz），第二阶振型为龟趺头部的竖向摆动（$f_2 =$ 107.63 Hz），第三阶振型为龟趺的整体扭动（$f_3 =$ 171.88 Hz）。

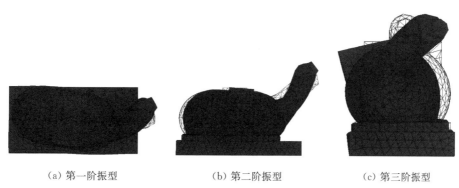

（a）第一阶振型　　　　　（b）第二阶振型　　　　　（c）第三阶振型

图 9.37　南碑模态分析结果

根据《建筑抗震设计规范》（GB 50011—2010），南京地区抗震设防烈度为 7 度，设计基本地震加速度值为 0.1 g，设计地震分组为第一组。选用 el-centro 波对结构横向进行时程分析，根据规范，7 度罕遇地震下时程分析所用地震加速度时程曲线的最大值为 2.2 m/s^2。根据计算结果，龟颈根部节点为最不利节点，地震产生的最大主拉应力接近 1 MPa，地震产生的最大主压应力为 0.040 MPa 左右，远小于 60 MPa。地震产生的最大结构变形很小，约为 1.3×10^{-5} m。

3. 北碑结构性能计算

（1）有限元模型

采用商用有限元软件 Ansys（13.0 版本）建立北碑实体模型，并划分单元，北碑有限元网格如图 9.38 所示。共 38 086 个单元。静力分析时采用 SOLID 65 单元（采用 William-Warnke 模型，考虑开裂和压溃）。动力分析时采用 SOLID 45 单元，单元边长均为 0.2 m。

（2）静力分析结果

北碑在自重作用下的静力分析结果如图 9.39 所示。北碑在自重作用下的变形很小，最大变形为 0.3 mm。主拉应力最大值位于龟背上部，为 0.02 MPa，小于石灰岩抗拉强度。主压应力最大值位于碑底部，为 0.28 MPa，小于石灰岩抗压强度。在自重作用下未见开裂和压溃。

北碑在侧向变形下的静力分析结果如图 9.40 所示。当顶部侧向位移小于 2 mm 时，结构无裂缝；当顶部侧向位移大于 2 mm 时，碑底开始出现裂缝；当顶部侧向位移大于 4 mm

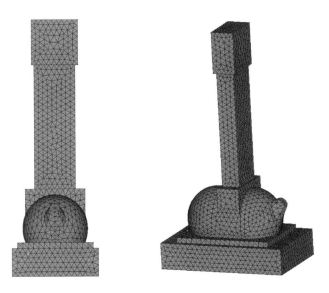

图9.38 北碑有限元网格

时，裂缝贯穿整个碑底截面，可以认为此时底部已经形成塑性铰，无法继续承载；在顶部附加约束，并继续施加位移，顶部侧向位移大于 8 mm 时，裂缝向龟背发展；顶部侧向位移大于9 mm 时，碑中大部分布满裂缝，结构失效。

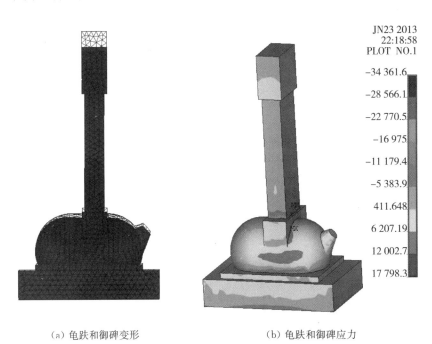

（a）龟趺和御碑变形　　　　　　（b）龟趺和御碑应力

图9.39 北碑自重作用下的静力分析结果

（3）动力分析结果

北碑前四阶模态如图9.41所示。根据计算结果，第一阶振型为御碑的前后摆动（$f_1 = 8.945$ Hz），第二阶振型为御碑的左右摆动（$f_2 = 16.245$ Hz），第三阶振型为御碑的弯曲振动（$f_3 = 57.162$ Hz），第四阶振型为御碑的扭动（$f_4 = 58.107$ Hz）。由于龟身刚度很大，因此基本不参与振型，振型主要由碑体完成。

(a) 3 mm 侧向变形　　　　(b) 7 mm 侧向变形　　　　(c) 9 mm 侧向变形

图 9.40　北碑侧向变形下的静力分析结果

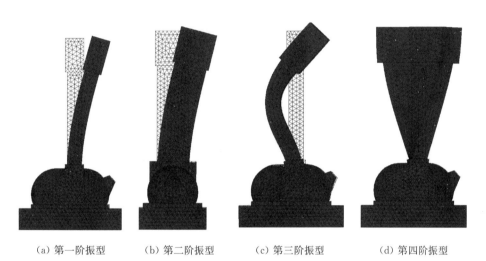

(a) 第一阶振型　　　(b) 第二阶振型　　　(c) 第三阶振型　　　(d) 第四阶振型

图 9.41　北碑模态分析结果

根据计算结果,在 7 度多遇地震作用下,碑顶为变形最大位置,地震产生的最大变形为 0.4 mm 左右,发生在 2.62 s,远小于 2 mm。地震产生的最大主压应力、主拉应力分别为 0.02 MPa、0.3 MPa 左右,远小于石灰岩强度。在 7 度罕遇地震作用下,碑顶为变形最大位置,地震产生的最大变形为 2.4 mm 左右,发生在 2.62 s。地震产生的最大主压应力、主拉应力均为 2 MPa,主拉应力超过 1 MPa,会在碑底部位产生裂缝。

对比北碑和南碑的动力分析结果,可以发现:带有御碑的北碑的第一阶自振频率约为不带御碑的南碑的 8.7%;地震作用下,带有御碑的北碑最有可能被破坏的部位是御碑,不带御碑的南碑最有可能被破坏的部位是龟趺头部。

4. 保护技术分析

(1) 保护方案

根据保护规划要求,金陵大报恩寺南、北两块御碑需要整体提升 60 cm,综合考虑御碑遗址现状以及计算分析结果,参考相关文献,对南、北两块御碑遗址提出增设隔震支座的方法进行保护。

南碑和北碑底部分别设置 4 个 GZY500 铅芯型橡胶隔震支座。橡胶支座在竖向采用 BEAM188 单元，在与主体结构接触处耦合竖向自由度，在 x、y 两个方向设置 COMBIN40 弹簧单元，单元参数为等效刚度 K_1、屈服后刚度 K_2、屈服力 Q_d、等效阻尼比 C、间隙 GAP 等。

（2）南碑增设隔震支座

南碑基底增设隔震支座后的有限元模型如图 9.42 所示。计算结果显示，增设隔震支座后，结构的振动频率明显减小，基频减小到原来的 3%，隔震支座起到了非常显著的效果，将建筑物的振动周期延长了 37.4 倍。通过时程分析，南碑在 7 度罕遇地震作用下，第一主应力的最大值减小到 0.024 MPa，远小于 1 MPa；第三主应力的最大值减小到 0.024 MPa，远小于 60 MPa。隔震结构在 7 度罕遇地震的情况下不会发生开裂和压溃。

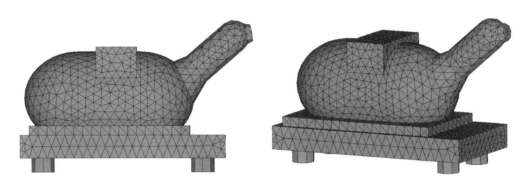

图 9.42　南碑隔震模型

（3）北碑增设隔震支座

北碑基底增设隔震支座后的有限元模型如图 9.43 所示。计算结果显示，增设隔震支座后，结构的振动频率明显减小，基频减小到原来的 18%，隔震支座起到了非常显著的效果，将建筑物的振动周期延长了 5.4 倍。通过时程分析，北碑在 7 度罕遇地震作用下，第一主应力和第三主应力的最大值减小到原来的 1/4，即从未隔震时的 2 MPa 减小到约 0.5 MPa，小于 1 MPa。隔震结构在 7 度罕遇地震的情况下不会发生开裂和压溃。

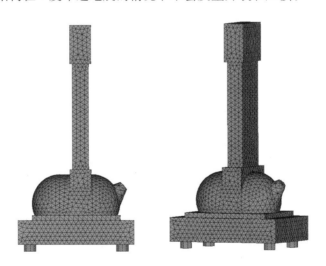

图 9.43　北碑隔震模型

（4）隔震支座施工

在对南碑和北碑安装隔震支座前，先采用型钢梁和机械式千斤顶进行托换，托换过程需严格控制碑体的垂直度和支座的水平度，然后置入隔震支座，隔震支座安装完毕后拆除原有型钢梁和千斤顶托换装置。图9.44～图9.46为御碑隔震支座安装的现场施工图片。

图 9.44 御碑托换支架

图 9.45 御碑垂直度和水平度控制

5. 结语

目前学界对于石碑的保护研究主要关注化学材料的保护，而对石碑的结构保护技术研究甚少。笔者希望通过介绍金陵大报恩寺南、北御碑遗址的结构性能及保护技术研究，为类似文物保护研究提供参考。

（1）在保护设计前，应进行御碑遗址在正常使用和地震作用下的结构性能分析，找出其存在的安全隐患，为保护设计提供科学依据。

（2）静力分析结果：南碑遗址和北碑遗址在自重作用下结构不会开裂和压溃，但北碑遗

图9.46 御碑隔震支座

址由于龟跌和御碑同时存在,御碑顶部侧移大于2 mm时碑底出现开裂,当顶部侧移大于4 mm时,裂缝贯穿整个碑底截面,此时可以认为底部已经形成塑性铰,无法继续承载。

(3)动力分析结果:南碑遗址仅存龟跌,其前两阶为龟跌头部的摆动,第三阶为龟跌的整体扭动。南碑遗址在7度罕遇地震作用下,龟颈根部节点为最不利节点,容易开裂。和南碑遗址相比,北碑遗址相对较柔,前三阶为御碑的平动振型,由于龟跌刚度很大,因此基本不参与振型。在7度多遇地震下,北碑遗址结构基本安全;在7度罕遇地震下,北碑遗址碑底会发生开裂,结构局部损坏。

(4)增设隔震支座后的效果:对南、北两块御碑遗址施加隔震支座后,结构的振动频率、主拉应力和主压应力均明显减小,隔震后的南、北御碑遗址在7度罕遇地震下均不会发生开裂和压溃。

复习思考题

9-1 请列举几个著名的建筑遗产平移或托换技术案例。

9-2 请简述建筑遗产平移的概念。

9-3 请简述建筑遗产平移的施工步骤。

9-4 建筑遗产平移工程的设计和施工中,关键技术环节有哪些?

9-5 建筑遗产平移工程中的地基基础设计有哪些考虑?

9-6 建筑遗产平移工程中的移动装置有哪些形式,分别适用于哪些建筑对象的平移工程?

9-7 建筑遗产平移托换技术的主要内容包括哪些?

9-8 建筑遗产平移托换技术的施工要点包括哪些?

9-9 建筑遗产平移托换技术的一般工序是什么?

参考文献

［1］淳庆,邱洪兴,李明丁,等. 南京某公馆砖木结构楼房的加固改造设计与施工[J]. 建筑科学,2005, 21(2):49-52.

［2］淳庆,邱洪兴,黄志诚,等. 钢筋混凝土结构双筋植筋的锚固性能试验研究[J]. 工业建筑,2006,36 (2):98-100.

［3］淳庆,邱洪兴,王恒华. 中国民族工商业博物馆加固改造设计[J]. 建筑技术,2006,37(6):412-414.

［4］淳庆,邱洪兴,黄志诚,等. 钢筋混凝土结构的植筋技术及工程应用[J]. 特种结构,2006,23(1): 86-89.

［5］淳庆,乐志,潘建伍. 中国南方传统木构建筑典型榫卯节点抗震性能试验研究[J]. 中国科学:技术 科学,2011,41(9):1153-1160.

［6］CHUN Qing. Strengthening design of Ganxi's Former Residence[C]// Proceedings of the 6th International Conference on Structural Analysis of Historic Construction, SAHC08. Boca Raton: CRC Press,2008:1441-1444.

［7］淳庆,李今保. 某传统木构建筑的修缮设计[C]//土木工程结构检测鉴定与加固改造:第九届全国建 筑物鉴定与加固改造学术会议论文集. 北京:中国建材工业出版社,2008.

［8］淳庆,李今保. 临街商业房的整体平移技术[J]. 建筑技术,2009,40(9):803-805.

［9］CHUN Q. Damage analysis of masonry pagodas in Wenchuan earthquake[C]// proceedings of the International Conference on Protection of Historical Buildings, PROHITECH 09. Leiden:CRC Press/Balkma,2009.

［10］淳庆,潘建伍. 减振沟在强夯施工时的减振效果研究[J]. 振动与冲击,2010,29(6):115-120.

［11］淳庆,胡石. 泰顺廊桥—文兴桥结构残损分析及修缮探讨[J]. 建筑技术,2011,42(6):495-498.

［12］淳庆,胡亮亮. 留园曲溪楼加固修缮设计[J]. 建筑技术,2011,42(7):618-620.

［13］淳庆,潘建伍. 碳-芳混杂纤维布加固木柱轴心抗压性能试验研究[J]. 建筑材料学报,2011,14(3): 427-431.

［14］淳庆,潘建伍,包兆鼎. 碳-芳混杂纤维布加固木梁抗弯性能试验研究[J]. 东南大学学报(自然科学 版),2011,41(1):168-173.

［15］淳庆,潘建伍. 碳-芳混杂纤维布加固木梁抗剪性能分析[J]. 解放军理工大学学报(自然科学版), 2011,12(6):654-658.

［16］CHUN Q,Z Q. Strengthening design of a business architecture built during the period of the republic of China in Nanjing[J]. Advanced Materials Research,2010(133/134):597-603.

［17］淳庆,张洋,潘建伍. 嵌入式碳纤维板加固木梁抗弯性能的试验研究[J]. 东南大学学报(自然科学 版),2012,42(6):1146-1150.

［18］CHUN Q,YUE Z,PAN J W. Experimental study on seismic characteristics of typical mortise-tenon joints of Chinese southern traditional timber frame buildings[J]. Science China Technological Sciences,2011,54(9):2404.

［19］CHUN Q,PAN J W. Experimental study on bending behavior of timber beams reinforced with CFRP/AFRP hybrid FRP sheets[J]. Advanced Materials Research,2011(255/256/257/258/259/ 260):728-732.

［20］淳庆,张洋,潘建伍. 内嵌碳纤维板加固圆木柱轴心抗压性能试验研究[J]. 工业建筑,2013,43(7): 91-95.

［21］朱光亚,蒋惠. 开发建筑遗产密集区的一项基础性工作:建筑遗产评估[J]. 规划师,1996,12(1): 33-38.

［22］淳庆,谭志成,陈春超. 古建筑木结构拼合梁结构机制[J]. 东南大学学报(自然科学版),2013,43

(2):425-430.

［23］ KLAMER A. The value of culture：on the relationship between economics and arts［M］. Amsterdam：Amsterdam University Press,1996.

［24］ 联合国教科文组织. 世界文化报告：文化的多样性、冲突和多元共存 2000［M］. 北京：北京大学出版社,2002.

［25］ 王婉晔. 历史风貌建筑的鉴定与加固研究［D］. 上海：同济大学,2004.

［26］ 王建国. 后工业时代产业建筑遗产保护更新［M］. 北京：中国建筑工业出版社,2008.

［27］ WANG J G,JIANG N. Conservation and adaptive-reuse of historical industrial building in China in the post-industrial era［J］. Frontiers of Architecture and Civil Engineering in China,2007,1(4):474-480.

［28］ 朱光亚,方遒,雷晓鸿. 建筑遗产评估的一次探索［J］. 新建筑,1998(2):22-24.

［29］ 淳庆,喻梦哲,潘建伍. 宁波保国寺大殿残损分析及结构性能研究［J］. 文物保护与考古科学,2013,25(2):45-51.

［30］ 王涛. 江苏省历史地段综合价值和管理状况评估模式研究［D］. 南京：东南大学,2001.

［31］ 阮仪三. 经济发达地区城市化进程中建筑环境的保护与发展［R］,1997.

［32］ 常青. 我国风土建筑的谱系构成及传承前景概观：基于体系化的标本保存与整体再生目标［J］. 建筑学报,2016(10):1-9.

［33］ 董鉴泓,阮仪三. 名城文化鉴赏与保护［M］. 上海：同济大学出版社,1993.

［34］ 俞茂宏,张学彬,方东平. 西安古城墙研究：建筑结构和抗震［M］. 西安：西安交通大学出版社,1994.

［35］ RABUN J S. Structural analysis of historic building［M］. New York：John Wiley & Sons,2000.

［36］ 淳庆,潘建伍,董运宏. 南方地区古建筑木结构的整体性残损点指标研究［J］. 文物保护与考古科学,2017,29(6):76-83.

［37］ 高久斌. 古砖木塔结构安全评估和修缮加固技术的研究［D］. 南京：东南大学,2003.

［38］ 李飞. FRP加固木梁抗弯性能的试验研究［D］. 泉州：华侨大学,2009.

［39］ 李丽娟. 大雁塔抗震性能及其可靠性分析研究［D］. 西安：西安交通大学,1990.

［40］ 高大峰. 小雁塔塔体抗震、抗风性能及其地基的极限承载力探讨［D］. 西安：西安交通大学,1995.

［41］ 赵均海,杨松岩,俞茂宏,等. 西安东门城墙的弹塑性有限元分析［J］. 西北建筑工程学院学报(自然科学版),1998,15(3):1-7.

［42］ 赵均海,杨松岩,俞茂宏,等. 西安东门城墙有限元动力分析［J］. 西北建筑工程学院学报(自然科学版),1999,16(4):1-5.

［43］ 成卜乾. 钟楼结构特点及其抗震特性分析［D］. 西安：西安交通大学,1986.

［44］ 丁磊,王志骞,俞茂宏. 西安鼓楼木结构的动力特性及地震反应分析［J］. 西安交通大学学报,2003,37(9):986-988.

［45］ 俞茂宏,刘晓东,方东平,等. 西安北门箭楼静力与动力特性的试验研究［J］. 西安交通大学学报,1991,25(3):55-62.

［46］ 李铁英. 应县木塔现状结构残损要点及机理分析［D］. 太原：太原理工大学,2004.

［47］ 邱洪兴,蒋永生. 古塔结构损伤的系统识别Ⅰ：理论［J］. 东南大学学报(自然科学版),2001,31(2):81-85.

［48］ 邱洪兴,蒋永生,曹双寅. 古塔结构损伤的系统识别Ⅱ：应用［J］. 东南大学学报(自然科学版),2001,31(2):86-90.

［49］ 邓春燕. 砖土拱城门结构的安全性分析及加固技术研究［D］. 南京：东南大学,2004.

［50］ 余志祥,赵世春,潘毅,等. 青城山上清宫门楼古建筑震害机理分析与研究［J］. 四川大学学报(工程科学版),2010,42(5):292-296.

［51］ 周家汉,张德良. 在高速列车运营状态下虎丘塔的稳定性分析［R］. 北京,1999.

［52］ 袁建力,刘殿华,李胜才,等. 虎丘塔的倾斜控制和加固技术[J]. 土木工程学报,2004,37(5): 44-49.

［53］ CONEY W B. Restoring historic concrete[J]. The Construction Specifier,1989,42:42-51.

［54］ O'CONNOR J,CUTTS J M,YATES G R,et al. Evaluation of historic concrete structures[J]. Concrete International,1997,19:57-61.

［55］ COLLEPARDI M. Degradation and restoration of masonry walls of historical buildings [J]. Materials and Structures,1990,23(2):81-102.

［56］ CHUN Q,van BALEN K,PAN J W. Flexural behavior of typical Chinese traditional timber stitching beams[J]. International Journal of Architectural Heritage,2015,9(8):1050-1058.

［57］ 陈国莹. 古建筑旧木材材质变化及影响建筑形变的研究[J]. 古建园林技术,2003(3):49-52.

［58］ 中华人民共和国住房和城乡建设部,国家市场监督管理总局. 古建筑木结构维护与加固技术标准: GB/T 50165—2020[S]. 北京:中国建筑工业出版社,2020.

［59］ 李沛豪. 历史建筑遗产生物修复加固理论与实验研究[D]. 上海:同济大学,2009.

［60］ 石灿峰. 武汉市历史建筑结构诊断与修缮工法对策研究[D]. 武汉:华中科技大学,2005.

［61］ KüNZEL H M. Simultaneous heat and moisture transport in building components:One-and two-dimensional calculation using simple parameters[R]. Stuttgart:University of Stuttgart,1995.

［62］ CLARKE J A,JOHNSTONE C M,KELLY N J,et al. A technique for the prediction of the conditions leading to mould growth in buildings[J]. Building and Environment,1999,34(4): 515-521.

［63］ ROWAN N J,JOHNSTONE C M,MCLEAN R C,et al. Prediction of toxigenic fungal growth in buildings by using a novel modelling system[J]. Applied and Environmental Microbiology,1999,65 (11):4814-4821.

［64］ CHUN Q,van BALEN K,PAN J W,et al. Structural performance and repair methodology of the wenxing lounge bridge in China[J]. International Journal of Architectural Heritage,2015,9(6): 730-743.

［65］ WATANABE K. Prediction of evolution in time of dynamic behavior of wood structures[C]// Proceedings of the 5th world conference on timber engineering (WCTE1998). Brisbane:[s. n.], 1998:11-17.

［66］ KUILEN J W G. Service life modelling of timber structures[J]. Materials and Structures,2007,40 (1):151-161.

［67］ 李瑜. 古建筑木构件基于累积损伤模型的剩余寿命评估[D]. 武汉:武汉理工大学,2008.

［68］ 龚荣华,邱洪兴. 基于承载力的古建筑木构件剩余使用寿命评估[C]//第七届全国土木工程研究生学术论坛论文集. 南京:东南大学出版社,2009.

［69］ ACCARDO G,GIANI E,GIOVAGNOLI A. The risk map of Italian cultural heritage[J]. Journal of Architectural Conservation,2003,9(2):41-57.

［70］ van BALEN K. Expert system for the evaluation of deterioration of ancient brick structures:scientific background of the damage atlas and the masonry damage diagnostic system[R]. Luxembourg:Office for Official Publications of the European Communities,1999.

［71］ 陈嵘. 苏州云岩寺塔维修加固工程报告[M]. 北京:文物出版社,2008.

［72］ CHUN Q,van BALEN K,PAN J W. Flexural performance of small fir and pine timber beams strengthened with near-surface mounted carbon-fiber-reinforced polymer (NSM CFRP) plates and rods[J]. International Journal of Architectural Heritage,2016,10(1):106-117.

［73］ 路杨,吕冰,王剑斐. 木构文物建筑保护监测系统的设计与实施[J]. 河南大学学报(自然科学版), 2009,39(3):327-330.

［74］ BULLEN P A. Adaptive reuse and sustainability of commercial buildings[J]. Facilities,2007,25(1/

2):20-31.

[75] LANGSTON C,WONG F K W, HUI E C M,et al. Strategic assessment of building adaptive reuse opportunities in Hong Kong[J]. Building and Environment,2008,43(10):1709-1718.

[76] CHUN Q, MENG Z, HAN Y D. Research on mechanical properties of main joints of Chinese traditional timber buildings with the type of post-and-lintel construction[J]. International Journal of Architectural Heritage,2017,11(2):247-260.

[77] WOODCOCK D G,WEAVER M E,MATERO F G. Conserving buildings:Guide to techniques and materials[J]. APT Bulletin,1993,25(3/4):79.

[78] FEILDEN B. Conservation of Historic Buildings[M]. London:Routledge,2007.

[79] ASHURST J,ASHURST N. Practical building conservation[M]. Aldershot:Gower Technical Press,2015.

[80] ZWERGER K. Wood and Wood Joints[M]. Berlin,Boston:De Gruyter,2011.

[81] CHUN Q,van BALEN K,Pan J W. Experimental research on physical and mechanical performance of steel rebars in Chinese modern reinforced concrete buildings built during the Republic of China era from 1912 to 1949[J]. Materials and Structures,2016,49(9):3679-3692

[82] 文化财建造物保存技术协会. 文化财建筑物传统技法集成[M]. 京都:便利堂,1986.

[83] 渡边晶. 日本建筑技术史の研究:大木道具の发达史[M]. 东京:中央公论美术出版,2004.

[84] 淳庆,潘建伍. 民国时期钢筋混凝土结构常见缺陷及适宜性加固方法研究[J]. 文物保护与考古科学,2013,25(1):47-53.

[85] 张伟斌,禹永哲. 南京某近代砖木结构加固与改造设计[C]//首届全国既有结构加固改造设计与施工技术交流会论文集. 建筑结构,2007,37(7):78-80.

[86] 朱力元. 中山东路一号研究[D]. 南京:东南大学,2010.

[87] 陆元鼎,潘安. 中国传统民居营造与技术:2001海峡两岸传统民居营造与技术学术研讨会论文集[M]. 广州:华南理工大学出版社,2002.

[88] 陈薇. 江南明式彩画[D]. 南京:东南大学,1983.

[89] 张十庆. 建筑技术史中的木工道具研究:兼记日本大工道具馆[J]. 古建园林技术,1997(1):3-5.

[90] 淳庆,潘建伍. 金陵大报恩寺地宫遗址保护技术研究[J]. 文物保护与考古科学,2014,26(4):1-7.

[91] 淳庆,潘建伍. 金陵大报恩寺御碑遗址结构性能及保护技术研究[J]. 文物保护与考古科学,2015,27(1):1-6.

[92] 李永辉. 环境监测平台与南唐二陵保护模式的探讨[J]. 文物保护工程,2011,25(1):55-58.

[93] 李最雄. 我国古丝绸之路土遗址保护加固研究[C]//甘肃省化学会成立六十周年学术报告会暨二十三届年会论文集. 兰州:甘肃省化学会,2003:66-72.

[94] 吕恒柱. 砖石古塔纠偏加固的分析方法与监测技术的研究[D]. 扬州:扬州大学,2005.

[95] 崔晋余. 苏州香山帮建筑[M]. 北京:中国建筑工业出版社,2004.

[96] 李浈. 中国传统建筑形制与工艺[M]. 上海:同济大学出版社,2006.

[97] 张玉瑜. 福建民居区系研究[D]. 南京:东南大学,2000.

[98] 李哲扬. 潮州传统建筑大木构架[M]. 广州:广东人民出版社,2009.

[99] 宾慧中. 中国白族传统合院民居营建技艺研究[D]. 上海:同济大学,2006.

[100] 杨慧. 匠心探原:苏南传统建筑屋面与筑脊及油漆工艺研究[D]. 南京:东南大学,2004.

[101] 李新建. 苏北传统建筑工艺研究[D]. 南京:东南大学,2004.

[102] 乐志. 中国传统木构架榫卯及侧向稳定研究[D]. 南京:东南大学,2004.

[103] 石红超. 苏南浙南传统建筑小木作匠艺研究[D]. 南京:东南大学,2005.

[104] 郑林伟. 福建传统建筑工艺抢救性研究:砖作、灰作、土作[D]. 南京:东南大学,2005.

[105] 卢明全,杨军春. 建(构)筑物移位技术研究[C]. 大连:全国第六届建筑物改造与病害处理学术研讨会,2004.

［106］手册编委会.建筑结构试验检测技术与鉴定加固修复实用手册［M］.北京:世图音像电子出版社,2002.

［107］《桥梁史话》编辑组."中国科技史话"丛书:桥梁史话［M］.上海:上海科学技术出版社,1979.

［108］茅以升.中国古桥技术史［M］.北京:北京出版社,1986.

［109］唐寰澄.中国古代桥梁［M］.北京:中国建筑工业出版社,2011.

［110］SOLLA M,LORENZO H,NOVO A,et al. Ground-penetrating radar assessment of the medieval arch bridge of San Antón,Galicia,Spain［J］. Archaeological Prospection,2010,17(4):223-232.

［111］SOLLA M,LORENZO H,RIVEIRO B,et al. Non-destructive methodologies in the assessment of the masonry arch bridge of Traba,Spain［J］. Engineering Failure Analysis,2011,18(3):828-835.

［112］井润胜.新型中承式钢拱桥设计与体系转换研究［D］.天津:天津大学,2007.